AO INFINITO E ALÉM

Obras do autor publicadas pela Editora Record

Mensageiro das estrelas

Respostas de um astrofísico

AO INFINITO E ALÉM

Uma jornada de descobertas cósmicas

NEIL DEGRASSE TYSON

LINDSEY NYX WALKER

Tradução de
Alexandre Cherman

1ª edição

EDITORA RECORD
RIO DE JANEIRO • SÃO PAULO
2026

CIP-BRASIL. CATALOGAÇÃO NA PUBLICAÇÃO
SINDICATO NACIONAL DOS EDITORES DE LIVROS, RJ

T988i Tyson, Neil deGrasse, 1958-
Ao infinito e além : uma jornada de descobertas cósmicas / Neil deGrasse Tyson, Lindsey Nyx Walker ; tradução Alexandre Cherman. - 1. ed. - Rio de Janeiro : Record, 2026.

Tradução de: To infinity and beyond : a journey of cosmic discovery
ISBN 978-85-01-92233-5

1. Astronomia - Obras populares. 2. Cosmologia - Obras populares. 3. Espaço - Exploração - Obras populares. I. Walker, Lindsey Nyx. II. Cherman, Alexandre. III. Título.

25-101038.1 CDD: 520
CDU: 52

Carla Rosa Martins Gonçalves - Bibliotecária - CRB-7/4782

Título original em inglês:
To Infinity and Beyond: A Journey of Cosmic Discovery

Publicado originalmente nos Estados Unidos e no Canadá pela National Geographic Partners, LLC com o título TO INFINITY AND BEYOND. Esta edição traduzida foi publicada em acordo com a National Geographic Partners, LLC.

Texto revisado segundo o Acordo Ortográfico da Língua Portuguesa de 1990.

Impresso no Brasil

ISBN 978-85-01-92233-5

Aos exploradores de nossa espécie e a todos os demais
que têm a audácia de ir atrás daquilo que temem.

SUMÁRIO

INTRODUÇÃO

A ODISSEIA CÓSMICA

Há muito tempo, antes que os humanos entendessem o que estava acima das nuvens, o reino do céu e das estrelas era habitado apenas por deuses e explicado somente por meio de mitos e fábulas. Mas uma série de descobertas, feitas aos trancos e barrancos, com direito a caminhos errados e becos sem saída, acabou por destruir essas crenças primordiais, capacitando a humanidade com o conhecimento para desvendar verdades estranhas que nos forçam a uma postura mais humilde. A odisseia da descoberta cósmica havia começado — e continua desde então. A passos lentos, mas seguros, um novo universo emergiu — um universo efervescente de moléculas onde espreitam buracos negros monstruosos, serpenteando com vazios e galáxias de todos os tamanhos e formas, e insinuando mistérios incontáveis ainda a explorar.

Neste livro, convidamos você a embarcar nessa viagem conosco — uma jornada de mente e corpo, partindo da Terra

Uma conceituação artística vívida de um universo energético preenchido com buracos negros, estrelas e nebulosas.

PÁGINA 3: Uma visão conceitual da Via Láctea, de como ela pode parecer, vista de uma nave espacial viajando mais rápido que a luz.

PÁGINA 6: Baja California Sur e o Golfo da Califórnia, vistos através de uma janela na nave tripulada Dragon Freedom, da SpaceX, 420 quilômetros acima do oceano Pacífico.

rumo ao infinito e além. O que capacitou os humanos a escapar de nossa casa, física e intelectualmente, e voar para o desconhecido? Que insights, que coragem, que ideias iconoclastas, que fracassos e sucessos tecnológicos nos levaram ao conhecimento que temos hoje? E que descobertas incríveis, no limite da nossa compreensão, fornecem vislumbres de um vasto cosmos ainda a ser explorado? É uma história complexa de pessoas e planetas, estrelas e naves espaciais, uma saga cujos meandros e excentricidades exploramos nestas páginas.

Vastidão, vazio, escuridão, frio: conceitos grandiosos e estranhos mal compreendidos por uma criatura de carbono confortavelmente envelopada por um corpo quente, recentemente evoluída, em uma vizinhança solar suburbana da Via Láctea. Se você ainda não soubesse que a Terra orbita o Sol, e não o contrário, teria dificuldade em descobrir essa verdade por si mesmo. Se não soubesse que nosso sistema solar inclui oito planetas, centenas de milhares de asteroides e milhões de cometas, poderia compreensivelmente supor que apenas a Terra e os cinco planetas visíveis a olho nu compõem nosso cantinho do cosmos. Para alcançar esses marcos do conhecimento, tivemos que sair do ninho.

A força que mantém a Terra inteira, que liga nossa Lua à Terra e a Terra ao nosso Sol, também manteve os humanos presos sob as nuvens por quase toda a nossa existência. Não podemos escapar facilmente da gravidade da Terra, e talvez seja por isso que o primeiro voo motorizado dos irmãos Wright, em 1903, e o pouso da *Apollo 11* na Lua, em 1969, apareçam no topo da lista das maiores conquistas humanas de todo mundo. Desde então, milhares de satélites, centenas de sondas espaciais, dezenas de *rovers* e até um helicóptero foram lançados com sucesso da Terra, transformando nosso sistema solar de oito planetas no quintal de um explorador.

E esse quintal continua a se expandir. Em 2012, a sonda espacial *Voyager 1* tornou-se interestelar, escapando totalmente do nosso sistema solar — mas não sem antes transformar os misteriosos planetas e suas luas em mundos de maravilhas. A missão final da *Voyager* não está concluída, e pode muito bem continuar por mais tempo do que a existência da humanidade. A pequena nave carrega um disco de ouro: uma gravação de áudio de canções e sons da Terra e de suas espécies, cumprimentando qualquer um ou qualquer coisa que possa interceptar nossa saudação e servindo como um apelo coletivo para nos salvar de nosso isolamento. Em um gesto de reconhecimento de que nós, criaturas pequenas e frágeis, temos um lugar dentro deste grande universo em expansão, a *Voyager* leva adiante a busca interminável transmitida pelos primeiros humanos, que se perguntavam o que mais esperam nossas mãos estendidas e olhos arregalados.

A partir de 2022, o Telescópio Espacial James Webb continua a odisseia, indo cada vez mais longe, enviando-nos imagens que revelam a luz mais antiga já vista e lembrando-nos como nosso universo é imenso. O Primeiro Campo Profundo de Webb revelou milhares de galáxias imprecisas e distantes, incluindo várias que se formaram há 13,7 bilhões de anos, imagens que nos aproximam do Big Bang de um jeito que jamais tínhamos conseguido alcançar. Imagine explicar essa imagem a Newton ou Galileu, que propuseram novas e radicais compreensões contra a ideia de um universo geocêntrico, o que abalou toda a cristandade e chacoalhou os mundos do conhecimento e da crença. Imagine dizer-lhes que somos apenas um dos trilhões de planetas em um universo sem fim tangível. Imagine compartilhar com eles como a física quântica e a relatividade geral sugerem que não um, mas incontáveis universos podem existir além do nosso.

A pequena nave carrega **um disco de ouro:** uma gravação de áudio de **canções e sons** da Terra e de suas espécies, cumprimentando qualquer um ou qualquer coisa que possa interceptar nossa saudação e servindo como **um apelo coletivo** para nos salvar de nosso isolamento.

Essas são as histórias que se desenrolarão à medida que você ler este livro: uma trajetória que desafia a gravidade e se afasta da

Obtida pelo Telescópio Espacial James Webb da NASA, esta imagem em infravermelho próximo do aglomerado de galáxias SMACS 0723 utiliza um efeito natural chamado lente gravitacional.

Terra através de nossa vizinhança solar, pela galáxia e ainda mais longe. Ao longo do caminho, testemunharemos descobertas desconcertantes e enigmas inesperados que impressionaram e confundiram as maiores mentes ao longo da história, forçando-as

a repensar suposições e renovar visões de mundo. Podemos até nos deparar com alguns conceitos, lá fora, no abismo do desconhecido, que inspirarão sua própria revolução de entendimento.

Bem-vindo à odisseia cósmica, uma emocionante, inspiradora e divertida jornada de descoberta através do espaço-tempo — ao infinito e além.

PARTE 1

DEIXANDO A TERRA

"Sei que sou mortal por natureza e efêmero; mas, quando traço por vontade própria as idas e vindas dos corpos celestes, já não toco a terra com os pés: coloco-me na presença do próprio Zeus e saboreio a ambrosia."

— Ptolomeu, *Almagesto*

As noites estreladas guiaram, iluminaram e extasiaram a humanidade pelo menos desde que as pessoas começaram a olhar para cima. Não há como dizer quem primeiro sonhou em deixar a Terra para explorar o que estava além, ou quem primeiro se perguntou se realmente existia um além. Mas sabemos que o fascínio do Sol, da Lua e da reluzente cúpula de luzes visíveis aos nossos olhos nus ecoa através dos milênios da cultura humana.

As evidências são abundantes. Pinturas e esculturas rupestres que datam de 40 mil anos ou mais registram não apenas animais e caçadores, mas também cometas, meteoros e constelações com detalhes suficientes para rastrear a lenta oscilação da Terra em seu eixo: a precessão dos equinócios. Na *Epopeia de Gilgamesh* — uma história repleta de aventuras, heróis, vilões, romances e batalhas, escrita há 4 mil anos na antiga Mesopotâmia (atual Iraque) —, constelações ganham vida como personagens. Nela, uma das mais antigas obras literárias de que temos conhecimento, fios cósmicos unem os reinos mortal e imortal, enquanto o tempo e a distância são medidos pelos movimentos das estrelas.

Por milhares de anos, os humanos razoavelmente presumiram que a Lua era um disco plano de luz que crescia e minguava — até o século XVII, quando Galileu Galilei ousou virar seu recém-construído telescópio para o céu, revelando uma esfera texturizada com montanhas irregulares banhadas pela luz solar

A Via Láctea sobre a Ribeira de Murtega no Parque de Noudar, Reserva Dark Sky Alqueva, Portugal.

PÁGINAS ANTERIORES: Uma impactante visualização da Terra criada com camadas de dados da coleção de imagens Blue Marble Next Generation, da NASA.

e vales encobertos pela sombra. A partir daquele momento, os céus e todos os objetos celestes neles contidos tornaram-se mundos — destinos —, superfícies sobre as quais os humanos poderiam vagar se ao menos pudéssemos de alguma forma cruzar as profundezas do espaço. Desde então, mas especialmente no século XX, cientistas, engenheiros, aventureiros e políticos se empenharam para alcançar essas novas altitudes. A curiosidade, a competição e as inovações aceleradas pela guerra nos conduziram através do portal de nossa atmosfera transparente em direção ao que estava além.

Mas antes que pudéssemos perfurar o céu, antes que pudéssemos saber que ele era navegável, a humanidade primeiro teve de descobrir o que o céu é, o que não é, e onde ele termina — se é que termina. Nossa atmosfera, logo aprenderíamos, era apenas uma bolha azul que se dissipa em um vácuo inóspito desprovido de partículas, pressão e fótons encontrados em nosso confortável casulo terrestre. A cada passo, a cada pergunta e a cada descoberta, abrimos caminho através dessa bolha para o que estivesse além.

Nesta seção, vamos acompanhar essa odisseia, à medida que os humanos ascendiam da superfície da Terra primeiro com balões, depois aviões, depois jatos e, finalmente, com foguetes até a Lua. Aprenderemos a navegar na atmosfera e superar a força da gravidade que por tanto tempo manteve a imaginação humana no solo.

Das pinturas rupestres secas e desbotadas de muito tempo atrás às equações quânticas de hoje emerge uma história sem fim marcada por ciclos de curiosidade, descoberta, revoluções e desaprendizados à medida que ascendemos de uma visão de mundo para outra.

A jornada cósmica começa.

A ATMOSFERA TERRESTRE

Impulsionados pelo nosso desejo de voar como pássaros, primeiro subimos aos céus em forma de histórias. Histórias de voos humanos proliferaram através de lendas antigas e mitos em muitas culturas. Alexandre, o Grande, é frequentemente retratado a bordo de uma carruagem alada, puxada por quatro grifos míticos — criaturas com corpo de leão e asas de águia. Uma lenda da Primeira Nação Cowichan conta a história de dois meninos que cantaram para sua canoa voar do topo da montanha onde fora construída, sobrevoando a aldeia, em direção ao mar. A antiga epopeia sânscrita *Ramayana* e outros textos indianos antigos descrevem "vimanas" voadoras, ou carruagens divinas autopropelidas.

Mas uma das histórias mais famosas sobre a vontade humana de voar é retratada no célebre mito grego de Dédalo e seu filho, Ícaro. Se alguém já o advertiu para não voar muito perto do Sol, estava aludindo a essa antiga lenda para alertá-lo contra a tentação do risco e do entusiasmo excessivos.

Para escapar da ilha de Creta, Dédalo, um habilidoso artesão e aeronauta, confeccionou dois pares de asas a partir de penas unidas com cera: um par para si e outro para Ícaro. Ele pediu a seu filho que não voasse nem muito perto do mar, para que a umidade não prejudicasse as penas, nem muito perto do Sol, para que o calor não derretesse a cera. Mas, em sua rebeldia juvenil, Ícaro subiu cada vez mais alto em direção ao Sol, até que a cera que mantinha suas asas coesas derreteu, e ele despencou para a morte no implacável mar Egeu. Esse conto de advertência antecede nossa compreensão da termodinâmica, da aerodinâmica e da física atmosférica em dois milênios, então podemos perdoar suas imprecisões. Ícaro certamente teria morrido, mas o calor do Sol não teria sido a causa.

Sabemos agora, diferentemente de Ícaro e dos gregos antigos que contaram sua história, que a atmosfera da Terra se divide em cinco camadas distintas: a troposfera, onde todas as plantas e animais vivem e respiram, contém três quartos de todas as moléculas de ar e 99% de todo o vapor de água da Terra. Quase todo o clima ocorre dentro dessa camada mais densa — que atinge de 6 a 20 quilômetros acima da superfície da Terra, dependendo da latitude e da estação do ano. E continua a ganhar quase 60 metros por década devido à escalada das temperaturas da Terra. Na base

"A queda de Ícaro" (1606-07), de Carlo Saraceni.

da troposfera, ao nível do mar, a temperatura média global gira em torno de 15°C atualmente. No topo, onde se encontra com a estratosfera, por outro lado, a temperatura média cai para -57°C, podendo ser ainda mais frio do que isso.

Mas se a luz solar precisa primeiro atravessar a atmosfera antes de chegar à Terra, e se, ao subir, você está se aproximando do Sol, essa região não deveria ser mais quente do que ao nível do mar, como presumiu o autor da história de Ícaro? Qualquer pessoa que já tenha visitado altas altitudes poderia responder a essa pergunta. Na verdade, sua experiência pode sugerir um cenário oposto. Os montanhistas sabem calcular uma queda de temperatura média de cerca de 2°C para cada 300 metros de elevação. Do acampamento base do monte Everest, com uma temperatura média diurna amena de 15°C na primavera, os xerpas e alpinistas podem esperar uma queda para cerca de 30°C negativos quando chegarem ao cume, se sobreviverem. Acontece que as flutuações de temperatura sentidas aqui na superfície da Terra não têm nada a ver com sua distância do Sol — algo totalmente diferente deve estar acontecendo.

Vamos primeiro perguntar quanto Ícaro se aproximou do Sol. Se considerarmos que ele subiu 16 quilômetros — mais alto do que qualquer avião –, com o Sol a uma distância de 150 milhões de quilômetros da Terra, Ícaro voou 0,00000001% mais perto do Sol. Isso não justificaria o que aconteceu na história.

Quanto à temperatura do ar em si, devemos primeiro compreender a conexão entre luz e calor. Nosso Sol emite luz em todos os comprimentos de onda do espectro eletromagnético, alimentando quase toda a vida na Terra. O espectro é infinito, variando de ondas longas, como as ondas de rádio suaves, a ondas curtas, como os poderosos raios gama. Entre esses dois extremos encontra-se uma estreita faixa que chamamos de luz visível: a única parte do espectro que o olho humano pode perceber. Estrelas como o Sol emitem quase metade de sua energia como luz visível, uma pequena porção como ultravioleta (ondas ligeiramente mais curtas) e a maior parte do restante como infravermelho (ondas um pouco mais longas), que sentimos como calor. Não é coincidência, então, que a maioria dos animais na Terra tenha desenvolvido órgãos sofisticados capazes de perceber essas porções selecionadas do espectro eletromagnético ilimitado.

Com base em como os habitantes da Terra evoluíram, podemos presumir que extraterrestres de outro planeta que circunda um tipo diferente de estrela desenvolveriam órgãos perceptivos primorosamente sintonizados para aquele portfólio de luz. Alienígenas que residem em planetas que circundam estrelas anãs vermelhas, pequenas e frias — o tipo mais comum de estrela em nossa galáxia — podem ver seu mundo inundado de infravermelho e ter dificuldade para perceber a cor azul de alta frequência.

A temperatura é simplesmente uma medida de vibrações moleculares, e todas as moléculas vibram. (Este é um fato importante a ser observado enquanto continuamos em nossa jornada cósmica.) Qualquer coisa com uma temperatura acima do zero absoluto — ou seja, tudo no universo, incluindo icebergs gelados e matéria nas extensões mais escuras e profundas do espaço — emite energia eletromagnética. Em temperaturas mais altas, a mistura de energia eletromagnética que se emite favorece os comprimentos de onda mais curtos da luz. Temperaturas mais baixas favorecem comprimentos de onda mais longos. O Sol, com sua temperatura média de superfície de cerca de 5.500°C, atinge picos nas frequências da luz visível, assim como aconteceria com qualquer outra coisa de temperatura semelhante. Enquanto isso, quase tudo na Terra, incluindo nossos corpos de 37°C e a própria superfície do planeta, irradia principalmente na frequência infravermelha mais longa (e invisível). É por isso que no dia seguinte você ainda sente calor no local onde foi feita uma fogueira, mesmo que ela não brilhe mais visivelmente. À medida que a brasa, que é vermelha, esfria, a frequência principal da luz que ela emite muda para comprimentos de onda mais longos e, em algum momento, sai do espectro visível. A brasa permanece quente e cheia de energia infravermelha muito depois de você ter se empanturrado de marshmallows assados na fogueira.

Você já reparou que o horário mais quente do dia é várias horas depois do meio-dia, e não ao meio-dia em si, quando o Sol está mais alto no céu? A mesma luz infravermelha que sentimos, mas não conseguimos ver nas brasas da fogueira, é o que causa uma tarde sufocante de verão. A atmosfera absorve um pouco de luz infravermelha do Sol e transmite o restante para a superfície da Terra. Mas a maior incidência de luz solar vem na forma de luz visível, que penetra ilesa em nossa atmosfera. O simples e profundo fato de que nossa atmosfera é transparente para a luz visível é o que nos permite ver o Sol, a Lua e as constelações.

Pequenas quantidades da luz UV de comprimento de onda mais curto do Sol também penetram na atmosfera — e na cobertura de nuvens, motivo pelo qual as pessoas sem muita melanina se lambuzam com protetor solar, mesmo em dias nublados, para evitar queimaduras solares e, em última instância, câncer de pele. Quando viramos o rosto para o Sol, a luz visível e a UV colidem com as moléculas em nossa pele, excitando os elétrons dentro dela, convertendo esse movimento em calor e emitindo esse calor como radiação infravermelha. Da mesma forma, uma vez que absorvem os vários comprimentos de onda da radiação, as moléculas na superfície da Terra transformam essa energia em radiação infravermelha que é reemitida pelo solo. Essa energia infravermelha então se irradia de volta pela atmosfera, aquecendo o ar. Sentimos calor em um dia de verão não porque o Sol aqueceu o ar de cima, mas porque o solo aqueceu o ar de baixo. Por essa razão, a parte mais quente da troposfera fica logo acima da superfície da Terra.

Em sua viagem de volta ao espaço, a maior parte do infravermelho emitido pela Terra colide com — e é absorvida por — moléculas selecionadas na atmosfera cujas ligações fazem com que elas se dobrem e vibrem quando encontram o infravermelho. Tendo absorvido a energia, essas moléculas então a reemitem em todas as direções, inclusive de volta para a Terra, onde é reabsorvida e reemitida. Chamamos esse ciclo contínuo de idas e vindas de efeito estufa. É a mesma coisa, em menor escala, que acontece dentro de estufas reais e em todos os carros com vidros fechados. A luz solar visível penetra no vidro transparente e é convertida em infravermelho interno, que então é impedido de escapar pelas mesmas janelas que permitiram que a luz visível penetrasse. Isso eleva a temperatura do ar interior bem acima da do ar externo, criando um microclima controlado e confortável para flores tropicais, porém mortal para animais de estimação e crianças desacompanhadas. A menos que você tenha o hábito de transportar plantas de hibisco ou figueiras-folha-de-violino pela cidade, seria uma boa ideia manter as janelas do carro entreabertas, mesmo em um dia levemente ensolarado.

Fato é que a vida na Terra se beneficia de um efeito estufa ameno. Sem ele, a temperatura média da Terra permaneceria abaixo de zero, e a superfície do nosso planeta evoluiria para uma tundra gelada e sem a vida como a conhecemos.

Fato é que a vida na Terra se beneficia de um efeito estufa ameno. Sem ele, a temperatura média da Terra permaneceria abaixo de zero, e a superfície do nosso planeta evoluiria para uma tundra gelada e sem a vida como a conhecemos. Felizmente para nós, nossa atmosfera estabiliza em grande parte as oscilações de temperatura do dia para a noite através das correntes de ar. Na Lua, onde não há atmosfera, a temperatura da superfície oscila descontroladamente de 120°C durante o dia para frígidos -130°C à noite.

Então, o que realmente teria acontecido com o pobre Ícaro? Seu primeiro erro foi de aerodinâmica: ele nunca teria conseguido decolar para escapar de Creta. Podemos aprender uma coisa com condores e querubins. Ambos ostentam asas e pesam aproximadamente o mesmo. Mas os condores conseguem voar sem a ajuda de pintores renascentistas. Portanto, se um querubim voasse, ele precisaria da envergadura de três metros de um condor. Pensando agora no peso de um humano adulto, Ícaro precisaria de asas dez vezes maiores — e músculos torácicos adequados para batê-las. Assim, em qualquer tentativa de voo, ele teria caído de cara no chão.

Além disso, se Ícaro tivesse realmente voado mais perto do Sol, seu corpo e suas asas, longe de derreter, teriam congelado na subida e, assim, ele estaria condenado ao mesmo tombo fatal. Em 1920, o famoso astrofísico Sir Arthur Eddington ofereceu uma interpretação mais generosa dessa lenda: "Talvez exista um lado positivo na história de Ícaro... Prefiro pensar nele como o homem que certamente trouxe à luz um defeito construtivo nas máquinas voadoras de sua época."

ALÉM DA TROPOSFERA

A troposfera, da palavra grega *tropo,* que significa "mudança" ou "virada", é caracterizada não apenas pelo clima variável encontrado dentro dela, mas também é notável por sua tendência a perder calor com a altitude. A camada seguinte da nossa atmosfera, a estratosfera, é caracterizada pelo fenômeno térmico exatamente oposto: à medida que a altitude estratosférica aumenta, a temperatura também aumenta. Algo deve estar absorvendo energia ali, aumentando a taxa de vibração das moléculas de ar. O culpado? A estratosfera abriga a camada de ozônio — a região de moléculas de três átomos de oxigênio (O_3) altamente concentradas que absorvem quase todos os raios

A Lua se eleva sobre os tons alaranjados da troposfera — a região mais baixa e mais densa da atmosfera terrestre —, que termina na tropopausa, o limite entre a atmosfera de cor laranja e a de cor azul.

ultravioleta mais nocivos do Sol. Um fóton ultravioleta carrega a energia necessária para quebrar uma molécula de ozônio, transformando O_3 em O_2 mais O. Curiosamente, a mesma luz ultravioleta então quebrará o O_2, deixando O mais O, permitindo que cada um se recombine com moléculas de O_2 perdidas para recuperar o ozônio perdido:

O3 + UV → O2 + O

O2 + UV → O + O

O + O2 → O3

Em outras palavras, a dança turbulenta da camada de ozônio, na qual se destroem e reconstroem moléculas, a mantém em equilíbrio com o fluxo de luz ultravioleta (UV) do Sol. Sem essa camada protetora, a energia ultravioleta do Sol causaria danos incalculáveis ao DNA de qualquer coisa viva na superfície da Terra.

A camada mais alta a seguir, a mesosfera, é onde os meteoros queimam nas deslumbrantes exibições que chamamos de estrelas cadentes. Acima disso está a termosfera, na qual a Estação Espacial Internacional (ISS, na sigla em inglês) e milhares de satélites orbitam a Terra. Embora a termosfera tenha um milionésimo da densidade do ar ao nível do mar, ela recebe a maior parte da atividade solar. Essa camada abriga as belas luzes do Norte e do Sul: a aurora boreal e a aurora austral.

A termosfera é assim chamada — do grego *thermo*, "quente" — porque, em certo sentido, é a camada mais quente de todas. Medimos a temperatura a partir de vibrações moleculares e medimos o calor somando a energia vibracional de todas as moléculas presentes. As moléculas vibram mais rapidamente nessa camada superior. Mas essas moléculas são tão esparsas que mal se registrariam em um corpo humano. Na verdade, se você visitar a termosfera sem antes vestir um traje espacial, provavelmente sufocará por falta de oxigênio antes de sentir qualquer calor significativo.

Para além da termosfera, encontra-se a exosfera, a última e mais distante camada da nossa atmosfera, indo muito além de todas as outras regiões combinadas e consistindo apenas em pequenas quantidades de moléculas atmosféricas.

O PESO DO AR

Você já usou a expressão "leve como o ar"? Se sim, você provavelmente estava descrevendo algo sem perceber quanto o ar é pesado. Sim, o ar tem peso. Esse peso é o que chamamos de pressão do ar. A óbvia pergunta que vem a seguir é: o que é pressão?

Durante todo o dia, todos os dias, a pressão se manifesta em sua vida de maneiras tanto importantes como sem nenhuma importância. Suas facas de cozinha são afiadas? A cadeira em que você se senta é confortável? Por que os sapatos de salto alto machucam muito mais do que os sem salto? A pressão é simplesmente força (o peso de qualquer objeto, como sua faca, seu bumbum na cadeira, todo o seu corpo) dividida pela área (a borda da lâmina da faca, a almofada da cadeira que contorna suas nádegas, seus pobres dedinhos amassados) sobre a qual a força é exercida. Em outras palavras, quanto menor a área, maior a pressão exercida por uma dada força.

Então, se você precisa atravessar um lago congelado, como pode fazê-lo? Colocando esse princípio em prática. Pessoas com pés minúsculos são muito mais propensas a romper uma fina camada de gelo do que pessoas que pesam o mesmo, mas usam raquetes de neve, espalhando seu peso por uma área maior. Ainda está preocupado? Sua melhor aposta seria deitar-se de barriga para baixo e fazer o percurso, espalhando seu peso pela área de todo o seu corpo.

Se o peso do ar resulta em pressão do ar, isso significa que o ar exerce uma força mensurável. Imagine que você está ao nível do mar — digamos, uma praia perto de você — e trouxe uma coluna de vidro vazia de um centímetro por um centímetro quadrado. Coloque uma extremidade no chão e deixe a extremidade superior crescer magicamente como na história de João e o pé de feijão até atingir o limite externo da atmosfera terrestre. Você aprisionou, na sua caixa, um longo pilar gasoso. Se você pegasse todo o ar dessa coluna e colocasse em uma balança, ela pesaria cerca de um quilo. É um quilo empurrando contra cada

Um urso-polar intui a física necessária para se mover sobre o gelo perto do Refúgio Nacional de Vida Selvagem do Ártico em North Slope, Alasca.

centímetro quadrado do seu corpo o dia todo, todos os dias. Mas se alguém colocasse pesos de um quilo em cada centímetro quadrado do seu corpo, você não seria capaz de levantar o peito para respirar. Por que isso? Como os humanos podem sobreviver sob uma pressão tão imensa?

A pressão em um fluido se manifesta em todas as direções, não apenas para baixo. Por mais estranho que possa parecer, o ar é classificado como um fluido. Por definição, um fluido toma a forma de seu recipiente, o que tanto os gases quanto os líquidos claramente fazem. Assim, o ar que faz força para baixo sobre seu corpo também deve se manifestar em todas as direções, como qualquer outro fluido. A pressão que empurra para baixo é a mesma pressão que empurra para cima, para baixo, para os lados e em todas as direções. Como resultado, todas essas forças são neutralizadas e, supondo que haja ar dentro de seus pulmões, você não sente o peso do ar.

E se você de alguma forma removesse as forças que se opõem? Qualquer pessoa que já tenha usado uma ventosa já realizou esse experimento. Quando você aperta uma ventosa contra uma superfície dura, lisa e plana, descobre que é difícil puxá-la de volta. Na verdade, esse é justamente o propósito de uma ventosa. Quanto maior a área da ventosa, mais difícil é liberá-la da superfície, mesmo que nenhuma cola ou outra substância pegajosa a mantenha lá.

Por quê? Porque a sucção não é uma força; é a resposta da pressão atmosférica a um vácuo. Um quilo por centímetro quadrado de pressão do ar agora está empurrando a ventosa de borracha para a superfície onde ela foi afixada, criando um vácuo e removendo qualquer força no sentido oposto. Então, se a sua ventosa tem 100 centímetros quadrados, você está lidando com 100 colunas de pressão atmosférica. Dez vezes um quilo significa que agora você deve exercer 100 quilos de força para desgrudar a ventosa, mais que o peso médio de um humano adulto.

Como a pressão do ar age igualmente em todas as direções, sua ventosa funciona em qualquer orientação. Em muitos filmes policiais, um criminoso sorrateiro usa sapatos e luvas de sucção para escalar paredes e tetos no intuito de fugir à detecção ou evitar acionar um alarme a laser. Idealmente, algum mecanismo acoplado bombearia ar para dentro e para fora dos sapatos de sucção para salvar nosso protagonista do esforço de desgrudar 100 quilos de pressão a cada passo.

Mas os fluidos fazem mais do que tomar a forma de seus recipientes. Outra de suas propriedades notáveis é a força de empuxo dentro deles. Por volta de 250 a.C., o matemático grego Arquimedes de Siracusa teria exclamado: "*Eureka!* (Descobri!)" após desvendar o conceito de flutuabilidade enquanto passava momentos agradáveis em um dos banhos públicos da Grécia Antiga.

De acordo com o antigo relato, o rei de Siracusa contratou um ourives para esculpir uma coroa a partir de um pedaço de ouro que o rei havia pesado antes. O ourives aceitou, e logo executou a tarefa. O rei, desconfiado e ganancioso, queria ter certeza de que o ourives não havia roubado parte do ouro e o substituído por prata, menos valiosa. Então ele recorreu a seu primo Arquimedes, que era conhecido por suas realizações em matemática, para elaborar uma estratégia que verificasse a autenticidade da coroa e a integridade do ourives. Onde melhor ponderar um enigma do que no banho? Ao abaixar seu corpo em uma banheira cheia de água, Arquimedes notou que a banheira transbordava, e por conseguinte percebeu que o volume de água transbordado seria igual ao volume das partes do seu corpo submersas.

Como Arquimedes sabia o peso original do ouro, e agora sabia como medir o volume de um objeto de forma irregular, ele podia determinar se a coroa era autêntica por meio da comparação das densidades. Densidade é a massa de um objeto (ou seu peso, neste caso) dividida por seu volume (ou tamanho). Arquimedes obteve um pedaço de prata pura e um pedaço de ouro puro, cada um com a mesma massa (ou peso) que a coroa. Ele então submergiu o pedaço de ouro em uma bacia cheia de água e mediu quanta água o objeto deslocou. Ele então repetiu o experimento com o pedaço de prata e comparou as duas medidas. Como a prata é menos densa que o ouro, o pedaço de prata era maior e deslocava mais água do que o pedaço de ouro de mesma massa.

Para completar seu experimento, Arquimedes finalmente baixou a coroa do rei na mesma tigela cheia de água. Se a coroa tivesse sido construída de ouro puro, ela teria deslocado a mesma quantidade de água que o objeto de ouro puro. Mas não foi isso o que aconteceu: a coroa deslocou mais água. Assim, usando seu novo método inteligente, Arquimedes verificou que o ourives havia realmente enganado o rei — ou assim diz a história.

Esse método funciona para qualquer objeto em qualquer fluido. (É bom saber, caso você seja chamado para verificar a autenticidade de uma coroa de ouro.) Mas há ainda outras coisas acontecendo aqui. Em seu trabalho *Sobre os corpos flutuantes,* Arquimedes escreveu que qualquer corpo total ou parcialmente imerso em um fluido experimenta uma força ascendente igual ao peso do fluido deslocado — a causa da flutuabilidade. Qualquer coisa flutuará se pesar menos do que o peso total do líquido que desloca.

A exploração da força de empuxo revolucionou a indústria, a política e a sociedade globais. Por exemplo, sabemos intuitivamente que um pedaço de aço afundará com a mesma rapidez que um pedaço de madeira flutuará. E, no entanto, desde meados de 1800, os navios de guerra de madeira foram substituídos por embarcações feitas de aço e ferro, carregadas de armamento e povoadas por tripulantes. Um navio antes facilmente afundado por fogo ou balas de canhão tornou-se resistente a ataques. Um século depois, as travessias marítimas tornaram-se um lazer glamouroso em vez de uma viagem traiçoeira. Todos os anos, milhões de pessoas embarcam alegremente em navios de cruzeiro de 300 metros de comprimento feitos de aço soldado. Essas enormes embarcações flutuam porque seu volume total — incluindo todo o ar de suas entranhas ocas — pesa menos do que o peso da água que deslocam.

E quanto aos humanos a bordo desses navios? Por conta própria, nossos músculos e ossos afundariam, enquanto nossa gordura flutuaria. Mas os humanos adultos são cerca de 60 por cento H_2O (e os bebês humanos cerca de 80%). Assim, um fisiculturista jogado ao mar terá mais facilidade para afundar, enquanto uma pessoa média terá mais facilidade para boiar.

Como a densidade geral de um corpo humano é semelhante à da água, o volume de água que você desloca pesa aproximadamente o mesmo que você, um fato que o torna praticamente sem peso na água — não flutuando como isopor ou cortiça, mas também não afundando como uma rocha. Mas no mar Morto, onde a água é quase dez vezes mais salgada do que no oceano, todo mundo flutua — até mesmo seu professor de ginástica com abdome de tanquinho. O sal cria um meio muito mais denso do que a água do mar comum, resultando em uma força de empuxo muito mais forte agindo em seu corpo.

> No **mar Morto**, onde a água é quase dez vezes mais salgada do que o oceano, **todo mundo flutua** — até mesmo seu professor de ginástica com abdome de tanquinho.

Como o princípio de Arquimedes se aplica a qualquer fluido, a força de empuxo opera tanto no oceano quanto no ar. Vamos voltar à coluna de um centímetro quadrado que você pegou da atmosfera. Na parte inferior dessa coluna há um quilo de pressão. À medida que você sobe, no entanto, é pressionado por cada vez menos ar. Assim, a pressão do ar cai.

Em 1644, Evangelista Torricelli fez uma afirmação revolucionária: "Vivemos submersos no fundo de um oceano do elemento ar, que por meio de experimentos inquestionáveis sabemos que tem peso." Ele recriou um experimento que havia atordoado até mesmo o grande Galileu. Se você encher um tubo de nove metros de comprimento com água e, em seguida, inverter o tubo em uma bacia com mais água, o tubo esvaziará apenas um pouco de seu conteúdo na bacia, deixando um espaço vazio no que é agora o topo do tubo. Galileu argumentou que um vácuo no topo do tubo de alguma forma puxou a água para evitar que ela se esvaísse toda para a bacia, mas ele não conseguiu provar sua hipótese.

Em resposta, Torricelli argumentou que o espaço vazio no topo do tubo deveria ser de fato um vácuo, mas que seu status

D
A
F
E
B
C
Z
K
M
V
G
R
Q
P
X

de vácuo era irrelevante para o que estava acontecendo. Em vez disso, ele afirmou, o ar ao redor e acima estava exercendo uma força para baixo sobre a superfície exposta da água na bacia. Por sua vez, a água da bacia exercia pressão ascendente sobre a água do tubo, impedindo que ele se esvaziasse por completo. Torricelli finalmente aperfeiçoou esse experimento, usando mercúrio em vez de água. O mercúrio é quase 14 vezes mais denso que a água, permitindo que utilizasse um tubo e uma bacia muito menores.

Quanto maior a pressão atmosférica sobre a piscina de mercúrio na bacia, maior a altura do mercúrio dentro do tubo. Quanto menor a pressão atmosférica, mais mercúrio sai do tubo para a bacia. Marque a altura do tubo em centímetros para quantificar o que está acontecendo, e eis o primeiro barômetro de mercúrio do mundo. (Então, da próxima vez que você ouvir um meteorologista anunciar a pressão barométrica em "centímetros de mercúrio", você saberá exatamente do que eles estão falando. Agradeça a Torricelli.)

Imagine como Galileu ficaria intrigado com uma simples demonstração com um canudo de plástico. Quando você mergulha o canudo em uma bebida e cobre o topo com um dedo, a maior parte do líquido permanece no interior quando você retira o canudo — não por causa de algum vácuo místico entre o dedo e o líquido dentro do canudo, mas porque toda a pressão do ar fora do canudo empurra de baixo para cima. Seu dedo corta a pressão de cima que, de outra forma, equalizaria o efeito sobre o líquido.

Pouco depois da descoberta de Torricelli, um matemático francês chamado Blaise Pascal, fascinado por essa hipótese de pressão do ar na bacia, propôs que, se o ar estivesse empurrando para baixo na bacia, então um lugar com menos ar, como o topo de uma montanha, empurraria menos para baixo, permitindo que mais mercúrio vazasse para fora do tubo e para a bacia. Ele convenceu seu cunhado a levar um enorme barômetro de mer-

Uma representação do experimento do barômetro feito pelo matemático e físico italiano Evangelista Torricelli (1644), no qual a existência de pressão atmosférica é demonstrada.

cúrio até o topo da montanha mais alta da região, Puy de Dôme, fazendo medições ao longo do caminho. Para sua alegria, mais e mais mercúrio saía na bacia à medida que ele subia, mostrando que a pressão atmosférica cai com o aumento da altitude.

Encorajados com a descoberta de que o ar tem um peso mensurável, e que o peso diminui com a altitude, os terráqueos logo inventaram novas maneiras de abrir caminho pelos céus sobre a cabeça deles e voar como Ícaro antes de seus momentos finais.

SONHOS DE ASCENSÃO: OS BALUNÁTICOS

O projeto das primeiras embarcações para transportar humanos para o alto através da atmosfera derivou de uma antiga tecnologia chinesa: as lanternas Kongming, balões flutuantes que abrigavam pequenas lamparinas a óleo ou velas. Com origem em uma data próxima ao ano de 80 EC, essas luzes foram originalmente usadas na guerra para enviar sinais a distância para o próprio exército ou para confundir os oponentes. Hoje elas são mais conhecidas como lanternas do céu, e aparecem em todo o mundo em celebrações como o Diwali, um festival hindu, e Yi Peng, um festival lunar no norte da Tailândia.

As lanternas Kongming originais eram envoltórios de papel ou pano que prendiam o ar aquecido sobre uma chama. Quando uma substância é aquecida, suas moléculas vibram mais rápido (lembre-se de que a temperatura é simplesmente uma medida desse movimento). As moléculas de ar energizadas e que se movem rapidamente requerem mais espaço para se mexer e balançar, e assim o volume que ocupam se expande à medida que migram para longe umas das outras, deixando a parte de dentro do balão menos densa do que o ar ao redor. No interior da lanterna, a cápsula de ar quente sobe através do oceano circundante de ar mais denso, levando a reboque sua carga, no caso, uma vela. A lanterna continua a subir até que o ar circundante atinja a mesma densidade que toda a lanterna em si, ou até que a chama se apague.

Lanternas douradas iluminam o céu noturno durante o festival lunar Yi Peng, no norte da Tailândia.

Se você for convidado a se lembrar dos pioneiros da aeronáutica, os irmãos Wright podem vir à mente. Mas um século e meio antes de Orville e Wilbur levantarem voo em 1903, em Kitty Hawk, na Carolina do Norte, um casal de irmãos franceses já dera o pontapé inicial na história da aviação humana com seu "globo aerostático", mais conhecido como balão de ar quente. Esses veículos contam com a mesma física de flutuabilidade das lanternas Kongming da China Antiga, mas usam um envoltório cavernoso o suficiente para transportar uma carga útil de humanos pendurados abaixo.

Em 1783, Joseph-Michel e Jacques-Étienne Montgolfier testaram o primeiro balão desse tipo no sul da França. Eles também recrutaram os primeiros aeronautas conhecidos: uma ovelha, um pato e um galo. O peculiar trio retornou em segurança à Terra após uma viagem de oito minutos e três quilômetros, abrindo o caminho para a era do voo humano.

Quase um século depois, o meteorologista e astrônomo James Glaisher se juntou ao experiente piloto de balões Henry Coxwell para um experimento aeronáutico quase fatal. Glaisher estava

À DIREITA: O balão *Le Tricolore* ascendendo (1874).

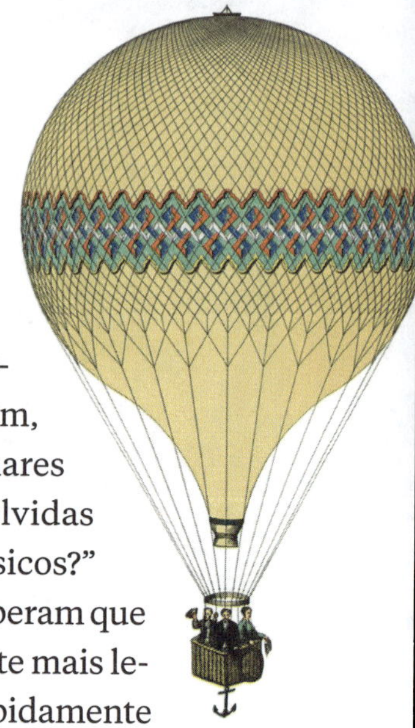

determinado a entender até que altura um balão poderia transportar uma pessoa, e o que poderia ser aprendido sobre a atmosfera e a pressão do ar ao longo do caminho. Em seu livro de 1871, *Travels in the Air*, Glaisher perguntou: "As ondas do oceano aéreo não contêm, no interior de suas margens indefinidas, milhares de descobertas destinadas a serem desenvolvidas pelas mãos de químicos, meteorologistas e físicos?"

Nos tempos vitorianos, os inventores perceberam que um balão cheio de um gás que era naturalmente mais leve do que o ar poderia subir mais alto e mais rapidamente do que o de ar quente puro. E você não precisaria aquecê-lo. A maioria dos balonistas dessa época usava gás de carvão comum — o material que alimentava seus fogões de cozinha —, pois continha uma mistura de baixa densidade de hidrogênio, metano e monóxido de carbono. Com seu balão de gás de carvão, Glaisher e Coxwell alcançaram uma altitude de mais de 10 mil metros antes de perder a consciência por falta de oxigênio no ar rarefeito, enquanto sua pele escurecia devido ao frio congelante. Eles também tiveram a doença da descompressão, coloquialmente conhecida como DD — a mesma que os mergulhadores experimentam se voltarem à superfície rápido demais. Fizeram isso pela ciência. E, embora tenham se aproximado da morte em seu experimento, eles se saíram muito melhor do que Ícaro, que realmente morreu tentando.

De acordo com os barômetros de Coxwell e Glaisher e os outros instrumentos a bordo, eles chegaram à estratosfera ou muito perto dela. Se tivessem conseguido sobreviver a uma subida mais longa, teriam descoberto dados interessantes na próxima camada da atmosfera terrestre. Para cada balão flutuante, no entanto, há uma altitude máxima até onde se pode subir. Enquanto o balão e sua carga útil combinados forem menos densos do que o oceano circundante da atmosfera, ele sobe. Chegando à elevação de igual densidade, porém, ele simplesmente balançará como uma boia na superfície do mar.

Hoje os meteorologistas lançam rotineiramente balões meteorológicos — sem velas, animais de fazenda ou humanos — equipados com instrumentos projetados para monitorar pressão, temperatura e umidade relativa. Esses balões permitem os relatórios meteorológicos regulares em que agora confiamos para saber se vai chover na hora do jogo, se a NASA prosseguirá com um lançamento de foguete e se você deve levar um boné ou guarda-chuva ao sair de casa.

Esses **balões** permitem os relatórios regulares **em que confiamos** para saber se vai chover na hora do jogo, se a NASA prosseguirá com um lançamento de foguete e se você deve levar um boné ou guarda-chuva ao sair de casa.

FELIX BAUMGARTNER E A BORDA DO ESPAÇO

Em 14 de outubro de 2012, um século e meio depois do experimento quase fatal de Glaisher e Coxwell, um ousado paraquedista austríaco chamado Felix Baumgartner quebrou vários recordes mundiais em um feito que as manchetes de todo o país exaltaram como o "salto da borda do espaço". Sua ascensão à estratosfera em um balão de hélio e o retorno em queda livre à superfície da Terra estabeleceram um novo recorde para a maior subida de balão pilotada por humanos e o maior salto em queda livre (de cerca de 38 quilômetros). Ele se tornou a primeira pessoa a quebrar a barreira do som sem a ajuda de um motor, mas não saltou do espaço.

Baumgartner despencou para a Terra a 1.350 quilômetros por hora, um feito possibilitado pela escassez de moléculas de ar na estratosfera e na troposfera superior, que o teriam desacelerado.

O piloto austríaco Felix Baumgartner se prepara para saltar de 29.455 metros durante o segundo voo de teste tripulado para o Red Bull Stratos em Roswell, Novo México, em 2012.

Em termos de comparação, a maior densidade do ar da atmosfera inferior limita a velocidade terminal de um corpo humano — a velocidade de queda livre mais rápida possível — a cerca de 190 quilômetros por hora. A altitude de Baumgartner era realmente tão grande que ele teve de usar uma roupa pressurizada durante sua façanha. Mas ele não é astronauta, ou seja, não chegou perto do que chamamos de "espaço". Para garantir essa designação, ele teria de saltar de mais do que o dobro da altura da qual o fez. Assim, o salto da "borda do espaço", patrocinado pela bebida energética Red Bull, recebeu um slogan altamente exagerado. Embora tenha conseguido um feito incrível que cativou o mundo, se a Terra fosse reduzida a um globo de sala de aula, Baumgartner saltou de um ponto de apenas um milímetro de altura.

De acordo com a maioria das pessoas que se preocupam com essas coisas, o "espaço" começa a 100 quilômetros (62 milhas) acima do nível do mar. Essa altitude, conhecida como linha de Kármán, recebeu o nome do aerodinamicista húngaro-estadunidense Theodore von Kármán, que foi o primeiro a definir essa fronteira. Em sua autobiografia (publicada postumamente, em 1967), ele a descreveu como "um limite físico, onde a aerodinâmica para e a astronáutica começa". Em tradução simples: onde não há ar, um avião não funciona mais porque depende da passagem de ar sobre suas asas para ganhar sustentação. Acima da linha de Kármán, você precisa de foguetes.

Kármán levou a definição um passo adiante quando acrescentou: "Abaixo dessa linha, o espaço pertence a cada país. Acima desse nível haveria espaço livre." Mas, como se sabe, as camadas atmosféricas da Terra não se dividem em unidades métricas arredondadas. Assim, embora convenientemente arredondado, o "limite" de cem quilômetros é realmente bastante confuso; o próprio Kármán havia recomendado uma altitude menor. O assunto vem sendo debatido há décadas, à medida que novos entendimentos sobre o perfil atmosférico da Terra foram surgindo.

A "CORRIDA ESPACIAL" BILIONÁRIA

Em julho de 2021, meio século depois que os primeiros humanos pousaram na Lua, dois bilionários chamaram a atenção do mundo no que foi retratado como uma nova corrida espacial. Dessa vez, a corrida não foi uma competição alimentada pela guerra para descobrir o que nenhum ser humano tinha visto antes, mas sim uma rivalidade entre os 0,0001 por cento do mundo para comercializar voos espaciais para lucro pessoal. Richard Branson, fundador do Virgin Group e da empresa de espaçonaves Virgin Galactic, tornou-se o primeiro bilionário a voar para o espaço (ou algo que se possa definir assim). Branson e sua tripulação a bordo do avião espacial *Unity* alcançaram uma altitude de 87 quilômetros (54 milhas), onde desfrutaram de alguns minutos de ausência de gravidade antes de planar de volta à Terra. Depois, em terra firme, o astronauta canadense Chris Hadfield, que é uma celebridade, colocou as cobiçadas asas de astronauta no peito de Branson, indicando que ele agora faz parte de um clube extremamente exclusivo. Mas será que Branson é mesmo um astronauta?

Nove dias depois, Jeff Bezos, fundador da Amazon.com e da empresa de espaçonaves Blue Origin, lançou seu próprio veículo suborbital, o *New Shepard* (em homenagem a Alan Shepard, o primeiro estadunidense a ir ao espaço), que chegou pouco acima da linha de Kármán, de 100 quilômetros (62 milhas). Ele também recebeu um par de asas de astronauta.

Esses caras são realmente viajantes espaciais? Existe uma fronteira legítima e clara entre aqui e lá fora? Onde o espaço realmente começa?

De acordo com a Fédération Aéronautique Internationale (FAI), órgão internacional não governamental regulador dos esportes aéreos, o espaço sideral começa na linha de Kármán, aquela dos cem quilômetros. A Administração Federal de Aviação dos EUA, as Forças Armadas dos EUA e a NASA, no entanto, atualmente colocam a borda do espaço em um ponto mais baixo, chamando qualquer pessoa que tenha subido mais de 80 quilômetros (50 milhas) de astronauta.

Parece que a vontade de usar números redondos para a linha de Kármán é forte, seja em unidades métricas ou imperiais. O próprio Kármán proclamou que a borda do espaço tinha 275 mil pés de altura (cerca de 52 milhas ou 83,82 quilômetros). Talvez a definição de espaço dos Estados Unidos devesse ter sido nomeada em homenagem a Kármán.

Seja qual for a intenção por trás dessas definições, o fato é que nenhuma tem implicações práticas e científicas. O limite, seja ele qual for, permanece confuso; simplesmente não há uma boa distinção entre "espaço" e "não espaço". De fato, recentemente os cientistas detectaram pedaços da atmosfera da Terra além da órbita da Lua. Então, se quisermos definir "não espaço" por "sem atmosfera", nossa Lua ainda está dentro da atmosfera terrestre, e ninguém nunca foi longe o suficiente para se tornar um astronauta.

No fim das contas, tanto Bezos quanto Branson perderam suas asas de astronauta — não por causa de quaisquer questões sobre altitude, mas porque a Administração Federal de Aviação dos EUA impôs uma definição mais rígida de "astronauta" logo após seus voos, desferindo um grande golpe nos bilionários espaciais em toda parte. Agora, um astronauta, além de atingir uma altitude superior a 80 quilômetros, também deve ter "demonstrado atividades durante o voo que foram essenciais para a segurança pública, ou contribuíram para a segurança do voo espacial humano".

DE AVIÕES A FOGUETES

Se quisermos definir a fronteira do espaço como uma região onde os aviões regulares não podem mais permanecer no ar, como o próprio Kármán sugeriu, devemos entender, antes de mais nada, como os aviões funcionam.

Essas setas representam as forças — sustentação, peso, empuxo e arrasto — que atuam em um avião durante o voo.

Os aviões podem voar, não apesar da densidade do ar, mas por causa dela. Quando um avião atravessa a atmosfera, ele colide com inúmeras moléculas. As asas do avião são curvadas na parte superior e mais planas na parte inferior, fazendo com que as moléculas de ar fluam mais rápido sobre o topo da asa do que ao longo de sua parte inferior, o que, por sua vez, cria menor pressão acima do que abaixo. Esse fato segue o princípio de Bernoulli, nomeado em homenagem ao matemático suíço Daniel Bernoulli, que postula que quanto mais rápido um fluido se move, menos pressão ele exerce.

Os fluidos tendem a se mover de áreas de alta pressão para áreas de baixa pressão, e o ar se comporta como um fluido. Quando existe um ambiente de baixa pressão acima da asa, as partículas de ar abaixo da asa correm para cima para criar sustentação. Ao mesmo tempo, a gravidade puxa o avião para baixo, e o atrito das moléculas de ar causa arrasto. Mas não se preocupe. Do outro lado da equação, motores enormes — hélices ou a jato — geram empuxo à medida que impulsionam o avião para a frente, criando e conservando a diferença de pressão nas asas e, assim, mantendo a sustentação. Os aviões comerciais geralmente voam acima de 9 mil metros, onde há a menor quantidade de arrasto de partículas atmosféricas, mas ainda há densidade de ar suficiente para manter o avião no ar a mais de 800 quilômetros por hora sem queimar grandes quantidades de combustível.

Uma diferença importante entre aviões e foguetes, aliás, é que os motores dos aviões queimam seu combustível com a ajuda do oxigênio retirado da atmosfera. Os foguetes que voam além da atmosfera da Terra devem usar oxidantes autônomos. Os motores de foguete são capazes de queimar combustível sozinhos, sem ajuda do oxigênio atmosférico.

CIÊNCIA DE FOGUETES E MAX Q

Para um cientista de foguetes, a atmosfera da Terra é apenas um obstáculo entre um astronauta e o espaço sideral. Além da troposfera, o ar continua a ficar cada vez mais rarefeito, e as aeronaves experimentam cada vez menos sustentação. Porém, se o avião

DILEMA CÓSMICO

POR QUE AS BOLAS DE BEISEBOL FAZEM CURVA?

Quer saibam ou não, os arremessadores de beisebol exploram os mesmos princípios que mantêm os aviões no ar. Um lançamento curvo bem executado por um arremessador confunde um rebatedor, criando uma diferença de pressão de um lado da bola giratória para o outro. Assim como na asa de um avião, o ar no lado de maior pressão da bola a empurra para o lado com menor pressão. Arremessar uma bola curva requer muito treino. Mas, com bastante prática, o arremesso deve parecer uma bola rápida típica antes que sua trajetória se curve para longe de onde poderia ter chegado, deixando até mesmo os mais experientes recebedores na ponta dos pés ou com um *strike* em sua contagem.

Uma maneira eficaz, porém ilegal, de melhorar a bola curva de alguém seria "amassar" um pouco a bola de um lado, para que ela "mexa" mais ar do que normalmente faria. Outro fator é a densidade do ar por onde a bola passa. Em lugares como o Coors Field, em Denver, o ar é 20% mais rarefeito do que ao nível do mar, tornando as bolas curvas menos eficazes do que no Fenway Park, em Boston. E na atmosfera marciana, com cerca de um por cento da pressão da Terra, uma tentativa de bola curva não enganaria nenhum batedor.

Tudo o que foi descrito acima, que se aplica às bolas de beisebol, também se aplica às bolas de futebol. Quando um jogador habilidoso chuta uma bola com uma técnica para intencionalmente adicionar giro, trajetórias curvas notáveis acontecem, às vezes enganando uma defesa inteira.

tiver um motor extremamente potente, ele pode gerar empuxo suficiente para neutralizar a gravidade por conta própria, sem a ajuda de Bernoulli. E é exatamente isso que os foguetes fazem.

Durante o lançamento de um foguete, cerca de um minuto após a decolagem, a plataforma de voo anuncia o momento de "max q" — código para pressão dinâmica máxima. Esse é o momento

contina na página 46

EXPLORAÇÃO

ENGENHOSIDADE EM MARTE

Aviões e helicópteros exploram as mesmas forças para se manterem no ar. As hélices rotativas de um helicóptero, ou pás do rotor, fornecem sustentação e empuxo. Um avião deve primeiro correr por uma longa pista para mover ar suficiente sobre suas asas a fim de colocar o princípio de Bernoulli em prática. Um jato comercial se aproximará de 320 quilômetros por hora antes que haja sustentação suficiente para levar seus passageiros para cima. Um helicóptero, por outro lado, gira suas longas lâminas ao redor de sua cabine parada. Como as asas do avião, as pás do helicóptero são tipicamente curvadas na parte superior e mais planas na parte inferior, projetadas para criar uma diferença de pressão que proporciona sustentação. Elas também podem ser inclinadas para alcançar o mesmo efeito. Contanto que as pás de um helicóptero forneçam mais sustentação do que o peso combinado de seu corpo e passageiros a reboque, ele permanecerá no ar e poderá pousar ou decolar de quase qualquer lugar sem precisar de uma pista. Os helicópteros trocam velocidade e potência por conveniência e capacidade de manobra.

O *rover Perseverance* da NASA em Marte transportou a bordo um helicóptero pequeno de menos de dois quilos, apropriadamente chamado *Ingenuity* (mostrado à direita na representação de um artista). No primeiro semestre de 2021, o *Ingenuity* se tornou a primeira aeronave a voar em outro planeta. Como a atmosfera de Marte é cem vezes mais fina que a da Terra, esse voo foi equivalente a fazê-lo a 26 quilômetros acima da Terra (quase três vezes mais alto do que um jato comercial). Para contextualizar, o maior voo de helicóptero registrado foi de cerca de nove quilômetros de altitude, até o topo do monte Everest, onde o ar tem apenas um terço da densidade em relação ao nível do mar; além dessa altitude, o ar fica tão rarefeito que o fardo da gravidade supera o empuxo alcançável pelas lâminas giratórias. Então o *Ingenuity* tinha de ser um peso-pena e ter lâminas proporcionalmente enormes, que pudessem girar até dez vezes mais rápido do que um helicóptero terrestre habitual.

continuação da página 43
mais perigoso do lançamento. O arrasto atmosférico cria estresse em um foguete e aumenta com a velocidade. À medida que um foguete perfura a atmosfera densa, ela oferece resistência (e, como sabemos agora, essa resistência tem peso). Se o foguete se mover muito rápido por essa região, o veículo pode se partir em pedaços. À medida que a altitude do foguete aumenta, no entanto, há cada vez menos ar disponível para causar arrasto.

Imediatamente após o lançamento de um foguete, ele se move lentamente através da espessa atmosfera ao nível do mar. Não há muito estresse aqui, já que o foguete ainda não pegou velocidade suficiente para causar preocupação. Vários minutos depois, ele dispara praticamente para fora da atmosfera; também não há muito estresse aqui. Entre essas duas regiões, há um ponto onde a velocidade do foguete e o ar pelo qual ele passa criam estresse máximo. Esse ponto é o max q.

LOCAIS DE LANÇAMENTO: A LÓGICA POR TRÁS

Ao buscar a órbita, o objetivo final de um foguete lançado não é ir para cima, para cima e cada vez mais para cima (embora pareça assim ao espectador médio ao nível do solo). Você pode supor que a NASA simplesmente apontou um foguete *Saturno V* para a Lua no final dos anos 1960 e o enviou em linha reta. Na verdade, os astronautas da *Apollo* se lançaram para o leste do Cabo Canaveral, na Flórida, e fizeram uma órbita e meia ao redor da Terra antes de partir em direção à Lua. Entre as muitas razões para começar dessa maneira está a exploração da rotação da Terra, que oferece um empurrão inicial de 1.600 quilômetros por hora gratuitamente no equador.

A maneira mais eficiente de ir de zero a 27 mil quilômetros por hora — a velocidade com que uma espaçonave atinge a órbita da Terra — é utilizar a velocidade de rotação da Terra. No equador (0°N, 0°S), ela é de cerca de 1.600 quilômetros por hora na dire-

CIÊNCIA DE HOLLYWOOD

TEMPESTADES DE POEIRA MARCIANAS

No grande sucesso cinematográfico de ficção científica de 2015, *Perdido em Marte,* estrelado por Matt Damon e baseado no livro de mesmo título de Andy Weir, o astronauta Mark Watney está preso em Marte, deixado para trás por seus companheiros de tripulação após uma enorme tempestade de poeira. Sabe-se que em Marte ocorrem tempestades monstruosas que às vezes duram meses a fio e ocasionalmente engolem todo o planeta. Abandonado e desesperado, Watney não tem escolha a não ser se virar até que uma nave de resgate possa salvá-lo. Os ventos perigosos da tempestade convergiram para o local de lançamento de sua equipe, fustigando seu foguete com detritos e ameaçando derrubar a nave que os levaria embora. Achando que Watney estava morto, a capitã decide escapar do planeta com a tripulação restante.

Muito dramático, de fato. No universo real, uma tempestade de poeira marciana pareceria uma brisa suave — nem de perto forte o suficiente para derrubar uma pessoa, muito menos uma nave espacial inteira. Hollywood havia ignorado a pressão dinâmica da atmosfera marciana. Embora as rajadas de uma tempestade de poeira marciana possam atingir velocidades de vendaval, a apenas um por cento da pressão atmosférica da Terra, a única ameaça real para um explorador marciano seria a visibilidade reduzida e talvez um filtro de ar entupido. Se a história tivesse descrito uma tempestade de poeira marciana precisa, Mark Watney e seus companheiros de tripulação poderiam ter se atrapalhado em uma névoa avermelhada, tateando pela escada em direção a seu veículo de escape.

Mas uma tempestade de poeira não deixa de ser um perigo. As nevascas sufocantes de areia podem durar semanas seguidas, bloqueando quase toda a luz solar. Se uma dessas tempestades ocorresse no início de sua jornada, ao invés de no final, poderia significar uma catástrofe para a tripulação. Os sistemas de filtragem de ar de seu hábitat eventualmente se entupiriam de poeira, pois todas as suas baterias movidas a energia solar se descarregariam por completo.

HISTÓRIA DA CIÊNCIA

DESASTRE DO *CHALLENGER*: UMA TRAGÉDIA NO MAX Q

"Entendido, liberado para acelerar", anunciou o comandante do ônibus espacial *Challenger*, Dick Scobee, setenta segundos após a decolagem na manhã gelada de 28 de janeiro de 1986. A perigosa pressão dinâmica do max q estava agora atrás deles, e parecia seguro aumentar os motores dos 65 por cento de potência para a força máxima em direção ao espaço. Nada além de um pouco mais de atmosfera estava entre a tripulação e sua missão. Mas as palavras de Scobee seriam as últimas da missão aos controladores de voo em solo. Alguns segundos depois, uma cascata de falhas desmembraria a nave em uma torrente de fumaça e fogo, catapultaria o compartimento da tripulação para o oceano Atlântico e mataria todos os sete a bordo.

Uma longa investigação, durante a qual nenhum outro ônibus espacial realizou missões, revelou os culpados: uma vedação defeituosa, uma verificação de segurança falha, o clima congelante e o max q. O ônibus espacial *Challenger*, totalmente abastecido e pesando dois milhões de quilos, consistia em quatro componentes principais: dois sólidos propulsores de foguetes, um tanque de combustível externo gigante e o próprio orbitador. Os dois propulsores de foguetes dependiam de anéis de vedação de borracha para manter o combustível em segurança dentro das câmaras. As frígidas condições de temperatura, no entanto, comprometeram a elasticidade de um dos anéis de borracha; a vedação falhou, permitindo que o gás quente escapasse. O estresse de um forte vento cruzado no max q — o ponto mais perigoso de pressão dinâmica máxima na jornada de um foguete — havia empurrado a nave o suficiente para que o propelente em chamas explodisse tão violentamente quanto um maçarico, incendiando o combustível não utilizado. Setenta e três segundos após o lançamento, o ônibus espacial se desintegrou.

Quase duas décadas haviam se passado desde o pouso na Lua. As viagens espaciais eram consideradas seguras e rotineiras. A regulamentação havia se tornado frouxa e, embora os engenheiros tivessem alertado sobre a falha do anel de vedação no frio extremo, o lançamento ocorreu. Dois anos e oito meses depois, após impor novos protocolos rigorosos de testes, a NASA retomou os voos espaciais tripulados.

ção leste. Durante a rotação diária de 24 horas do nosso planeta, o equador (com a maior circunferência da Terra) tem de viajar mais quilômetros do que qualquer outra latitude com circunferências menores. No Cabo Canaveral (28°N), essa velocidade cai para cerca de 1.500 quilômetros por hora. Nova York (41°N): 1.250 quilômetros por hora. Londres (51°N): 1.000 quilômetros por hora. Oslo (60°N): 830 quilômetros por hora. Enquanto isso, no Polo Norte (90°N), o Papai Noel simplesmente faz piruetas no mesmo lugar.

Você era uma daquelas crianças agitadas que gostavam das emoções e medos oferecidos pelo gira-gira do parquinho? Se sim, você provavelmente convencia seus amigos a girar o brinquedo o mais rápido possível enquanto se agarrava à própria vida. E deve ter notado que, quanto mais rápido a plataforma girava, mais você sentia que estava sendo lançado para fora. Para compensar, talvez você tenha se agachado perto do centro do gira-gira e segurado as barras com toda a força. Essa sensação de voar para fora de um objeto em rotação, esteja você no gira-gira de um parquinho ou na superfície de um planeta no sistema solar, é chamada de força centrífuga — embora não seja uma força autêntica. É apenas sua tendência a querer sair voando pela tangente, o que lhe dá a sensação de que é uma força.

No equador da Terra, onde a superfície se move mais rápido, a força centrífuga é mais forte. Então, por que equatorianos, singapurenses, tartarugas-gigantes de Galápagos e outros habitantes equatoriais não estão grudados ao chão com velcro por medo de voar? Uma palavra: *gravidade*. No entanto, isso não significa que a força centrífuga esteja ausente. Ela aparece no peso reduzido das pessoas. Todo mundo pesa um pouco menos no equador do que em qualquer outro lugar do mundo. Se o Papai Noel pesar 120 quilos no Polo Norte, ele pesará apenas 119,5 quilos quando entregar presentes no Equador. Não é suficiente para que se perceba. Muito menos para gerar comentários.

Por que equatorianos, singapurenses, tartarugas-gigantes de Galápagos e outros **habitantes equatoriais** não estão grudados ao chão com velcro por medo de voar? Uma palavra: ***gravidade.***

Para completar esse cenário: se a Terra de repente parasse de girar, então todos no mundo que não estivessem presos à superfície terrestre cairiam e rolariam para o leste em suas velocidades designadas. Qualquer pessoa ao sul de Nova York e ao norte da Nova Zelândia quebraria recordes de velocidade terrestre com seus corpos em disparada. Enquanto isso, a oficina do Papai Noel continua funcionando normalmente.

Vamos tentar um experimento mental (um dos exercícios favoritos de Einstein, por sinal). Se a Terra começasse a girar cada vez mais rápido, a força centrífuga continuaria aumentando, assim como no seu gira-gira. Há uma velocidade em que ela se tornaria tão grande que neutralizaria totalmente a gravidade; essas forças então se anulam, tornando você sem peso e pairando acima do solo. Essa velocidade é de cerca de 28 mil quilômetros por hora. Se a Terra girasse a essa velocidade, um dia duraria uma hora e meia em vez de 24 horas. Já vimos velocidades como essa antes. Não é por acaso que essa é aproximadamente a mesma velocidade necessária para alcançar a órbita terrestre baixa (LEO, na sigla em inglês).

Antes que Galileu mostrasse o contrário, parecia sensato que, se a Terra estivesse de fato voando pelo espaço e girando à medida que avançava, nós sentiríamos esses movimentos. Afinal, se as

A força centrífuga lança as pessoas aos ares nesse brinquedo chamado chapéu mexicano, em um parque na Suécia.

CIÊNCIA DE HOLLYWOOD

VELOCIDADE *VERSUS* ACELERAÇÃO

Em uma cena memorável do filme *Top Gun*, de 1986, após um voo em um caça supersônico, Maverick (Tom Cruise) grita para seu amigo Goose (Anthony Edwards): "Eu sinto a necessidade..." e juntos eles gritam: "... a necessidade de velocidade!" e eles executam um *high five* perfeito. O que Maverick e Goose não entendiam, no entanto, é que a velocidade era irrelevante para seu deleite.

Lembrete: neste momento, todos na latitude da cidade de Nova York (incluindo os autores deste livro e todas as pessoas nas cidades de Barcelona, Roma, Istambul e Pequim) estão se movendo para o leste a 1.250 quilômetros por hora na superfície giratória da Terra. E enquanto a Terra orbita o Sol, voamos pelo espaço a 30 quilômetros por segundo.

Objetos que se movem a uma velocidade constante não notam nenhum movimento, a menos que a velocidade mude. Essa mudança é chamada de aceleração, e pode ser positiva ou negativa, sendo a versão negativa mais comumente chamada de desaceleração. Uma mudança de direção durante o movimento é outra versão da aceleração. Assim, quando a velocidade ou a direção mudam, cada objeto – seu corpo, uma bicicleta, um foguete – sente e responde.

Quando aceleramos rapidamente para a frente, nosso corpo é jogado para trás em nosso assento. Quando fazemos uma curva, inclinamo-nos na direção oposta. Quando desaceleramos rapidamente, somos jogados para a frente – e se esquecemos de usar o cinto de segurança, continuaremos voando até que algo como um para-brisa ou uma árvore interrompa nossa trajetória. As concessionárias de carros esportivos podem anunciar a velocidade máxima de um carro, mas a informação mais interessante é a capacidade do carro de ir "de zero a 100" super-rápido. Isso é aceleração.

Portanto, na verdade, quando Maverick e Goose se deleitam com acrobacias com caças, talvez o que eles devessem gritar fosse: "Eu sinto a necessidade – a necessidade de acelerar!" Mas isso não tem o mesmo apelo.

pessoas conseguem sentir cada solavanco, oscilação e tremor até mesmo no passeio de carruagem mais suave, por que com a Terra seria diferente? Devemos, portanto, estar estacionados no centro de um universo abarrotado de coisas, pensavam nossos antepassados, com o Sol, a Lua e os planetas girando ao nosso redor. O que eles não entendiam era que, quanto maior a embarcação, mais imponente era o seu movimento. E, à medida que o passeio se torna mais suave, o movimento se torna cada vez menos perceptível.

Como já observado, quando um foguete deixa a Terra, ele recebe um impulso livre igual à velocidade de rotação da Terra na latitude da plataforma de lançamento. No Equador, são 1.600 quilômetros a mais por hora de economia de combustível. Então por que não lançamos foguetes do topo de uma montanha no Equador, como o Vulcão Cayambe? Lá um foguete tem os primeiros 6 mil metros de graça, além do impulso da rotação planetária. Parece uma boa ideia. Acontece, no entanto, que os custos de energia do transporte de suprimentos até uma montanha mais do que neutralizam os benefícios. Além disso, o lançamento ao longo da costa leste de um oceano — por exemplo, do Cabo Canaveral, na Flórida — oferece a conveniência de uma lixeira a favor do vento para lançamentos fracassados e propulsores de primeiro estágio descartados.

Fatores geopolíticos também influenciam a localização das plataformas de lançamento. A Agência Espacial Europeia lança a maioria dos foguetes da costa norte da América do Sul, no território francês de Kourou, na Guiana Francesa. Com apenas 5° de latitude norte e uma extensão de oceano a leste, é um local quase perfeito para um porto espacial.

NEWTON, UMA MAÇÃ E UMA BALA DE CANHÃO

A clássica história de como Isaac Newton descobriu a gravidade é um dos episódios mais perpetuados — e exagerados — da história da ciência. Talvez você já esteja familiarizado com isso.

De acordo com a lenda, o conceito de gravidade ocorreu a Newton em um momento *Eureka* em 1666, quando ele dormia à

DILEMA CÓSMICO

A FORÇA DE CORIOLIS

Qualquer coisa que não esteja presa à Terra — digamos, o ar, o oceano, uma bola de futebol no ar após um chute — experimenta e responde à rotação da Terra. Esse fenômeno é chamado de efeito de Coriolis.

Imagine uma grande nuvem ao norte da linha do equador fazendo sua jornada na direção leste quando um sistema meteorológico de baixa pressão emerge ao norte. A nuvem tenderá a se mover em direção à baixa pressão. Mas, durante a jornada, a maior velocidade para leste com que começou fará com que a nuvem ultrapasse a região de baixa pressão (que está em movimento) e termine a leste de seu alvo. Outra nuvem — que começa ao norte da região de baixa pressão e está se movendo para o leste mais lentamente — também se moverá em direção à baixa, mas naturalmente ficará para trás e terminará a oeste de seu destino. Para uma pessoa desavisada na superfície da Terra, esses caminhos curvos norte-sul pareceriam ser os efeitos de uma força misteriosa. No entanto, nenhuma força verdadeira estava em ação — apenas o efeito de Coriolis.

No Hemisfério Norte, quando muitas nuvens se aproximam de um sistema de baixa pressão vindas de todas as direções, você tem um carrossel de movimento anti-horário, mais conhecido como ciclone. Em casos extremos, forma-se um furacão monstruoso com velocidades de vento superiores a 150 quilômetros por hora. No Hemisfério Sul, com o mesmo fenômeno em jogo, os ciclones giram no sentido horário.

sombra de uma grande macieira no jardim de sua mãe na Woolsthorpe Manor, a casa em que passou a infância. O Trinity College, em Cambridge, onde estudava, mandara seus alunos para casa enquanto a peste bubônica devastava a Inglaterra. Quando estava em Woolsthorpe, Newton notou uma maçã cair no chão.

continua na página 56

ESPAÇOPORTOS NOTÁVEIS

- **Base de Lançamento de Foguetes de Svalbard (SvalRak), Noruega**
  SvalRak está localizada no território habitado mais setentrional da Terra. Nenhum foguete parte da Terra de um ponto mais ao norte que aqui. Como o local não oferece quase nenhuma vantagem em relação à rotação da Terra, seus lançamentos são foguetes de pesquisa suborbitais, usados para estudar padrões climáticos e fenômenos, como o campo magnético da Terra e a aurora boreal.

- **Cosmódromo de Baikonur, Cazaquistão**
  Este espaçoporto foi construído pela União Soviética em 1955 como um campo de testes para mísseis balísticos intercontinentais e agora está arrendado para a Rússia. O primeiro satélite artificial, o ***Sputnik 1***, e o primeiro voo espacial tripulado do mundo, o ***Vostok 1*** (voo espacial levando apenas Yuri Gagarin) foram lançados daqui. De 2011, quando a NASA encerrou o programa de ônibus espaciais, até 2020, quando a SpaceX entrou na briga, Baikonur foi a única base de lançamento para transportar humanos para a Estação Espacial Internacional.

- **Centro de Lançamento de Satélites de Xichang, China**
  Em operação desde 1984, Xichang fica a 28° de latitude norte e possui duas plataformas de lançamento. É um espaçoporto movimentado, lançando não apenas satélites meteorológicos, de vigilância, radiodifusão e outros, mas também, em 2007, o primeiro orbitador lunar da China.

- **Plataforma de Lançamento Oceânica Odyssey, Rússia**
  A Odyssey foi convertida de uma extinta plataforma de petróleo em alto-mar a um espaçoporto operando a partir do oceano Pacífico. Aqui os foguetes são lançados quase exatamente no equador. Em 2018, a maior empresa de aviação privada da Rússia comprou o espaçoporto flutuante. Espere mais plataformas de lançamento baseadas no mar nos próximos anos. A própria Odyssey, no entanto, está paralisada desde que atracou em Vladivostok em 2020.

Um foguete suborbital da NASA lançado em 2022 decola da Instalação de Lançamento de Svalbard, na Noruega.

continuação da página 53

Não, ela não o atingiu na cabeça, como a lenda quer fazer crer. Mas ele contemplou a maçã caída, perguntando-se por que todas as maçãs sempre caem diretamente para baixo. Enquanto isso, ele observava a Lua no alto, em órbita ao redor da Terra, e se perguntava se havia uma conexão entre as duas coisas. Onde termina a influência da gravidade? O ser humano médio pode achar desconcertante a tentativa de unificar esses objetos. A maçã que cai colide com a Terra e, no entanto, isso nunca acontece com a Lua — então como poderiam estar sujeitas à mesma força? Observar fenômenos tão diferentes, mas conectá-los em um nível profundo, exigia a genialidade única de Isaac Newton.

> Quando estava em Woolsthorpe, Newton notou **uma maçã** cair no chão. Não, ela **não o atingiu** na cabeça como a lenda quer fazer crer.

Em um experimento mental subsequente, descrito em seu livro de 1687, *Philosophiae Naturalis Principia Mathematica* (Princípios matemáticos da filosofia natural), Newton explorou e calculou o conceito de órbita da Terra bem antes que alguém levasse a sério a ideia de deixar o planeta. Uma pedra lançada, ele sabia, sempre cairia livremente em direção à Terra, mas pousaria mais longe a cada aumento na força do arremesso. É claro que quem já arremessou uma pedra percebe isso — mas Newton deu um passo além.

Imaginando uma bala de canhão lançada horizontalmente em velocidades diferentes, ele ponderou o que aconteceria à medida que a velocidade inicial de cada lançamento de canhão aumentasse. O projétil viajaria cada vez mais longe, ele percebeu, até que em algum momento precisaria seguir a curva da Terra. Não só isso: se a bala de canhão fosse impulsionada a uma velocidade alta o suficiente, ela circundaria a Terra completamente e atingiria Newton na parte de trás da cabeça. Se ele se desviasse de seu caminho, ela continuaria seu curso em queda livre, nunca atingindo a Terra. Nessa velocidade mágica, a bola estaria caindo

DILEMA CÓSMICO

CAINDO PELO CENTRO DA TERRA

As crianças às vezes brincam que vão cavar um buraco através da Terra, pular e sair do outro lado do mundo. Nos Estados Unidos, por algum motivo, eles tendem a pensar que chegarão à China. Se calculassem corretamente, os norte-americanos acabariam no sul do oceano Índico.

Mas o que realmente aconteceria? Se você pudesse de alguma forma pular em um túnel vazio que se estendesse por toda a Terra, ganharia velocidade continuamente até o núcleo de 5.500°C da Terra. Lá você vaporizaria, levando seu experimento a um fim rápido. Ignorando essa pequena complicação, você sairia de sua viagem com uma nova compreensão da relação entre massa, peso e gravidade. À medida que você caísse, e a quantidade de massa entre você e o núcleo da Terra diminuísse, a força da gravidade — e, consequentemente, seu peso — também teria diminuído. Quando chegasse ao centro, você pesaria exatamente zero.

Para esses propósitos, vamos ignorar qualquer resistência do ar que você possa encontrar ao mergulhar pelo túnel. No centro, onde seu peso é nulo, você também está viajando na velocidade máxima, então vai passar direto por ele e seguir pela outra metade do túnel. Agora a gravidade atua sobre você, retardando-o. Como sua jornada é gravitacionalmente simétrica, você chegará à outra extremidade do túnel de 13 mil quilômetros cerca de 45 minutos após o salto inicial, sem velocidade restante. A menos que você tenha recrutado previamente um amigo (ou um peixe) para agarrá-lo e tirá-lo do túnel, a gravidade o puxará e você voltará ao seu ponto de partida original. Essa viagem de ida e volta, por sinal, levará a mesma quantidade de tempo que uma órbita baixa completa da Terra — a mesma da órbita da Estação Espacial Internacional. Não é por acaso; é assim que a física gravitacional funciona.

na Terra exatamente na taxa em que a forma redonda da Terra se curvava para longe dela. Costumamos chamar esse estado de movimento de órbita.

Se a bala de canhão de Newton for lançada ainda mais rápido, há uma velocidade em que ela deixa a gravidade da Terra por completo, alcançando velocidade de escape no que veio a ser chamado de trajetória hiperbólica — um conceito ainda não encontrado na época de Newton. Nesse caso, a Lua e a maçã passam por experiências idênticas; a Lua só tem uma velocidade lateral que a maçã não tem.

A Estação Espacial Internacional, que passa acima de nossa cabeça a cada 90 minutos, está de fato em queda livre ao redor da Terra no ritmo que Newton previu há centenas de anos, antes que a tecnologia existisse para comprovar a sua afirmação. Em vez de colidir com a Terra, a ISS "erra" o solo repetidas vezes. Como resultado, ela permanece cerca de 400 quilômetros acima da superfície da Terra, mantendo sua velocidade orbital de pouco mais de 27 mil quilômetros por hora. São quase oito quilômetros por segundo.

Pense no que oito quilômetros significam ao nível do solo. Isso é cerca de oitenta vezes o comprimento de um campo de futebol. Você poderia caminhar rapidamente por essa distância em uma hora e meia. Um carro respeitando o limite de velocidade faz isso em cinco minutos. Um jato comercial de alta velocidade pode fazer isso em meio minuto. A ISS faz isso em um segundo. Essa é a velocidade com que os objetos em órbita baixa da Terra atravessam o céu e a velocidade com que precisam se mover para continuar "errando" o solo terrestre a cada passagem.

E assim os astronautas não têm peso em órbita — não porque o espaço tenha uma propriedade mágica que apaga a força da gravidade, mas porque permanecem em queda livre em uma órbita descrita pela primeira vez há quase três séculos e meio.

FOGUETEIROS NA PAZ E NA GUERRA

A primeira pessoa a propor seriamente um método pelo qual os humanos poderiam chegar à Lua foi o engenheiro estadunidense

CIÊNCIA DE HOLLYWOOD

GRAVIDADE NO ESPAÇO

No filme *Ad Astra*, de 2019, cada cena dentro de qualquer veículo espacial mostra pessoas flutuando sem peso. Um descuido: as naves estão continuamente acionando seus motores. Os cineastas poderiam ter economizado uma grande parte de seu orçamento de efeitos especiais se soubessem que, quando uma nave espacial dispara seu motor e acelera pelo espaço, os astronautas residentes não experimentam mais a queda livre e, em vez disso, sentem a gravidade artificial que acabaram de criar pela aceleração.

No tempo em que enviávamos astronautas à Lua, suas espaçonaves tinham que primeiro acelerar para atingir a velocidade de escape. A partir daí, elas simplesmente iam. Em outras palavras, os astronautas permaneciam em queda livre durante a maior parte de sua viagem — não porque estavam no espaço, mas porque estavam primeiro em queda livre ao redor da Terra, e então, depois que os foguetes fossem disparados novamente para o que a NASA chama de injeção translunar, eles estavam em queda livre em direção à Lua. Naves que vão para a Lua não são atualmente projetadas para fazer isso, mas, se fossem equipadas com foguetes carregados de combustível e acionassem seus motores continuamente, elas poderiam acelerar a 9,8 metros por segundo a cada segundo, e experimentar precisamente 1g, ou o equivalente de gravidade na superfície da Terra.

Uma aceleração constante de 1g até a Lua o levaria até lá em duas horas e meia, embora na chegada você passaria pelo seu destino a 88 quilômetros por segundo. Para evitar isso, quando estivesse no meio do caminho, você poderia acionar seus motores na direção oposta. Você então desaceleraria e chegaria com segurança à Lua depois de três horas e meia. Mas em nenhum momento você ficaria sem peso durante a viagem.

Robert Goddard. Em 1926, ele lançou o primeiro foguete de combustível líquido. Era uma engenhoca desengonçada de cerca de três metros de altura que voou por apenas dois segundos e meio antes de voltar ao chão, a 56 metros de distância. Assim

DILEMA CÓSMICO

BOLAS DE BEISEBOL BALÍSTICAS

Você já olhou do parapeito de uma janela ou varanda altas e se perguntou até onde uma bola de beisebol chegaria se você a arremessasse? Aterrissaria naquele telhado ali ou naquela placa de "PARE" na esquina? Se você sucumbir a esse impulso, pegue uma bola de beisebol e jogue-a com toda a sua força — você acaba de lançar um míssil balístico. E um despretensioso transeunte não ficaria feliz se estivesse no caminho balístico da bola. A palavra "balística" significa simplesmente "sob a influência da gravidade", e "míssil" significa qualquer coisa lançada em um alvo. Assim, um jogo de beisebol, partida de tênis, jogada de futebol, arremesso de peso ou qualquer outra competição envolvendo esferoides voadores direcionados é uma competição de mísseis balísticos perfeitamente legal.

O foguete *Falcon 9* da SpaceX decola do Complexo de Lançamento 40 na Estação da Força Aérea de Cabo Canaveral, na Flórida.

como o primeiro voo de avião bem-sucedido dos irmãos Wright, duas décadas antes, o foguete de Goddard acenaria para uma nova era de inovação e exploração — e, junto com ela, um novo tipo de guerra. Quando os Estados Unidos entraram na Primeira Guerra Mundial, de fato, o próprio Goddard estava completamente ciente das possibilidades militares de um foguete.

Avancemos para a Segunda Guerra Mundial. Em 8 de setembro de 1944, um foguete de 14 metros de comprimento, carregado com 900 quilos de explosivos, elevou-se acima da atmosfera e caiu de volta à Terra em seu alvo — uma rua comum de um subúrbio de Paris, onde matou seis pessoas e mutilou muitas outras. Foi o primeiro ataque de míssil balístico de longo alcance do mundo, arquitetado pelo engenheiro aeroespacial alemão Wernher von Braun, que havia estudado e imitado entusiasticamente os projetos de Robert Goddard. Tendo se unido ao Partido Nazista em 1937, Von Braun (em suas próprias palavras) "saiu-se relativamente bem" enquanto Hitler, ansioso para provar a proeza tecnológica da Alemanha, febrilmente despejava dinheiro em seus projetos de foguetes.

Obcecado pelo objetivo de lançar foguetes ao espaço, Von Braun de fato aceitou as consequências provocadas por seu triunfo científico — ou simplesmente se desprendeu delas: o primeiro lançamento bem-sucedido de um objeto feito por humanos ao espaço. Depois que o primeiro *V-2* caiu naquela rua parisiense e mais dois caíram perto de Londres no mesmo dia, Von Braun supostamente comentou: "O foguete funcionou perfeitamente, exceto que pousou no planeta errado."

Uma vez lançado, o foguete *V-2* dependia inteiramente da gravidade para atingir seu alvo. Era um triunfo da balística. O aspecto mais aterrorizante não era a quantidade de explosivos acumulados em seu nariz, mas sim sua velocidade supersônica sem precedentes. O impacto devastador de algo viajando em alta velocidade tornou as bombas a bordo uma tática gratuita de medo. Lembre-se, o asteroide que levou à extinção de todos os grandes dinossauros não estava carregando uma única bomba.

Alguém que estava na estrada poderia ter visto um míssil *V-2* indo em sua direção, mas nunca o teria ouvido chegar. E, mesmo que pudesse de alguma forma ter identificado o objeto voador silenciosamente vindo em sua direção, teria sido tarde demais. Os mísseis supersônicos e suborbitais de Von Braun extinguiriam a vida de milhares de pessoas inocentes e lançariam as bases para as viagens espaciais humanas. Como vários contos de casamento entre ciência e guerra, o avanço tecnológico é muitas vezes financiado por sua promessa de destruição.

Embora o foguete *V-2* em si tenha sido uma arma letal, historiadores estimam que muito mais pessoas morreram durante sua construção do que por conta de seus ataques. Quando a Segunda Guerra Mundial causou uma escassez de mão de obra, impedindo Hitler de produzir suas novas armas tão rapidamente quanto desejava, Von Braun recorreu ao trabalho escravo. Prisioneiros de campos de concentração de toda a Europa foram levados para fábricas e forçados a montar as armas em túneis subterrâneos superlotados, onde poucos sobreviveram a sede, fome, doenças, frio, exaustão e brutalidade nazista. Aqueles considerados inaptos para o trabalho eram enviados para campos de extermínio.

Pelo menos dez mil pessoas, e talvez o dobro disso, morreram construindo o míssil *V-2* e seus antecessores sob as piores condições imagináveis.

Depois de se render às tropas estadunidenses, no final da Segunda Guerra Mundial, Von Braun levou seus conhecimentos para os Estados Unidos. No início da Guerra da Coreia, ele e sua equipe foram transferidos para Huntsville, Alabama, onde ele desenvolveu mísseis no Redstone Arsenal do Exército dos EUA e logo se tornou diretor do novo Centro de Voos Espaciais Marshall

continua na página 66

O Dr. Robert H. Goddard ao lado de um foguete de oxigênio líquido e gasolina, lançado em 16 de março de 1926, em Auburn, Massachusetts, e que voou por 2,5 segundos, subiu 12,5 metros e pousou a 56 metros de distância.

HISTÓRIA DA CIÊNCIA

COMPUTADORES HUMANOS

Foi necessária toda sorte de matemáticos e engenheiros para resolver os problemas de órbita e de reentrada apresentados pelas viagens espaciais. A chave para esse esforço foram os computadores humanos — uma equipe de mulheres contratadas pelo antecessor da NASA, o Comitê Consultivo Nacional para a Aeronáutica, fundado em 1915. O trabalho delas era realizar, à mão, cálculos meticulosos críticos para voos espaciais tripulados. *Estrelas além do tempo*, o popular filme de 2016 baseado no livro homônimo de Margot Lee Shetterly, destacou três dessas matemáticas pioneiras: Katherine Johnson (foto à direita), Mary W. Jackson e Dorothy Vaughan.

Uma cena retrata um famoso momento histórico entre Katherine Johnson e John Glenn, o primeiro estadunidense a orbitar a Terra. No final da década de 1950, a NASA começou a usar computadores eletrônicos para calcular trajetórias de voo, mas, como em qualquer nova tecnologia, muitas pessoas não queriam confiar apenas nessas máquinas desconhecidas, especialmente quando a precisão de uma equação significava vida ou morte. Antes do voo histórico no qual Glenn orbitou a Terra em 1962, ele exigiu que um computador humano verificasse o cálculo eletrônico de sua trajetória. Ao confirmar os resultados eletrônicos por meio de sua calculadora mecânica de mesa, Johnson ajudou a aumentar a confiança na nova tecnologia. E na categoria de "antes tarde do que nunca", em 2015, cinco anos antes de sua morte, aos 101 anos, Katherine Johnson recebeu a Medalha Presidencial da Liberdade. Em 2019, a rua em frente à sede da NASA, em Washington, D.C., recebeu um novo nome: Hidden Figures Way. E, em 2021, a própria sede foi renomeada como Escritório Central da NASA Mary W. Jackson.

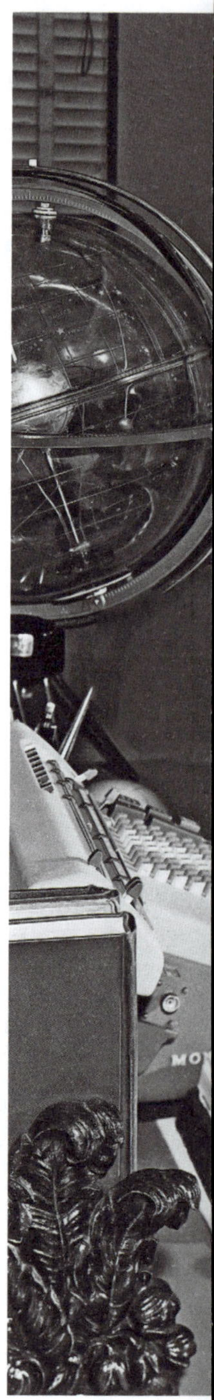

O *Sputnik*, que em russo significa "companheiro de viagem", foi o primeiro objeto artificial a orbitar a Terra. A União Soviética lançou-o em 4 de outubro de 1957.

continuação da página 63

da NASA, lá mesmo. Sua maior conquista foi o foguete *Saturno V*, que levou humanos à Lua.

ALCANÇANDO A ÓRBITA

Embora o foguete *V-2* tenha sido o primeiro objeto feito pelo homem a atingir a linha de Kármán, ele nunca atingiu velocidade suficiente para alcançar a órbita e, portanto, permaneceu como um triunfo suborbital.

O primeiro objeto artificial a orbitar a Terra foi um pequeno satélite lançado pela União Soviética em 4 de outubro de 1957 — uma bola de metal de 61 centímetros carinhosamente chamado de *Sputnik*, que em russo quer dizer "companheiro de viagem". Apesar da nomenclatura terna, o lançamento semeou ansiedade e terror em todo o mundo. Mais importante, deu origem à corrida espacial que entrincheirou ainda mais os Estados Unidos e a União Soviética na Guerra Fria. O lançamento bem-sucedido do *Sputnik 1* deixou claro qual grande potência detinha a liderança em tecnologia e armamento.

Para mandar o *Sputnik* para além da atmosfera e colocar o minúsculo globo reluzente em órbita, os engenheiros soviéticos o amarraram em cima de um foguete *R-7*, o primeiro míssil balístico intercontinental do mundo — vinte vezes mais massivo que o *V-2*. Todos imaginaram que uma arma nuclear poderia facilmente ter ficado no lugar do satélite do tamanho de uma bola de praia. Apenas três anos e meio depois do *Sputnik 1*, em mais uma façanha pioneira inspiradora, uma versão ligeiramente modificada do *R-7* lançaria o cosmonauta Yuri Gagarin em órbita: o primeiro humano, mas apenas a quarta espécie de mamífero, depois de cães, camundongos e um porquinho-da-índia. Meio ano depois, um chimpanzé se juntaria ao elenco.

A bordo do *Sputnik 1* estava um simples transmissor de rádio que operava com um mísero watt de potência — menos do que o consumo de energia do seu smartphone no modo de baixa potência. Em 1957, isso era poderoso o suficiente para emitir um sinal de rádio sonoro, alertando continuamente os operadores de rádio amador de sua presença pacífica. No crepúsculo, com o céu limpo, qualquer pessoa sob sua trajetória orbital com um olho afiado ou um par de binóculos podia observar a esfera reflexiva desconhecida entre a tapeçaria habitual das estrelas, prenunciando os milhares de objetos que agora atrapalham nossa visão outrora imaculada do cosmos.

LIXO ESPACIAL E O EFEITO KESSLER

Desde aquele primeiro lançamento de satélites em 1957, os humanos se esforçaram ao máximo para colocar o maior número possível deles na órbita da Terra. Com a miniaturização do hardware, os satélites se tornaram menores, mais baratos e cada vez mais indispensáveis à ciência e à sociedade. A população de satélites na órbita da Terra está crescendo exponencialmente — de cerca de cinquenta lançados em 2000 para cerca de cem em 2010, para mais de mil em 2020 e mais de 2 mil em 2022. A grande maioria deles pertence à SpaceX de Elon Musk e sua

continua na página 70

TIPOS DE ÓRBITAS COMUNS

- **Órbita terrestre baixa (LEO, na sigla em inglês)**
A região classificada como órbita terrestre baixa, até 1.900 quilômetros acima do nível do mar, é povoada pela grande maioria dos satélites. Todos os nossos objetos mais familiares orbitando a Terra são encontrados lá, incluindo o Telescópio Espacial Hubble e a ISS. Nessa altitude, as órbitas completas duram cerca de 90 minutos, o que significa que em cada período de 24 horas o Sol nasce e se põe 16 vezes. Embora a LEO seja de longe a órbita mais popular, muitos satélites habitam regiões mais altas acima da Terra, em altitudes mais adequadas para suas tarefas.

- **Órbita terrestre média (MEO, na sigla em inglês)**
Estendendo-se mais de 32 mil quilômetros acima da LEO, encontramos o domínio da órbita terrestre média (MEO). Os satélites do Sistema de Posicionamento Global (GPS) dos Estados Unidos residem em órbita semissíncrona por volta do ponto médio dessa região, altitude na qual completam uma órbita a cada 12 horas, chegando duas vezes por dia no mesmo ponto acima da Terra. Os satélites de GPS enviam sinais de rádio para receptores no solo, incluindo seu telefone celular, para identificar locais exatos e distâncias na superfície da Terra. Da próxima vez que você combinar com alguém do Tinder em um raio de cinco quilômetros ou menos de onde você está tomando café, pode agradecer a Isaac Newton (que parece ter evitado qualquer se envolver em qualquer tipo de relacionamento) por suas contribuições para os hábitos modernos de acasalamento. Muitos dos outros satélites de navegação do mundo vivem na mesma vizinhança orbital que os do GPS.

- **Órbita geossíncrona (GEO)**
Além da MEO, a 36 mil quilômetros acima do nível do mar, os satélites circundam o equador da Terra a cada 23 horas, 56 minutos e 4 segundos — a duração precisa de uma rotação da Terra no espaço. Embora pareçam pairar no mesmo lugar acima da superfície da Terra, para realizar essa façanha eles estão realmente voando pelo espaço a mais de 11 mil quilômetros por hora, em sintonia com a rotação da Terra.

Mas e a inclinação da Terra? Um satélite geossíncrono oscilará no céu à medida que a Terra circula por suas estações. Um caso especial da órbita geossíncrona — a órbita geoestacionária — ocorre na região acima do equador, onde a inclinação da Terra é próxima de zero. Quase todos os satélites que povoam esta região orbital estreita e altamente desejável facilitam as comunicações, as transmissões de TV e a previsão do tempo. Satélites espiões ocasionais também ficam por aqui.

- **Órbita polar**

Uma trajetória polar — um tipo específico de LEO — corre perpendicularmente ao equador. Satélites nesse caminho cruzam os polos Norte e Sul a cada varredura. Como a Terra gira dentro de sua órbita, um satélite polar, diferente de qualquer outro, acabará vendo a totalidade da superfície da Terra — o que é ideal para monitorar países do outro lado do globo.

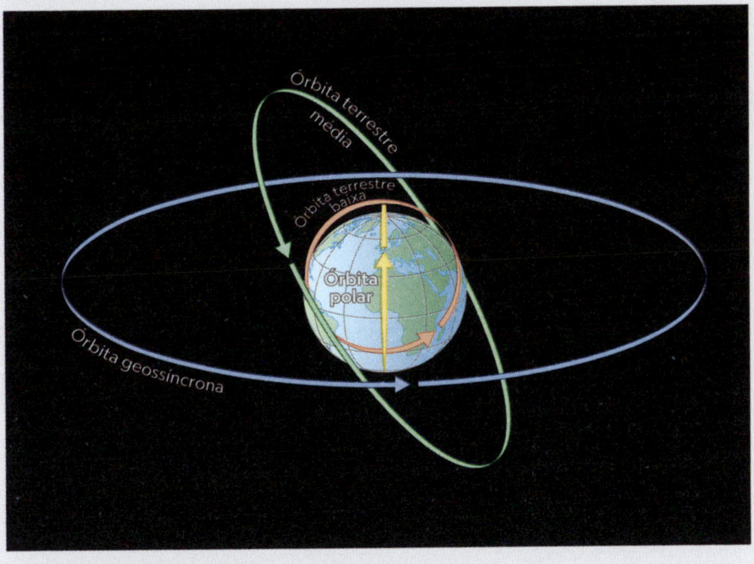

Um exemplo visual das trajetórias da órbita do satélite ao redor da Terra: órbita terrestre baixa (vermelha), órbita terrestre média (verde), órbita geossíncrona (azul) e órbita polar (amarelo).

continuação da página 67

operação Starlink. Os lançamentos geralmente colocam vários satélites em órbita de forma simultânea. Em poucas décadas, nosso outrora imaculado oceano aéreo tornou-se uma movimentada e perigosa estrada.

Os satélites tendem a ter uma vida útil de 10 a 15 anos, mas governos e empresas privadas, como a SpaceX, os enviam para a órbita sem qualquer plano de desorbitá-los ao término da operação. Os satélites antigos permanecem em órbita, como veículos que percorrem uma rodovia com motoristas dormindo ao volante. Em órbitas mais baixas, eles acabam se rendendo ao atrito atmosférico e à gravidade em um incêndio meteórico. Em órbitas mais altas, no entanto, onde encontram muito menos partículas atmosféricas, eles podem continuar a circundar a Terra por eras.

Além de todos os satélites abandonados e anteriormente funcionais, a órbita da Terra está repleta de dezenas de milhares de pedaços de estilhaços perigosos. A Rede de Vigilância Espacial do Departamento de Defesa dos EUA rastreia os 30 mil objetos em órbita com mais de cinco centímetros. Mais de 100 milhões de pedaços de lixo adicional de tamanho milimétrico não ras-

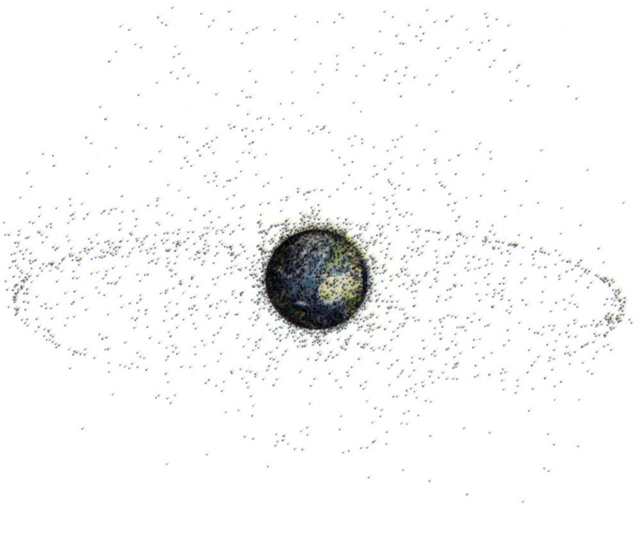

O espaço próximo à Terra fica cada vez mais lotado de "lixo espacial" abandonado.

treado estão espalhados pelo céu. Em velocidades orbitais quase dez vezes mais rápidas do que uma bala disparada por um fuzil AR-15, até mesmo algo tão pequeno quanto uma mancha de tinta pode causar estragos em um satélite, uma estação espacial ou um astronauta que caminha no espaço.

Quando dois objetos colidem, a contagem de partes quebradas nos destroços excede em muito os dois originais. Se uma quantidade suficiente de satélites e pedaços avulsos permanecer em órbita sem controle, poderíamos estar diante de uma catástrofe caótica. Donald J. Kessler, astrofísico da NASA, alertou para isso em 1978. Se os fragmentos de uma colisão destroem um satélite próximo, e então partes desse satélite agora pulverizado colidem com outros satélites próximos, existe um número limite de satélites acima do qual uma cascata autossustentável de colisões destrói todos os satélites em órbita. Eventualmente, incontáveis nuvens de destroços impediriam a passagem segura para qualquer coisa ou qualquer pessoa, e nos veríamos detidos sob nossa prisão de ferro-velho construída por nós mesmos.

Gravidade, um filme de 2013 que mistura suspense e ficção científica estrelado por Sandra Bullock e George Clooney, retratou com precisão as consequências calamitosas desse chamado efeito Kessler. O que não era preciso, no entanto, era a franja de Sandra Bullock, perfeitamente controlada acima de sua sobrancelha em vez de flutuar livremente na gravidade zero da órbita.

ÓRBITAS E SEU DECAIMENTO

Três meses depois que a União Soviética lançou o *Sputnik*, a pequena bola prateada se rendeu à nossa atmosfera, mergulhando de volta em direção à Terra em uma bola de fogo. Por causa de sua baixa densidade, o *Sputnik* se desintegrou completamente, como uma estrela cadente, bem antes que pudesse prejudicar os terráqueos abaixo. Mas seu fim ardente não foi em vão. Os cientistas coletaram informações valiosas do mundo real sobre até onde as bordas externas da atmosfera da Terra se estendem. Mesmo a centenas de quilômetros acima da Terra, eles agora sabiam, as moléculas de ar existem em quantidades altas o suficiente para causar arrasto. Com o tempo, à medida que um satélite em órbita colide com essas partículas, ele perde energia e altitude até não conseguir mais sustentar a órbita. Se não houvesse resistência do ar, o satélite orbitaria para sempre — a menos que alguma outra obstrução aparecesse para derrubá-lo.

Todos os objetos que circulam a Terra, especialmente aqueles em órbita baixa, incluindo a ISS e o Telescópio Espacial Hubble, devem lidar com a primeira lei de Newton — que nos diz que qualquer força externa alterará o movimento de um objeto — e devem compensar os efeitos de atrito de quaisquer moléculas para que não tenham o mesmo destino do *Sputnik*. A ISS mergulha quase dois quilômetros por mês. Para combater isso, ela dispara periodicamente propulsores de foguete para se impulsionar de volta a uma altitude mais elevada. Quando isso acontece, os astronautas a bordo experimentam um pouco de gravidade artificial enquanto são jogados para trás em resposta ao aumento da aceleração. Para manter essa luta contra o arrasto atmosférico, a estação espacial requer missões de reabastecimento constantes.

A EQUAÇÃO DO FOGUETE

Se você quiser escapar completamente da atração da gravidade da Terra e ir para a Lua, Marte ou além, você vai precisar de uma nave (muito) maior — e de muito mais combustível. Você vai querer algo como o foguete *Saturno V*, concluído em 1967 e aposentado em 1973, que enviou os primeiros astronautas estadunidenses à Lua.

Projetado por Wernher von Braun, o *Saturno V* tinha a altura de um edifício de 35 andares — mais alto que a Estátua da Liberdade — e pesava três mil toneladas antes do lançamento. Nos meros quarenta anos desde que Robert Goddard enviou seu foguete de quintal de três metros a uma altura de 12,5 metros, a ciência e a engenharia, estimuladas e financiadas pela guerra, avançaram a um ritmo surpreendente. A astrofísica tornou-se mais do que olhar para o alto. Agora incluía *ir* para o alto.

No topo do foguete estava o módulo de comando, que abrigava os três astronautas, e o módulo de pouso lunar. Apenas o módulo de comando retornou à Terra a partir da Lua. Noventa e cinco por cento da massa do *Saturno V* consistia no combustível necessário para escapar do abraço gravitacional da Terra.

A terceira lei de Newton nos diz que para toda ação há uma reação igual e oposta. Então, se quisermos impulsionar uma besta de 3 mil toneladas a partir da superfície da Terra, precisaremos de uma ação poderosa cuja força esteja voltada na direção oposta. Essa ação foi de quase 3,5 mil toneladas de impulso. A diferença entre o impulso e o peso do *Saturno V* é a força líquida para cima — 500 toneladas — para lançar a coisa.

Para descobrir a quantidade de combustível necessária para uma missão, os cientistas de foguetes devem primeiro calcular o peso da carga útil e quanto combustível levará essa carga útil ao espaço. Aqui está o problema, no entanto: o peso do combustível necessário para levar essa carga útil ao espaço é adicionado à carga útil total e, portanto, nossos cientistas agora devem calcular quanto mais combustível será necessário para levar esse combustível adicional ao espaço. Esse peso de combustível recém-adicionado significa que agora devemos adicionar novamente mais combustível para chegar ao espaço. E assim por diante. Eis o implacável problema dos foguetes, e precisamos de uma equação para nos ajudar.

A terceira lei de Newton nos diz que para toda ação há uma reação igual e oposta. Então, se quisermos impulsionar uma besta de 3 mil toneladas a partir da superfície da Terra, precisaremos de uma ação poderosa cuja força esteja voltada na direção oposta.

O ramo da matemática conhecido como cálculo foi desenvolvido simultânea e independentemente por Isaac Newton e Gottfried Leibniz no século XVII, embora componentes tenham sido identificados no sul da Índia três séculos antes. O cálculo, primorosamente concebido para esse tipo de problema, oferece os meios para construir nossa equação necessária. Embora muitas pessoas tenham derivado a matemática de forma independente, sua aplicação ao nosso problema atual está mais associada

continua na página 76

EXPLORAÇÃO

ELEVADORES PARA O ESPAÇO

Se pudéssemos dirigir um carro de passeio para o alto, rumo ao espaço sideral, poderíamos chegar lá em cerca de uma hora em uma velocidade normal de qualquer estrada (embora não em Los Angeles). O espaço não fica tão longe. No entanto, o opressivo oceano de ar e a força obstinada da gravidade mantêm a maioria de nós — com exceção de astronautas e bilionários — submersos aqui embaixo.

As fontes do Paraíso, romance escrito por Arthur C. Clarke em 1979, imaginou um futuro em que o acesso ao espaço significava uma viagem barata e fácil em um elevador espacial, em vez de a bordo de um foguete. Desde então, cientistas e romancistas têm explorado a ciência por trás do que a construção de tal engenhoca pode exigir. Um elevador espacial (concepção artística, na página oposta) combina os conceitos de força centrífuga, gravidade e velocidade orbital. Em teoria, poderíamos construir um objeto massivo (ou capturar um asteroide) além da órbita geoestacionária para atuar como um contrapeso a um cabo preso ao solo. Se amarrado na altitude correta, a força centrífuga para fora e para cima da estação ou asteroide contrabalançaria perfeitamente a força descendente da gravidade na outra extremidade. O compartimento de carga — ou carro de elevador — viajaria ao longo do cabo para os céus.

O combustível constitui uma proporção esmagadora do peso de um foguete — necessário não apenas para chegar a um destino, mas também para transportar esse combustível, e assim por diante. Um elevador espacial, no entanto, torna a questão do combustível irrelevante. Talvez pudéssemos usar a energia solar para a subida. O custo por quilo para levar objetos ao espaço pode se tornar acessível ou mesmo até insignificante.

Aqui está uma possibilidade adicional: no ponto de órbita geoestacionária ao longo do elevador, poderíamos construir uma estação espacial para servir como doca de combustível, porto espacial para lançar novos satélites ou até mesmo porto de naves espaciais. Qualquer foguete que passasse por lá para tomar café poderia simplesmente voltar ao espaço sem precisar lidar com a tirania da equação do foguete.

Muitos obstáculos impedem a construção de uma estrutura desse tamanho, é claro. Mais obviamente: o cabo, estendendo-se por dezenas de milhares de quilômetros, precisaria ser forte o suficiente para suportar seu próprio peso. Ainda não existe nenhuma substância conhecida com tal capacidade, embora pesquisas atuais sobre nanotubos de carbono sugiram passos importantes nessa direção. Além disso, o cabo precisaria suportar o clima da Terra, explosões solares e colisões com lixo espacial ou satélites em altas velocidades orbitais.

Ainda assim, elevadores espaciais operacionais estão atualmente nos planos de vários países. Quem construir o primeiro elevador espacial — ou, como a China chama, uma escada espacial — lançará uma nova era de transporte de massa e exploração espacial.

continuação da página 73

ao cientista russo Konstantin Tsiolkovsky, que foi o primeiro a desenvolver uma equação no contexto de viagens espaciais para outros mundos.

A equação do foguete de Tsiolkovsky nos diz que o combustível necessário para levantar uma carga útil de uma determinada massa cresce exponencialmente para cada quilo extra de carga útil. Para obter um mínimo de visão terrestre sobre esse desafio, imagine que você queira dirigir seu carro país afora — milhares de quilômetros — sem reabastecer. Você não consegue. Seu tanque de gasolina não é grande o suficiente. Então você precisa de um tanque de gasolina muito, muito maior — tão grande que o peso do carro se torna principalmente o peso do combustível, reduzindo muito seu rendimento e exigindo um tanque de gasolina ainda maior para compensar.

Hoje uma empresa aeroespacial pode cobrar 10 mil dólares para colocar um quilo de qualquer coisa em órbita, embora existam alternativas notadamente mais baratas, devido aos esforços comerciais liderados pela SpaceX para reutilizar componentes espaciais. O gasto astronômico, especialmente nos primeiros dias do programa espacial, é o motivo pelo qual os astronautas eram magros, e todos os componentes eletrônicos foram miniaturizados. Na verdade, os smartphones e outros dispositivos eletrônicos inovadores que agora cabem em nossos bolsos são descendentes da tecnologia encolhida pioneira durante o início da corrida espacial.

UMA LIÇÃO DOS METEORITOS

Então agora entendemos um pouco do que é preciso para chegar à órbita da Terra e viajar até a Lua. Mas e voltar para casa? Os astronautas, afinal, inscrevem-se para uma viagem de ida e volta, não querem uma passagem só de ida.

Desacelerar com segurança uma nave em órbita a 27 mil quilômetros por hora requer um sistema de frenagem. Uma solução simples pode ser disparar foguetes na direção oposta (de acordo com a terceira lei de Newton) até que sua velocidade diminua o suficiente. Mas isso exigiria uma quantidade obscena de combustível — exatamente a quantidade necessária para lançar a nave da Terra. E como ainda não existem postos de combustível em órbita ou na Lua, você teria que carregar todo esse combustível desde o início da jornada. A equação do foguete não é sua amiga aqui.

Qual é a melhor opção que sobra? Olhe para as estrelas cadentes — meteoros — em busca de uma pista. Quando esses mísseis espaciais cinéticos entram na atmosfera da Terra, eles queimam no que parece ser uma detonação deslumbrante no céu. O que uma estrela cadente realmente exibe, no entanto, é uma troca progressiva de energia. A energia cinética de um meteoro se converte em calor quando ele encontra o atrito da atmosfera da Terra — e às vezes dele caem alguns pedaços rochosos em nossa superfície planetária e se tornam o que chamamos de meteorito. (É a mesma conversão que acontece quando esfregamos nossas mãos frias, criando atrito, que gera calor.)

Esses pedaços de rocha viajam pelo vácuo do espaço e colidem com a atmosfera da Terra a velocidades superiores a 50 mil quilômetros por hora. Eles atravessam a exosfera e a termosfera sem muito entrave, porque não há muito ar nessas camadas, mas, uma vez que as rochas espaciais cruzam a mesosfera, temos um espetáculo de luzes. Além do intenso atrito produzido pelo encontro, as moléculas de gás à frente do meteoro em movimento se comprimem rapidamente. E como o gás comprimido pode ultrapassar os 1.500°C, o ar escaldante vaporiza o meteoro antes que ele se transforme em um meteorito.

Felizmente, a maioria dos meteoritos não é maior do que uma ervilha. Os asteroides, seus primos maiores, no entanto, podem (e vão) mergulhar na atmosfera e cavar crateras na Terra. Um famoso incidente há 65 milhões de anos escreveu o capítulo final da população reptiliana então dominante na Terra.

Uma cápsula espacial reentrando na atmosfera da Terra se comporta como um meteoro gigante. Os engenheiros aeroespaciais, sob a tirania da equação do foguete e forçados a ter ideias

inovadoras, viram isso não como um problema, mas como uma oportunidade. O ar oferece pastilhas de freio gratuitamente. Os escudos térmicos da cápsula funcionam como qualquer freio de atrito na Terra. Assim como a ponta de borracha dos patins clássicos converte velocidade em calor — através do atrito com o chão, enquanto raspa contra ele —, as cápsulas da era *Apollo* foram revestidas com uma resina ablativa especial para absorver o calor, que queima e vai descascando enquanto cruza a atmosfera. Quanto maior o número de partículas em que a nave espacial bate, mais calor é criado em troca de sua energia cinética — sua velocidade — e mais a nave desacelera. Enquanto o escudo térmico continuar a afastar o calor, a nave desacelerará sem qualquer dano causado por ele.

Uma cápsula espacial reentrando na atmosfera da Terra atravessa o ar a milhares de quilômetros por hora. A intensa energia de atrito incendeia o escudo térmico protetor.

Talvez uma palavra melhor para escudos térmicos seria "freios aéreos". (Afinal, não chamamos os freios dos patins de "escudos de chão".) O ônibus espacial da NASA, agora aposentado, que poderia desacelerar de 27 mil quilômetros por hora para zero em meia hora, possuía um escudo térmico de última geração feito de uma substância chamada aerogel, que rapidamente absorve e irradia calor de volta como nenhuma outra substância. Se você usar um maçarico em uma amostra desse material, no tempo que leva para colocar o maçarico na bancada e pegar a amostra, ela já terá se resfriado à temperatura ambiente.

Esses escudos térmicos de frenagem aerodinâmica foram brilhantemente combinados com o deslizamento aerodinâmico de um avião, evitando a necessidade de a nave ser pescada no oceano. Depois de descer de Mach 25 (25 vezes a velocidade do som) para Mach 1 (a velocidade do som), as asas do ônibus espacial conseguem gerar sustentação e arrasto, assim como as de um avião comum, permitindo um deslizamento gracioso rumo a uma parada suave.

RUMO AO ESPAÇO PROFUNDO

Cinco anos após a última caminhada lunar, a humanidade iniciou sua maior jornada no cosmos, mas nenhuma pessoa estava a bordo. Em vez disso, duas humildes sondas espaciais chamadas *Voyager 1* e *Voyager 2* levaram testemunhos da existência de uma espécie inteligente habitando a terceira rocha a partir do Sol.

Desde seu lançamento, em 1977, as *Voyagers* voaram balisticamente pelo espaço interplanetário e, em seguida, interestelar, com seus famosos discos de ouro a reboque. Esses discos, carregados de sons, músicas, saudações e obras de arte de todo o mundo, servem como declarações de nossa presença para qualquer outra vida inteligente que possa encontrá-los. A missão *Voyager* como um todo, bem como sua carga de tecnologia e cultura, encapsula a fantasia da humanidade de partir para o universo — para cima, para fora e para a frente.

Da subida de Pascal até Puy de Dôme ao encontro do balão de hélio de Glaisher e Coxwell com a estratosfera (e com a quase morte), à órbita de Gagarin ao redor da Terra, os humanos finalmente conquistaram o céu e abriram uma passagem para o cosmos em nossa jornada contínua para o infinito e além.

Dédalo ficaria orgulhoso.

Este pôster é uma homenagem às maiores descobertas da espaçonave *Voyager*, incluindo os vulcões na lua Io, de Júpiter, a atmosfera de nitrogênio da lua Titã, de Saturno, e os gêiseres frios na lua Tritão, de Netuno.

Since
77
1&2
Io Volcanoes
Titan Atmosphere
Triton Geysers
Pale Blue Dot
Interstellar Space
Voyager
The HITS
just keep on comin'

PARTE 2

CONHECENDO A VIZINHANÇA SOLAR

"A exploração está na nossa natureza. Começamos como andarilhos e ainda somos andarilhos. Permanecemos parados tempo suficiente nas margens do oceano cósmico. Estamos prontos, finalmente, para zarpar para as estrelas."
—Carl Sagan, *Cosmos*.

PRIMVM MOBILE
CRISTALLINE
FIRMAMENT
FIER
AER
YEARTH
WATER
CŒLIFER ATLAS
Hic canet errantē Lunam, Solisq; labores
Arcturūq;, pluuiasq; hyad. gēinosq; triōes

A exploração do nosso sistema solar é uma história com muitos começos, mas sem um fim. É uma história de velhas ideias e suposições, descartadas e substituídas pelo que antes era impensável. A partir do momento em que a Terra foi destronada de sua posição como o centro perfeito e imóvel do universo, novas tecnologias e avanços na matemática começaram a reformular nossa identidade cósmica, construindo uma história incalculavelmente mais emocionante, improvável e que nos torna mais humildes do que jamais se imaginou. Nesta seção, vamos além de nossa atmosfera para o sistema solar e os objetos distintos girando nele, começando com o próprio Sol e seguindo para os objetos mantidos em seu abraço orbital: os planetas rochosos mais próximos, os gigantes gasosos monstruosos, os gigantes de gelo misteriosos e os mundos lunares sedutores entre eles. Explorar o sistema solar é recordar as histórias e fantasias de antigos astrônomos — os primeiros cientistas que ousaram sugerir um modelo do universo — e maravilhar-se com as missões em curso que desvendam cada vez mais os seus mistérios.

Astrônomos, filósofos e autores de ficção científica de outrora especularam sobre a topografia e as formas de vida que poderiam ser encontradas nos outros planetas: belas mulheres habitando as exuberantes selvas de Vênus, ou seres inteligentes que cons-

Atlas segurando os céus na forma de uma esfera armilar, um modelo de objetos no céu centrado na Terra (o sistema ptolomaico, 1531), compilado por William Cuningham.

PÁGINAS ANTERIORES: Uma fotografia óptica de espículas coronais irradiando ao redor do Sol, tirada na Índia, durante um eclipse solar total, em 16 de fevereiro de 1980, usando uma câmera especial com filtro.

truíram complexos sistemas de canais na superfície de Marte. Até o século XX, tudo o que sabíamos sobre a composição dos planetas derivava do que nossos olhos podiam discernir a distância por meio de telescópios e, mais tarde, da espectroscopia.

Inventada no século XIX, a espectroscopia — uma das técnicas mais importantes da astrofísica moderna — pode determinar movimentos, temperaturas, taxas de rotação e, especialmente, as propriedades químicas dos objetos, analisando sua luz absorvida, irradiada ou refletida. Ela funciona para o próprio Sol, outras estrelas, nuvens de gás e as superfícies e atmosferas de planetas, luas e cometas. Funciona até mesmo para galáxias inteiras. Tão importante é a análise de espectros que sua aplicação à astronomia deu origem à palavra "astrofísica", assim como à publicação científica *The Astrophysical Journal*, inaugurada em 1895 com o subtítulo *An International Review of Spectroscopy and Astronomical Physics*. A nova ciência obliterou os pressupostos predominantes, tipificados no que agora parece um comentário infeliz de Auguste Comte, filósofo francês do século XIX:

> Em relação às estrelas, nunca poderemos, por qualquer meio, estudar a sua composição química... Considero que qualquer noção sobre a verdadeira temperatura média das várias estrelas nos será eternamente negada.

Antes da corrida espacial, a espectroscopia fornecia informações boas, porém limitadas, sobre a composição da atmosfera e da superfície de Vênus e Marte. Uma vez que a humanidade alcançou a tecnologia para lançar sondas para outros mundos e coletar amostras reais, começamos a entender a história e desvendar os mistérios do nosso sistema solar. Embora os humanos não tenham colocado os pés em outro corpo celeste desde que a *Apollo 17* pousou na Lua, em dezembro de 1972, a miniaturização da eletrônica e os recentes avanços em computação e robótica permitiram que sondas espaciais, *rovers* planetários e um helicóptero marciano se tornassem exploradores representantes da humanidade. Vejamos o que eles descobriram — e que mistérios não resolvidos eles nos apresentaram.

NOSSO SOL

Presos no carrossel orbital em torno do nosso próprio Sol, oito planetas, centenas de luas, e incontáveis cometas e asteroides giram e rodopiam em caminhos coreografados pelas forças da gravidade. Todos esses objetos compartilham um aniversário comum. Há quatro bilhões e meio de anos, uma estrela da Via Láctea explodiu, enviando ondas de choque em sua morte violenta. Desencadeada por essas ondas, uma nuvem próxima de gás e poeira, composta principalmente de hidrogênio, um pouco de hélio e um bocadinho de outros elementos, colapsou e resultou em uma nebulosa achatada — um berçário estelar e planetário. O colapso continuou até que a pressão e a gravidade fizeram com que mais de 99% da massa da nebulosa se aglutinasse em uma bola densa e amorfa. No interior dessa bola central, as pressões e temperaturas subiram tanto que os núcleos de hidrogênio se fundiram, emitindo tremenda energia e interrompendo qualquer novo colapso. Nascia o nosso Sol.

A fusão termonuclear — as bombas nucleares que detonam continuamente dentro do núcleo quente e denso do Sol — é a única defesa contra sua própria gravidade, a única coisa que impede seu colapso. A pressão de esmagamento e as temperaturas de 15 milhões de graus Celsius fazem com que os núcleos de hidrogênio — todos carregados positivamente — superem sua repulsão natural uns dos outros e se combinem em átomos de hélio com massa ligeiramente menor do que a soma dos átomos de hidrogênio originais. A massa "perdida" é emitida como energia, como prescrito pela equação mais famosa de Einstein, $E = mc^2$. A energia *(E)* fica de um lado do sinal de igual, e a massa *(m)*, juntamente com a velocidade da luz ao quadrado *(c^2)*, fica do outro. À medida que o Sol converte 600 milhões de toneladas de hidrogênio a cada segundo, ele produz pressão externa suficiente para contrabalançar sua tendência ao colapso. Por mais

5 bilhões de anos, enquanto nossa estrela continuar sua vida estável, os terráqueos desfrutarão de um fluxo constante de sua energia radioativa.

UMA ESTRELA COM VENTOS

Por mais estranho que possa parecer, todas as estrelas têm uma atmosfera própria. A camada mais externa da atmosfera do nosso Sol é chamada de coroa solar, ou *corona* — uma palavra com a qual a maioria da humanidade se familiarizou durante a década de 2020, quando um coronavírus varreu o mundo. Tanto a camada externa do Sol quanto as partículas virais que causaram a última pandemia global receberam o nome da palavra latina para "coroa" por causa de sua semelhança com o ornamento para a cabeça.

A coroa do Sol pode chegar a alguns milhões de graus Celsius — uma temperatura tão quente que elétrons e prótons são retirados de seus átomos hospedeiros e se ejetam para o espaço a mais de um milhão de quilômetros por hora. Essa torrente contínua de partículas carregadas, chamada de vento solar, se estende por bilhões de quilômetros em todas as direções, envolvendo todos os objetos do sistema solar. Seus limites de influência marcam a fronteira oficial entre nosso sistema solar e o espaço interestelar.

Enquanto o núcleo solar continua ocupado fazendo fusão, os outros 99% do Sol respondem ao calor e à pressão resultantes. As forças nas profundezas do núcleo agitam a superfície do Sol e seu campo magnético, e, a cada onze anos, aproximadamente, os polos magnéticos do Sol se invertem completamente. A virada em si não é súbita ou calamitosa; ela simplesmente marca a transição de um ciclo solar para o próximo. Inicialmente há um período de calmaria, chamado de mínimo solar, que dá lugar a um período de atividade cada vez mais intensa das manchas solares, atingindo o que chamamos de máximo solar. É aí que pode ocorrer a calamidade.

Funciona assim: bolhas de plasma eletricamente carregado são ocasionalmente lançadas como ejeções de massa coronal (CMEs, na sigla em inglês). A erupção súbita e violenta de uma CME pode enviar ondas de choque através do vento solar que se

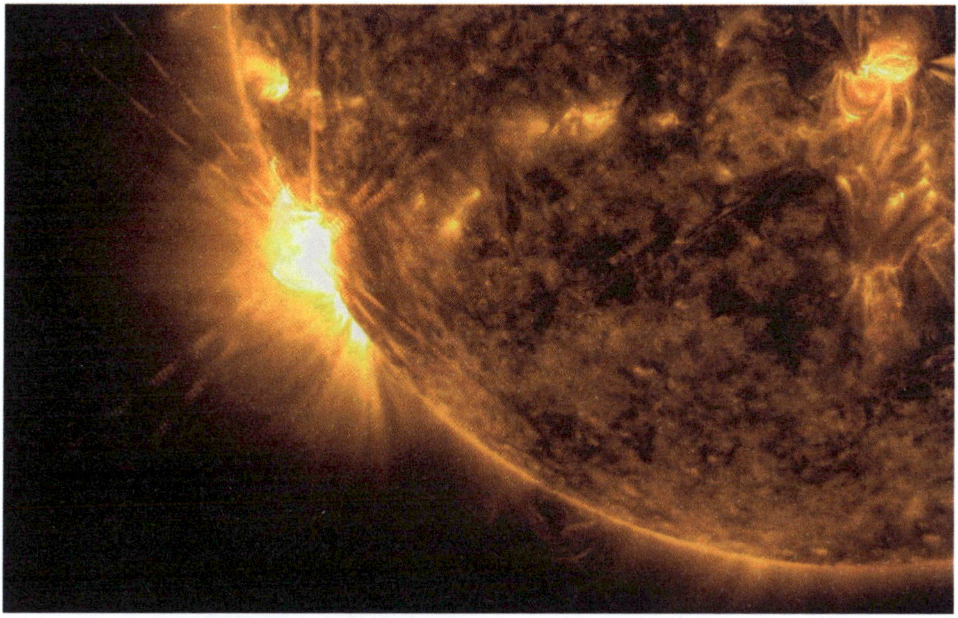

Uma explosão solar vista em um flash brilhante, capturada pelo Observatório de Dinâmica Solar da NASA em 2022.

move mais lentamente; se direcionada à Terra, uma CME pode ser sentida e vista como uma tempestade solar, com potencial devastador. Felizmente para nós, terráqueos, o campo magnético que envolve nosso planeta oferece proteção contra o ataque da radiação ionizante. Embora a maioria das partículas carregadas sejam desviadas para longe da Terra, algumas são canalizadas para a nossa atmosfera superior. Lá elas colidem com partículas de gás para produzir alguns dos maiores espetáculos de luz do nosso planeta. As luzes do norte e do sul — a aurora boreal e a aurora austral — aparecem como lindas cortinas de verde, vermelho e roxo espalhadas pelos céus antes escuros.

Mas nem todo clima solar é tão bonito ou benevolente.

O astrônomo inglês do século XIX Richard Carrington passou anos mapeando as muitas manchas escuras vistas na superfície do Sol. Sua técnica era inteligente: ele apontava seu telescópio para o Sol, mas projetava sua imagem de volta através da ocular em uma tela contra a parede. Ao estudar a imagem na tela, ele

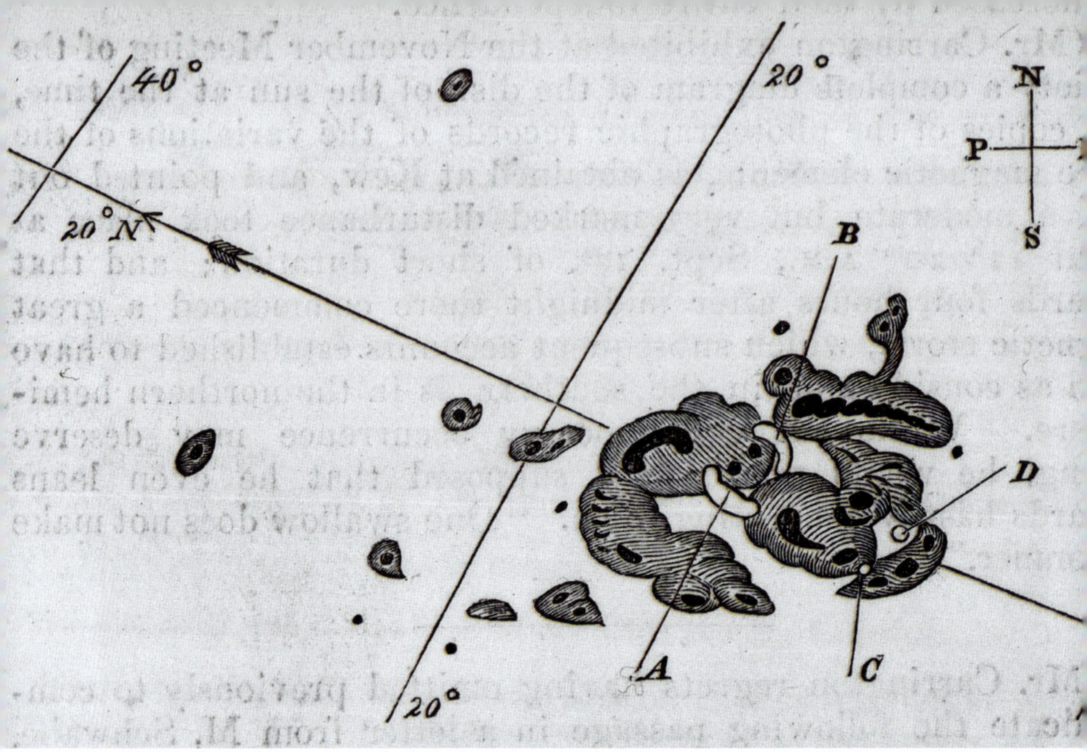

Uma ilustração de um grupo de manchas solares baseada em observações do astrônomo britânico Richard Christopher Carrington, de *Memórias da Royal Astronomical Society* (1861).

pôde discernir as características da superfície sem prejudicar sua visão. (É desaconselhável olhar diretamente para o Sol, especialmente com um telescópio, se você não estiver planejando danificar permanentemente sua visão.)

Um dia, em 1859, durante o curso do monitoramento geralmente tedioso de Carrington, luzes brancas brilhantes de repente dançaram através dos pontos mais escuros, desaparecendo minutos depois. O que ele havia observado era uma explosão solar, ou *flare* — a primeira já detectada. Essas crises tendem a coincidir com CMEs, mas são um fenômeno separado. Em vez de carregar partículas de plasma, como fazem as CMEs, os *flares* carregam apenas energia, principalmente como raios X, que viajam na velocidade da luz. A luz solar demora 500 segundos para chegar à Terra porque o Sol está a 500 segundos-luz de distância; uma CME, por outro lado, pode levar um dia ou mais para percorrer a mesma distância.

No caso da observação de Carrington, uma CME invisível de fato irrompeu ao lado da tempestade solar observada e começou sua jornada em direção à Terra, onde se tornaria a tempestade solar mais poderosa já registrada. Auroras podiam ser vistas em todo o mundo enquanto partículas eletricamente carregadas engoliam todo o globo. Essas partículas também viajaram pelas linhas telegráficas. Houve relatos de choques elétricos deixando operadores de telégrafo inconscientes e chuvas de faíscas incendiando suas mesas.

Se tal evento ocorresse hoje, dada a nossa dependência de uma rede elétrica onipresente e satélites GPS, o caos apocalíptico poderia muito bem acontecer. Os cartões de crédito e débito parariam de funcionar instantaneamente. E você pode esquecer suas criptomoedas. Os aviões deixariam de voar, os suprimentos de alimentos e combustível diminuiriam rapidamente e a sociedade pararia, sem nenhum programa de rádio ou de televisão para transmitir a situação. Acima da Terra, qualquer astronauta que caminhasse no espaço não teria mais do que alguns minutos de aviso para procurar abrigo antes que a radiação fatal iminente o atingisse.

Se **tal evento** ocorresse hoje, dada a nossa dependência de uma rede elétrica onipresente e satélites GPS, o **caos apocalíptico** poderia muito bem acontecer... E você pode esquecer suas criptomoedas.

Podemos nos defender de um evento tão catastrófico? Possivelmente. Com uma melhor compreensão do fenômeno, seremos mais capazes de prever os ciclos solares e nos preparar para o que eles trazem. A sonda solar Parker, da NASA, propôs-se a fazer exatamente isso e, em 2021, voou pela coroa do Sol e se tornou a primeira espaçonave a "tocar" nossa estrela. Como acontece com todas as bordas e limites, o ponto exato de separação entre o vento solar e a atmosfera do Sol é difícil de definir. A sonda solar Parker ajudou a definir ainda mais a borda difusa desse limite teórico — o que os astrofísicos chamam de superfície crítica de Alfvén, onde as partículas do vento solar começam a escapar da influência da gravidade e do campo magnético do Sol à medida que avançam para o sistema solar em geral.

DILEMA CÓSMICO

DE QUE COR É O SOL?

Na escola, quando você desenhava imagens do Sol, você provavelmente pegava um lápis de cor amarelo. É provável que cada pintura, mapa celeste, desenho astronômico antigo ou modelo que você já viu do Sol mostrasse uma esfera amarela. Então você pode se surpreender ao saber que o Sol é, de fato, branco. Ele emite todas as cores do arco-íris e, como Isaac Newton demonstrou no final do século XVII, culminando em seu livro seminal de 1704, *Opticks*, uma combinação igual de todas essas cores cria luz branca. A razão pela qual o Sol parece amarelo é a mesma pela qual o céu parece azul.

Quando a luz solar branca passa pela atmosfera, as moléculas de ar espalham preferencialmente as ondas azuis mais curtas em todas as direções, removendo um pouco da energia que, de outra forma, chegaria à Terra. Nosso céu azul é, na verdade, luz solar roubada. Durante o nascer ou pôr do sol, quando o Sol está baixo no horizonte, sua luz percorre uma distância quase quarenta vezes maior na atmosfera antes de chegar até você, em comparação com quando o Sol está diretamente sobre você. O céu fica cada vez mais azul à medida que as ondas de luz azul são espalhadas e reespalhadas, enquanto o Sol fica cada vez mais âmbar, adornando o horizonte com uma linda tapeçaria de carmesim e laranja.

Quase dois séculos se passaram desde que Richard Carrington mapeou pela primeira vez as explosões solares, e mais de dois milênios desde que o astrônomo chinês Gan De documentou pela primeira vez manchas no Sol. O comportamento dessas "malcriações" solares, infelizmente, permanece imprevisível. Por que e como elas se formam nesses pontos? Quais podem desencadear uma catástrofe para os habitantes da Terra? Aguardamos as descobertas científicas de missões como a sonda solar Parker, que pode desbloquear o conhecimento necessário para prever e conquistar futuras tempestades desencadeadas pela grande bomba nuclear no céu.

O menos de um por cento da matéria que resistiu a se tornar o Sol há 4,6 bilhões de anos formou todos os outros corpos celestes do nosso sistema solar. Embora cada um de nossos planetas e luas ostente características e superfícies únicas, todos eles carregam a mesma variedade de elementos contidos naquela nebulosa primordial.

A história de origem dos corpos celestes que orbitam o Sol permanece como um tópico muito contestado. Um ponto de concordância: o início do sistema solar era o caos encarnado. As partículas que não se fundiram no Sol se aglutinaram em pedaços chamados planetesimais; alguns se combinaram ainda mais em corpos enormes chamados protoplanetas. Esse emaranhado de objetos confusos colidiu uns com os outros — destruindo alguns e empurrando outros para fora de órbita. Alguns mergulharam no Sol, aumentando sua massa; outros objetos foram ejetados da gravidade do Sol completamente. Alguns dos menores se tornaram asteroides sem rumo, destinados a se tornarem intrusos interestelares, enquanto os maiores se tornaram planetas desgarrados — vagabundos celestes sem uma estrela para chamar de lar.

Até trinta planetas podem ter participado desse implacável jogo de bilhar cósmico. Apenas oito sobreviveram. A lista de sobreviventes é composta pelos quatro planetas rochosos interiores — Mercúrio, Vênus, Terra e Marte; pelos dois gigantes gasosos — Júpiter e Saturno; e pelos dois gigantes de gelo — Urano e Netuno.

MERCÚRIO, O PRIMEIRO DOS PLANETAS ROCHOSOS INTERIORES

Cada um dos quatro planetas mais próximos do Sol, também chamados de planetas "terrestres", tem um grande núcleo metálico, superfícies rochosas com topologia distinta e poucas ou nenhuma lua. Entre eles — e realmente, entre todos os oito planetas que povoam nosso sistema solar —, Mercúrio tem a pior reputação. É o menorzinho de todos e tem a superfície mais fortemente perfurada e marcada. Com suas temperaturas extre-

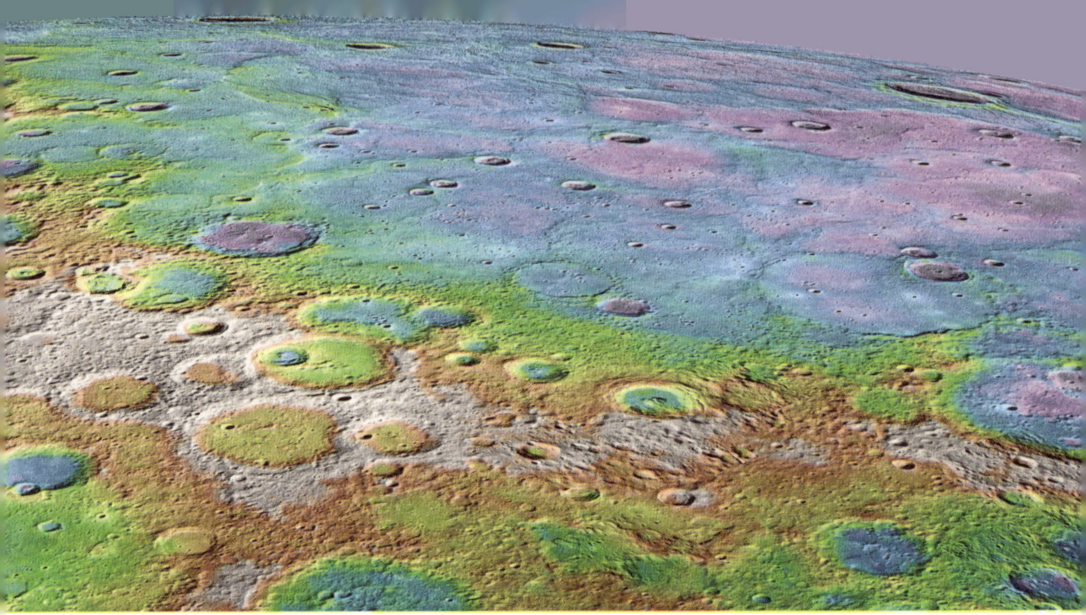

mas e atmosfera ridiculamente tênue, Mercúrio é totalmente estéril e inóspito. E essa não é a sua pior característica. Cerca de três vezes por ano, durante algumas semanas de cada vez, esse pequeno planeta parece mover-se para trás através do céu — uma reviravolta de eventos comumente chamada de Mercúrio retrógrado. Desnorteados com esse fenômeno bizarro, os humanos antigos (e muitos modernos também) culpam as retrogradações de Mercúrio por seus infortúnios.

Há uma história por trás disso.

Durante a maior parte da trajetória humana, o mundo era simplesmente como o víamos e percebíamos. O método científico — o desejo de testar uma hipótese por meio de experimentos repetidos — não se consolidou até o século XVII. Foi assim que Aristóteles se safou ao declarar que objetos pesados caem mais rápido do que objetos mais leves, e por isso as pessoas acreditaram nele por dois milênios. Alguns experimentos simples com rochas de vários tamanhos teriam revelado instantaneamente os erros de seu pensamento.

Por mil anos, a Terra foi considerada o centro imóvel do universo, uma visão que Aristóteles popularizou e Ptolomeu mais

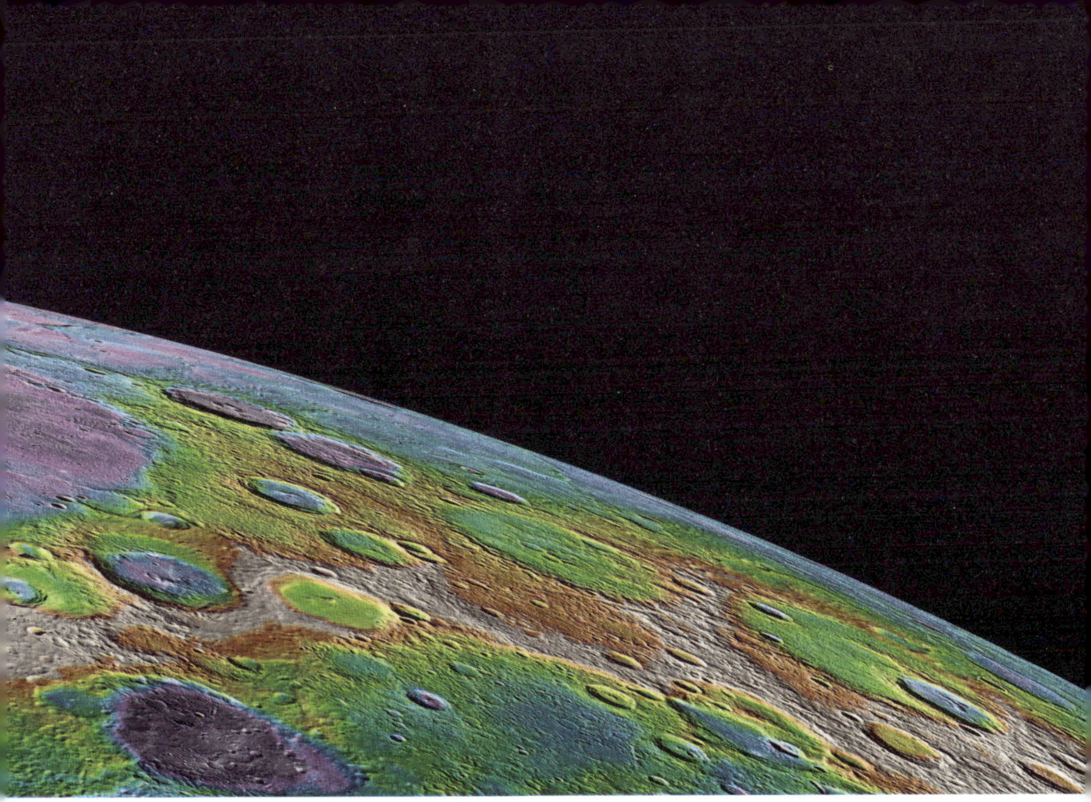

Os tons do arco-íris da topografia colorizada de Mercúrio, com o roxo representando a menor variação de altura e o branco a mais alta.

tarde embelezou. Todos consideravam isso uma característica óbvia, porque os corpos celestes e as constelações pareciam girar ao redor da Terra. Isso era óbvio — até o século XVI, quando o astrônomo polonês Nicolau Copérnico propôs a ideia radical de que o Sol, e não a Terra, estava no centro do universo e que, junto com todos os outros planetas, o nosso girava em torno do orbe radiante.

A olho nu, sete luzes distintas parecem se mover como seres errantes pelas constelações harmoniosas. Os gregos antigos chamavam esses corpos de *planetes* (andarilhos): o Sol, a Lua, Mercúrio, Vênus, Marte, Saturno e Júpiter. Ao longo de um ano, o Sol errante — da perspectiva de um observador terrestre — parece passar lentamente por 12 constelações. A Lua errante pode ser "nova" ou "cheia", ou algo intermediário durante sua jornada mensal pelo céu. Mercúrio e as outras luzes errantes parecem inverter intermitentemente a direção de seus caminhos antes de retornar à direção original através do céu. Era assim que parecia para o mundo geocêntrico, então se presumia que era isso que estava acontecendo. Daí a ideia de retrógrado, assim como outros termos ainda em uso hoje, como "nascer do sol" ou "pôr do sol" — termos geocêntricos que antecedem nosso conhecimento heliocêntrico de nosso próprio sistema solar e do cosmos como um todo.

Quando a Terra foi rebaixada do centro do universo conhecido para um planeta comum em órbita ao redor do Sol como todos os outros, reconhecemos retrógrado pelo que era: uma simples ilusão de óptica. Como a Terra e Mercúrio se movem um em relação ao outro e ambos orbitam ao redor do Sol, testemunhamos Mercúrio tanto na frente quanto atrás dele — uma perspectiva que nossos ancestrais antigos ainda não conseguiam conciliar com sua visão de mundo.

Assim como os satélites em órbita baixa da Terra se movem mais rapidamente do que aqueles em órbitas mais altas e distantes, os planetas que orbitam mais perto do Sol se movem mais rapidamente do que seus primos distantes. Os antigos nomearam o andarilho planetário mais veloz em homenagem ao deus romano da velocidade e dos viajantes: Mercúrio. Um ano terrestre é pouco mais de quatro anos em Mercúrio — ou seja, Mercúrio gira em torno do Sol quatro vezes em relação ao nosso planeta — e, não por acaso, três ou quatro vezes por ano, Mercúrio parece entrar em retrogradação. Ou seja, durante sua órbita, quando Mercúrio passa pela Terra e vai para o lado oposto do Sol, ele parece inverter a direção e viajar para o outro lado.

Você pode facilmente visualizar isto: imagine um carrossel musical giratório — do tipo com cavalos de madeira pintados que você encontra em parquinhos de diversões. Sua amiga monta em um desses cavalos, circulando de um lado para o outro, enquanto você observa da multidão. À medida que ela passa mais perto de você e acena, ela parece se mover da sua esquerda para a sua direita. Mas quando ela está circulando para o lado oposto do passeio, do seu ponto de vista, ela agora está se movendo da direita para a esquerda. Você sabe que o cavalo não se soltou do carrossel e começou a galopar para trás. Está, isso sim, girando ao redor do eixo do carrossel, e você não está.

De uma perspectiva centrada no Sol, Mercúrio também não se move para trás. O que chamamos de "Mercúrio retrógrado" é consequência de nossa perspectiva em relação ao Sol e ao planeta, não uma inversão na direção orbital de Mercúrio. Não há nada de anormal no movimento de Mercúrio nessas ocasiões, além do impulso humano de atribuir-lhe significado — um impulso que vem de um tempo de ignorância, quando todos pensávamos que o universo girava em torno de nós.

Como Mercúrio e Vênus estão mais próximos do Sol do que a Terra, ocasionalmente perdemos de vista seu caminho no brilho ofuscante até que ressurjam. Esse tempo todo, como o cavalo do outro lado do carrossel, eles parecem viajar na direção oposta da que víamos antes. Os planetas mais distantes do Sol do que a Terra também parecem demonstrar movimento retrógrado em relação à Terra, mas isso é influenciado pelo nosso movimento em torno do Sol, que é mais rápido do que o deles.

Se todos os planetas apresentam movimento retrógrado em relação a todos os outros planetas do sistema solar, então por que castigar Mercúrio? O número de vezes que um planeta entra em retrogradação com a Terra está diretamente correlacionado com sua velocidade orbital em relação à Terra. Assim, Mercúrio retrocede mais vezes por ano do que todos os outros planetas. Netuno, distante e lento, fica retrógrado apenas uma vez por ano, exibindo movimento para trás durante o meio ano que a Terra passa se movendo ao redor do lado oculto do Sol.

Se todos os planetas apresentam **movimento retrógrado** em relação a todos os outros planetas do sistema solar, então **por que castigar Mercúrio?**

Então, na maioria das vezes, pelo menos um planeta está retrógrado em relação à Terra, rendendo desculpas sem fim para o azar

continua na página 100

DILEMA CÓSMICO

COMO EINSTEIN MATOU O PLANETA VULCANO

Você pode estar familiarizado com o planeta fictício de *Star Trek* (*Jornada nas estrelas*), Vulcano, o planeta natal do Senhor Spock. Os residentes de Vulcano são uma raça alienígena lógica e sem emoção, com orelhas pontudas e sobrancelhas voltadas para cima. Porém, mais de um século antes do primeiro episódio de *Star Trek* ir ao ar, Vulcano era considerado um planeta real em nosso próprio sistema solar.

O modelo heliocêntrico do universo de Copérnico, as leis do movimento planetário de Kepler e as leis da física de Newton transformaram o sistema solar em um lugar cognoscível — em sua maior parte. Em meados do século XIX, o matemático francês Urbain Le Verrier se viu completamente perplexo ao tentar explicar uma estranha alteração anual na órbita de Mercúrio. Repetidamente, os astrônomos que acompanhavam a órbita de Mercúrio tentaram em vão predizê-la com precisão, mesmo que as órbitas dos outros planetas próximos se comportassem como esperado. A mecânica newtoniana falhou. A única maneira de explicar o desvio, postulou Le Verrier, era um planeta escondido, quente e flamejante, que ficava entre Mercúrio e o Sol, puxando Mercúrio e obrigando-o a fazer coisas que pareciam desafiar as leis de Newton. Esse pretenso planeta recebeu o nome de Vulcano, em homenagem ao deus romano do fogo. Isso pode parecer uma afirmação estranha — afinal, se outro planeta realmente existisse no sistema solar interno, alguém já não o teria visto?

No entanto, observar tal planeta a olho nu, ou mesmo com um telescópio, seria uma tarefa realmente difícil. O brilho ofuscante do Sol seria proibitivo. As únicas oportunidades de ver um planeta orbitando tão perto do Sol ocorreriam ao entardecer ou ao amanhecer, ou durante um eclipse solar total.

Le Verrier já havia conquistado grande respeito por ter previsto a existência de Netuno com base apenas em desvios na órbita de Urano. Como resultado de sua aclamação popular, os cientistas geralmente acreditavam nele, e o misterioso planeta Vulcano foi escrito nos livros didáticos, apesar da falta de qualquer evidência observacional confiável.

Em 1915, Albert Einstein propôs sua teoria da relatividade geral, que, entre outras coisas, explicava o comportamento da gravidade em condições extremas — como muito perto do Sol. Com essa nova compreensão do universo em mãos, o estranho comportamento orbital de Mercúrio pôde ser explicado, extinguindo para sempre as fantasias de um planeta Vulcano real.

Leonard Nimoy — como o Senhor Spock — faz a saudação vulcana com a mão.

continuação da página 97
de todos. Talvez Shakespeare tenha dito melhor: "A culpa, caro Brutus, não está em nossas estrelas, mas em nós mesmos."

EXPLORANDO MERCÚRIO: O AUXÍLIO DA GRAVIDADE

Mercúrio continua sendo o menos explorado dos sete andarilhos clássicos. Não é que o mundo minúsculo e cheio de crateras seja desinteressante — longe disso —, mas sim que chegar lá representa grandes desafios. Na verdade, nosso primeiro orbitador de Mercúrio só chegou em 2011 — décadas depois de termos pousado na Lua. É muito mais fácil chegar a Júpiter, que está cerca de sete vezes mais longe da Terra, do que a Mercúrio. E aqui está um fato impressionante: é mais barato e mais eficiente em termos de combustível escapar totalmente do sistema solar do que pousar no planeta mais interior.

Como já sabemos, os objetos em órbita se movem mais rapidamente quanto mais próximos estão da fonte da gravidade. A velocidade de Mercúrio, combinada com seu tamanho minúsculo (não muito maior do que a nossa Lua), o torna um alvo difícil de atingir. E tem mais. Uma espaçonave que escapou da órbita da Terra — em outras palavras, alcançou velocidade de escape — está viajando pelo menos a 40 mil quilômetros por hora. À medida que se aproxima do Sol, acelera por causa da poderosa atração gravitacional. A baixa gravidade de Mercúrio significa que um objeto deve estar viajando muito, muito mais lentamente do que a velocidade de escape para ser puxado para sua órbita. Sem freios, um orbitador que se dirigisse a Mercúrio estaria viajando tão rápido que ultrapassaria o planeta completamente. Obviamente, ele precisa desacelerar de alguma forma. Mas a tirania da equação do foguete se faz presente mais uma vez: só para frear a espaçonave precisaria carregar mais combustível — mais peso — do que seria possível para o seu lançamento. E, dada a atmosfera quase inexistente de Mercúrio, a aerofrenagem está fora de questão.

Diante desse difícil problema, os cientistas pensaram em uma manobra extraordinariamente elaborada. A solução para desacelerar sem combustível envolveu uma ajuda da gravidade — o mesmo truque que acelerou as *Voyagers 1* e *2* enquanto elas voavam pelos planetas e escapavam do sistema solar décadas atrás.

Então como a *Voyager* fez isso? O ano de 1977 trouxe uma configuração planetária incomum de Júpiter, Saturno, Urano e Netuno que só ocorre a cada duzentos anos. Os cientistas da NASA sabiam que tinham uma oportunidade única de tomar emprestada energia dos planetas alinhados para tirar uma espaçonave do sistema solar a cerca de 50 mil quilômetros por hora e, assim, superar as restrições da equação do foguete.

Você pode pensar que, em um estilingue cósmico, a gravidade de um planeta puxaria um objeto que estivesse se aproximando e o cuspiria para o outro lado mais rápido do que antes. Mas não. A mesma gravidade que o puxa também resiste aos seus esforços para sair. Lembra-se do nosso experimento mental sobre atravessar a Terra pelo seu centro? Você só pode ganhar velocidade até que o planeta o puxe de volta em direção a ele, em um ciclo perfeito e sem fim. A velocidade líquida obtida apenas com a gravidade? Exatamente zero.

Então de onde vem a velocidade do estilingue? Se você se aproximar de um planeta em sua órbita por trás, o planeta em movimento vai atraí-lo com ele, permitindo que você roube parte de sua velocidade orbital. Sem a ajuda da gravidade, as *Voyagers 1* e *2* teriam ficado presas na órbita ao redor do Sol em algum lugar entre Júpiter e Saturno.

Usando a técnica que as duas *Voyagers* aperfeiçoaram, os cientistas descobriram como desacelerar suficientemente uma espaçonave em direção a Mercúrio. Como você pode usar uma assistência gravitacional para frear ao invés de acelerar? Você se aproxima de um planeta em sua órbita de frente em vez de por trás, transferindo parte de sua energia orbital para ele. O planeta acelera um pouco, e você desacelera.

A NASA lançou a sonda MESSENGER em direção a Mercúrio em 2004. Sete anos depois, após várias desacelerações assistidas pela gravidade ao redor da Terra, de Vênus e do próprio Mercúrio, a MESSENGER alcançou a órbita em torno de seu destino. Durante quatro anos, circulou o planeta, tirando milhares de fotos, respondendo a perguntas antigas e nos trazendo novas.

Apesar de sua proximidade com o Sol, Mercúrio não é tão infernalmente quente quanto se pode pensar. Na verdade, é mais frio que Vênus. As temperaturas da superfície diurna chegam a 425°C nos pontos ensolarados, mas as temperaturas dentro de seus vales profundos e eternamente sombreados despencam para quase 185°C negativos. Uma consequência quase absurda dessas baixas temperaturas é que a MESSENGER detectou evidências de gelo de água preso nos polos frios do planeta.

> Apesar de sua proximidade com o Sol, Mercúrio não é **tão infernalmente quente** quanto se pode pensar. Na verdade, é mais frio que Vênus. As temperaturas da superfície diurna chegam a **425°C,** mas as temperaturas dentro de seus vales profundos e eternamente sombreados despencam para quase **185°C negativos.**

Embora a missão MESSENGER tenha sido projetada para durar apenas um ano, ela superou as expectativas e durou mais três anos. No entanto, seu suprimento de combustível inevitavelmente acabou e, sem defesas contra o aceno da gravidade, iniciou uma rota de colisão com o planeta com crateras e, em abril de 2015, deixou uma cratera própria.

A Agência Espacial Europeia (ESA) e a Agência de Exploração Aeroespacial do Japão (JAXA) estão agora indo para Mercúrio juntas, a fim de retomar de onde a MESSENGER parou — literalmente. Um dos objetivos da missão, chamada BepiColombo, é identificar e estudar o local de descanso final da MESSENGER. O impacto provavelmente levantou poeira e soltou detritos abaixo da superfície, coisas que podem oferecer informações

HISTÓRIA DA CIÊNCIA

A PRIMEIRA HISTÓRIA DE FICÇÃO CIENTÍFICA

Em 1608, dois anos antes de Galileu ver evidências de que a Terra se move ao redor do Sol, o grande matemático alemão Johannes Kepler escreveu o que alguns consideram ser a primeira obra de ficção científica verdadeira. Ele a chamou de *Somnium* (O sonho).

A obra conta a história de um jovem islandês e sua mãe — uma herbalista e bruxa — que podiam invocar seres não humanos chamados *daemons* capazes de viajar de um lado para o outro entre a Terra e a Lua, que esses seres chamam de "ilha de Levania". Uma noite, a bruxa pede a um desses *daemons* viajantes que descreva como é o sistema solar para os moradores de Levania. "Para seus habitantes", escreveu Kepler, "Levania parece permanecer imóvel, entre as estrelas em movimento, exatamente como a nossa Terra aparece para nós, humanos."

Para nós, essa frase pode parecer inofensiva. Hoje sabemos que não importa onde estejamos — na Terra, na Lua ou em qualquer outro corpo celeste em rotação —, todos os outros objetos aparecerão se movendo ao nosso redor, não nós ao redor deles. Mas, para aqueles que viviam em uma sociedade comprometida com a crença de que Deus fez da Terra o centro perfeito e imóvel do universo, a descrição de Kepler era nada menos que radical, mesmo quando incorporada a uma obra de ficção.

Sabendo que suas palavras provocativas poderiam ser interpretadas como blasfêmia, Kepler teve o cuidado de distribuir seu manuscrito a apenas alguns poucos amigos cientistas. Apesar de sua cautela, a obra caiu em mãos erradas. Algumas pessoas perceberam semelhanças condenáveis entre o personagem principal e o próprio Kepler. Sua própria mãe, acusada de ser a bruxa conjuradora de *daemons* da história, foi julgada por bruxaria e presa. Seis anos de batalhas judiciais depois, ela foi inocentada, mas morreu no ano seguinte. O manuscrito permaneceu inédito durante a vida de Kepler.

Apesar das dificuldades causadas pelas implicações de seu romance, Kepler nunca renunciou à sua visão de mundo heliocêntrica.

sobre este planeta secreto. Talvez o legado da MESSENGER ainda não esteja totalmente escrito, pois novas descobertas cósmicas podem nos esperar nos resquícios de seu fim.

VÊNUS VIBRANTE

Tanto Mercúrio quanto Vênus aparecem perto do Sol nascente pouco antes do amanhecer, desaparecem por semanas ou meses de cada vez e reaparecem perto do Sol poente ao entardecer. Dada a sua proximidade com o Sol, eles nunca se afastam muito dele quando vistos do céu da Terra.

Uma imagem integrada do trânsito de Vênus (em preto) na frente do Sol em 2004, o primeiro trânsito solar do planeta desde 1882.

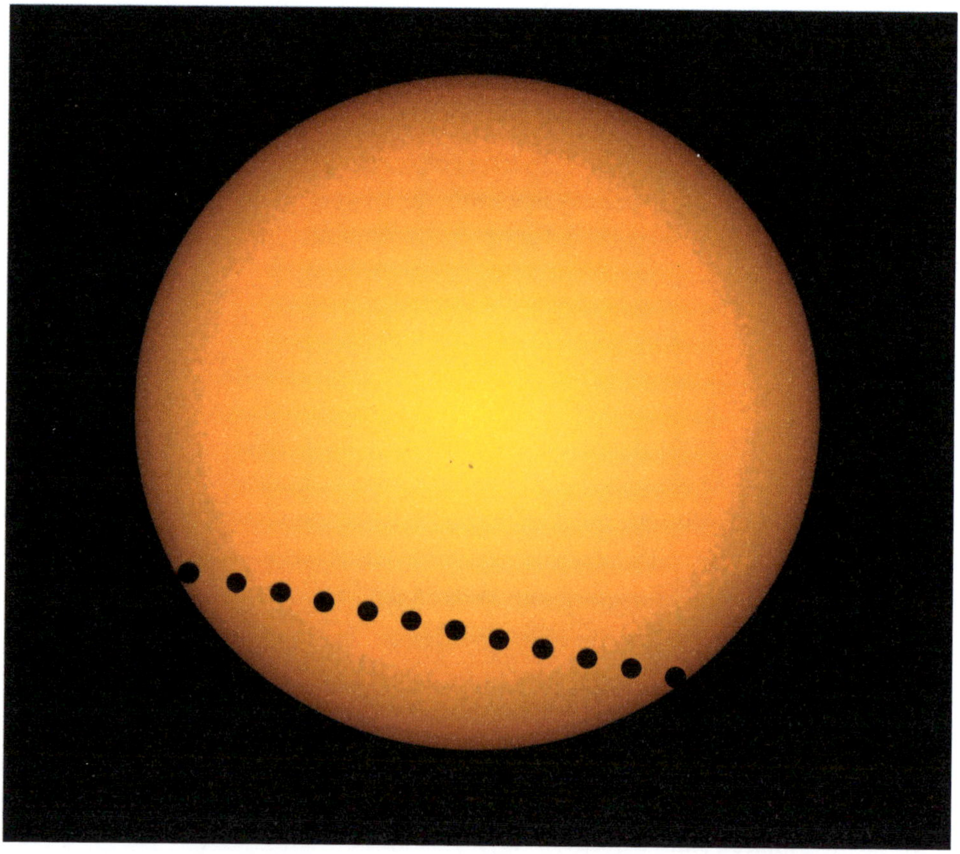

Algumas civilizações antigas, a grega e a romana entre elas, sustentavam que Vênus era, na verdade, duas estrelas separadas, cada uma com sua própria identidade. Vênus reluzente e prateado, o objeto mais brilhante em nosso céu depois do Sol e da Lua, aparecia para eles como uma estrela da manhã e uma estrela da noite. Os gregos antigos chamavam sua aparição vespertina de *Hesperus* e a matinal de *Phosphoros* (em latim, *Lucifer*, que significa "Portador da Luz"). Por fim, depois de aceitar as duas manifestações separadas como um mesmo objeto, os romanos renomearam o orbe vívido em homenagem à sua deusa do amor e da beleza, Vênus.

Embora alguns astrônomos antigos considerassem a presença matinal e a presença vespertina do planeta como dois corpos celestes diferentes, muitas outras civilizações antigas — os babilônios, aborígenes e povos das ilhas do estreito de Torres, e muitas culturas indígenas da América Central, especialmente os maias — entendiam que as luzes ocasionalmente desaparecidas eram o mesmo objeto celeste.

FASES DE VÊNUS

Quando Galileu Galilei viu Vênus através de sua versão melhorada do telescópio em 1610, ele testemunhou uma característica do vibrante planeta que ajudaria a derrubar o universo geocêntrico. Vênus, ele viu, exibe fases como a Lua. Por exemplo, quando o Sol estava à esquerda de Vênus (como visto através do instrumento de Galileu), esse lado do planeta mostrava-se iluminado enquanto o lado direito estava na escuridão. Eis aí: metade de Vênus. Sucessivas configurações do Sol e de Vênus fazem com que Vênus exiba as mesmas fases familiares que testemunhamos na Lua. Galileu concluiu sensatamente que Vênus deveria girar em torno do Sol e não em torno da Terra. Era um prego no caixão geocêntrico ptolomaico e continha evidências sólidas a favor do sistema heliocêntrico, quase setenta anos depois que Nicolau Copérnico propôs esse modelo.

Embora Galileu estivesse ansioso para reivindicar sua nova descoberta, ele hesitou em anunciá-la imediatamente. Ele enviou um enigma para seu amigo Johannes Kepler, criptografado como um anagrama. Pode parecer uma maneira estranha de anunciar um avanço científico, mas nos dias anteriores aos direitos autorais, patentes e revisão por pares, essa era uma prática comum. Ele escreveu: *"Haec immatura a me iam frustra leguntur o.y."*, que se traduz aproximadamente como: "Estes são atualmente muito jovens para serem lidos por mim". Uma vez que Galileu estava confiante em sua descoberta, ele desembaralhou as letras para transmitir sua mensagem oculta: *"Cynthiae figuras aemulatur mater amorum"*, que significa "A mãe do amor emula as formas de Cynthia". Vênus, é claro, é a mãe do amor neste enigma, e na mitologia romana a deusa da Lua era muitas vezes chamada de Cynthia. Assim o quebra-cabeça totalmente resolvido revelou a descoberta de Galileu: Vênus emula a Lua.

TRÂNSITO DE VÊNUS

Em 1639, um professor de inglês de 20 anos se preparou para testemunhar um evento cósmico que ninguém mais tinha visto. O jovem Jeremiah Horrocks, um prodigioso leitor dos mais recentes textos em astronomia, analisou as últimas tabelas planetárias e calculou que Vênus estava prestes a passar diretamente em frente ao Sol, do ponto de vista da Terra. Por várias horas, um planeta que só tínhamos testemunhado antes como um orbe reluzente na noite apareceu como um minúsculo ponto preto se movendo através da nossa estrela.

Horrocks observou com segurança o trânsito apontando seu telescópio para o Sol e projetando a imagem em um pedaço de papel. Ele e seu colega William Crabtree foram as únicas pessoas na Terra a assistir ao espetáculo. Com base em suas observações, os astrônomos estimaram a distância da Terra ao Sol, o tamanho de Vênus e o tamanho de todo o sistema solar até Saturno, o planeta mais distante então conhecido.

Horrocks morreu 14 meses depois. Pouquíssimos registros de suas obras e observações originais sobreviveram aos séculos seguintes, muitos perdidos para o Grande Incêndio de Londres. Talvez nunca saibamos o que esses registros continham ou como eles poderiam ter moldado ainda mais o curso da descoberta astronômica. Seu trabalho parcialmente resgatado e publicado postumamente mostrou uma mente e uma vida tão raras e tragicamente fugazes quanto um trânsito de Vênus.

Na época do trânsito de Vênus de 1769, novas ferramentas de medição estavam disponíveis, permitindo que os observadores do céu derivassem com precisão a distância Terra-Sol e, assim, descobrissem um tamanho mais verdadeiro para o sistema solar. Astrônomos foram enviados para dezenas de locais em todo o mundo onde o trânsito seria visível, da Noruega e Sibéria à Baixa Califórnia e Índia. O famoso e notório explorador britânico James Cook, que zarpou com o astrônomo Charles Green a bordo do HMS *Endeavour* para documentar o trânsito visto do Taiti em 1769, capitaneou a expedição mais conhecida. Desta vez, os britânicos fizeram um registro visual do que testemunharam.

Então, munidos com dados do trânsito de Vênus obtidos por essas expedições simultâneas, incluindo tempos e coordenadas precisos na superfície da Terra, os astrônomos usaram a boa e velha trigonometria para determinar um valor preciso da distância da Terra ao Sol.

Embora as novas tecnologias tenham substituído o trânsito de Vênus como o método preferido para medir nosso lugar no universo, esses eventos raros continuam a oferecer oportunidades valiosas para entender o cosmos. O próximo está previsto para dezembro de 2117. Até lá, se as ambições dos entusiastas do espaço prevalecerem, os humanos podem ser uma espécie multiplanetária, capazes de testemunhar trânsitos da Terra, da Lua e de Marte.

EXPLORANDO VÊNUS

Antes da corrida espacial, a espessa e reflexiva atmosfera que encapsula Vênus mantinha o vizinho mais próximo da Terra

DILEMA CÓSMICO

VENUSIANOS

Ve-nu-si-a-no: adj (1874): de ou relacionado ao planeta Vênus

Chamaríamos de venusiano um alienígena vindo de Vênus, mas isso só porque a classe médica já reivindicava o adjetivo latino correto. Se fôssemos seguir as regras da gramática latina, uma pessoa ou coisa relacionada a Vênus — o planeta nomeado em homenagem à deusa do amor e da beleza, e tudo o que os acompanha — deveria ser chamada de venérea.

envolto em mistério. O máximo que as observações baseadas na Terra puderam colher foi seu tamanho, distância e a composição química de sua atmosfera superior. No final de 1962, um ano e meio depois que o primeiro humano, Yuri Gagarin, foi enviado à órbita da Terra, a primeira sonda para outro planeta zarpou. A *Mariner 2* da NASA passou por Vênus, medindo sua temperatura ao longo do caminho: 230°C no geral. Medições posteriores dobraram esse número.

Logo a União Soviética começou a trabalhar em seu programa *Venera* — uma série de missões a Vênus —, que remodelaria nossa compreensão do planeta vizinho. Em 1967, a *Venera 4* se tornou a primeira sonda a entrar na atmosfera de outro planeta. Em 1970, a *Venera 7* fez o primeiro pouso suave na superfície de outro planeta, transmitindo uma temperatura de superfície de quase 500°C e uma pressão atmosférica esmagadora, noventa vezes maior do que na Terra. Também revelou uma atmosfera tóxica, de 97% de dióxido de carbono. A missão bem-sucedida da *Venera 7* frustrou todas as esperanças restantes de que Vênus poderia ser o lar de uma colônia de belas mulheres ou de qualquer outra vida — bela, feminina ou qualquer outra coisa. Cinco anos depois, a *Venera 9* tirou as primeiras fotos da superfície de outro planeta, revelando a desolação rochosa de Vênus — nada a ver com o planeta oceânico tropical repleto de vida que os escritores de ficção científica imaginavam.

UMA LIÇÃO DE VÊNUS PARA A TERRA

Antes que as sondas *Mariner* e *Venera* retornassem seus dados confirmando as temperaturas escaldantes da superfície, um doutorando em astrofísica estadunidense chamado Carl Sagan previu que a espessa atmosfera de Vênus poderia tornar o planeta incomumente quente e causar um efeito estufa descontrolado. Embora a Terra necessite de um pouco de efeito estufa para manter um ambiente adequado para a vida como a conhecemos, há um ponto de não retorno: se um excesso de gases de efeito estufa se acumulasse, a água da superfície da Terra ferveria, e o planeta então dessecado reteria ainda mais energia infravermelha sob sua densa atmosfera.

A definição de um gás de efeito estufa é que ele absorve e emite infravermelho, permitindo que outras frequências de luz passem. Você pode estar pensando que o dióxido de carbono ou o metano é o gás de efeito estufa mais potente. Não, nenhum dos dois. Dos principais, o vapor-d'água ocupa facilmente o primeiro lugar. E assim, quando um planeta contendo água se torna tão quente que toda a sua água superficial evapora, tornando-se vapor d'água atmosférico, então o efeito estufa rapidamente dispara.

Essa é a história de Vênus. Outrora um mundo aquático, talvez até exuberante e repleto de vida, como a Terra é hoje, Vênus é agora um inferno vulcânico desolado com uma temperatura superficial média quente o bastante para derreter chumbo. Sagan se perguntou o que poderia acontecer se o efeito estufa moderado do nosso próprio planeta aumentasse devido à queima desenfreada de combustíveis fósseis, liberando carbono enterrado há muito tempo na atmosfera como dióxido de carbono. Seus cálculos o levaram a testemunhar perante o Congresso em 1985 sobre os perigos da destruição climática antropogênica.

Mas será que a Terra poderia realmente se tornar Vênus?

Todos os anos, os terráqueos expelem mais de 50 bilhões de toneladas de gases de efeito estufa que retêm o calor na atmosfera. O dióxido de carbono, proveniente da queima de combustíveis fósseis — carvão, gás natural e petróleo —, constitui três quartos dessas emissões. Como o nome indica, os combustíveis fósseis derivam de restos antigos de plantas e animais. Apesar do logotipo de uma certa grande corporação petrolífera, nenhum dos cadáveres que compõem seu produto era um réptil rugindo. Quase todo o petróleo e a maior parte do gás natural que usamos para alimentar nossos carros, aviões e casas vêm de antigos organismos microscópicos de plantas e animais chamados plâncton — o fitoplâncton que se alimenta de luz solar e dióxido de carbono, e o zooplâncton que se alimenta do fitoplâncton. Já nosso carvão deriva dos restos enterrados de plantas florestais multicelulares.

> Uma receita para **combustíveis fósseis:** recolha muita matéria vegetal ou animal. Exerça pressão implacável por **milhões de anos.** Aqueça até atingir a consistência desejada.

Uma receita para combustíveis fósseis: recolha muita matéria vegetal ou animal. Exerça pressão implacável por milhões de anos. Aqueça até atingir a consistência desejada.

Trezentos milhões de anos atrás, a vida — bizarra e fantástica — floresceu nos pântanos alagados e no oceano raso e quente que encobria a maior parte do globo. Fósseis da época contam a história de uma atmosfera altamente oxigenada e úmida, onde libélulas do tamanho de falcões e escorpiões de trinta centímetros atravessavam exuberantes áreas úmidas arborizadas. Bilhões de árvores, algumas espécies com mais de trinta metros de altura, capturavam dióxido de carbono do ar e desenvolviam fibras fortes, chamadas lignina, que suportavam seu peso, mas mantinham a flexibilidade no vento. Mas com seus troncos finos e imponentes e raízes

Obra de arte que retrata uma paisagem do período Carbonífero de plantas e insetos de 280 milhões a 340 milhões de anos atrás.

surpreendentemente rasas, essas árvores gigantes e de crescimento rápido caíam facilmente — e se acumularam rapidamente nas águas pobres em oxigênio. Com o tempo, o lodo e a subida dos mares engoliram as megatoneladas de material vegetal em decomposição, comprimidas por imensos calor e pressão. Seu destino: tornar-se carvão rico em carbono, alimentando as atividades humanas 300 milhões de anos depois. Essa era de depósitos generalizados de árvores é conhecida como o período Carbonífero. Quase todo o carvão que usamos hoje foi criado naquela época.

A maior parte do petróleo e do gás do mundo deriva de cerca de 100 milhões de anos após esta era, durante o reinado dos dinossauros na Era Mesozoica, ou a era dos répteis. Os oceanos mais quentes dessa época permitiram que o plâncton florescesse. Tal como aconteceu com as árvores do período Carbonífero, os seus restos afundados foram submetidos a extrema pressão e calor ao longo de dezenas de milhões de anos. Embora parte do gás natural derive dos estágios finais da degradação do carvão, quase todo o petróleo foi formado a partir do plâncton. Esses organismos — o fitoplâncton fotossintético unicelular que se alimenta de luz solar e dióxido de carbono, e o zooplâncton que se alimenta do fitoplâncton — são, como nós e todas as outras vidas, feitos à base de carbono. Quando as moléculas complexas de carbono da vida queimam, a reação química libera CO_2. Um subproduto — mais útil para humanos trabalhadores — é a abundância de energia na forma de calor.

Como nossa receita de combustível fóssil requer milhões de anos para ficar pronta, esses combustíveis são funcionalmente um recurso não renovável. Em outras palavras, a quantidade que encontraremos dentro da Terra durante o tempo de vida da nossa espécie é fixa. Durante a chamada crise energética da década de 1970, analistas da Administração de Informação de Energia dos EUA fizeram previsões angustiantes sobre quanto eram pequenas as reservas de petróleo e gás disponíveis para consumo humano, soando um alarme sobre uma oferta rapidamente minguante.

Enquanto isso, os humanos despejaram muito financiamento em pesquisas inovadoras sobre novos métodos de extração para sustentar nossa crescente necessidade (e ganância). A adoção pós-Segunda Guerra Mundial do fraturamento hidráulico (também conhecido como *fracking*, que foi idealizado na década de 1860) trouxe ao nosso alcance reservas de combustível anteriormente difíceis de alcançar e, à medida que nossa oferta disparou, os custos de combustível despencaram. Enquanto houver financiamento para novas maneiras de extrair combustíveis fósseis, e enquanto as sociedades humanas permanecerem dependentes deles para alimentar o transporte, a produção de bens, o aquecimento, o resfriamento e quase todos os outros aspectos da vida cotidiana, os combustíveis fósseis não desaparecerão tão cedo.

Mas digamos que fiquemos sem combustíveis fósseis. Se os humanos queimassem cada grama de carvão, petróleo e gás sequestrados na crosta terrestre, o planeta voltaria a algo vagamente parecido com seu antigo eu de 300 milhões de anos atrás. A vida ainda floresceria — só que não como é hoje.

Para que a Terra se tornasse outra Vênus, primeiro teríamos de queimar dez vezes a quantidade de combustíveis fósseis que nosso planeta possui atualmente. O slogan "Salve a Terra", por mais louvável que seja o sentimento inerente a ele, é equivocado e falha em transmitir a verdade muito mais perturbadora: a Terra não se importa nem um pouco conosco. Durou bilhões de anos antes de nosso surgimento e continuará a perdurar bilhões de anos depois que o último *Homo sapiens* der o suspiro final. Como diz o Dr. Ian Malcolm no filme *Jurassic Park* de 1993: "A vida encontra um caminho." Mas a "vida" pode não incluir necessariamente a humanidade.

SISTEMA TERRA-LUA

"Partimos para explorar a Lua e, em vez disso, descobrimos a Terra." —William Anders, astronauta da *Apollo 8* (fotógrafo da *Earthrise*)

Quando Neil Armstrong se tornou a primeira pessoa a colocar os pés na superfície da Lua, ele carregava no bolso esquerdo uma

colher de metal estreita e extensível presa a um pequeno saco. Sua primeira e mais urgente diretriz científica, antes de fincar uma bandeira ou dar um único salto, era pegar um pouco de poeira lunar e enfiá-la no bolso. O motivo? Se a missão desse errado e ele e seu companheiro de caminhada lunar, Buzz Aldrin, tivessem de sair às pressas de lá, os cientistas na Terra ainda teriam algo a estudar. Em meio à ênfase em ramificações políticas e desfiles em carro aberto, muitas vezes esquecemos que o pouso na Lua foi principalmente uma missão científica.

Esse saco de poeira voltou à Terra, junto com 22 quilos de seixos lunares e amostras de solo. Essa matéria lunar, assim como outros 360 quilos trazidos pelas cinco missões *Apollo* subsequentes, reescreveria a história de origem não apenas da Lua, mas também de todo o sistema solar — e talvez até mesmo a história de origem da própria vida. Antes de os humanos viajarem para além da atmosfera do nosso próprio planeta, pouco se sabia sobre os outros mundos do nosso sistema solar ou como eles chegaram a estar onde estão e ser o que são.

Antes das missões *Apollo* trazerem rochas lunares à Terra para um estudo aprofundado, os cientistas tinham três hipóteses sobre a formação da Lua:

1. A Lua formou-se nas proximidades e ao mesmo tempo que a Terra.
2. A Lua formou-se em outro lugar, mas foi capturada pela gravidade da Terra quando se aproximou do nosso planeta.
3. A Terra já girou tão rápido que partes dela foram arremessadas ao espaço e formaram a Lua.

A análise das rochas lunares, destinada a corroborar uma dessas ideias principais, inspirou um conceito inteiramente novo: a hipótese do impacto gigante.

A história é a seguinte: cerca de 100 milhões de anos após a formação do Sol, muitos planetas jovens — protoplanetas —

A violenta colisão de um objeto do tamanho de Marte com uma Terra jovem podem ter desalojado os destroços que em algum momento formaram a Lua.

DILEMA CÓSMICO

A VIDA SEM A LUA

Seja qual for o cenário que formou a Lua, o fato é que, sem ela, a vida na Terra seria impossível ou inimaginável. A Terra gira com uma inclinação de 23,5 graus. Essa inclinação é o que causa nossas estações. Quando o Hemisfério Norte está apontado em direção ao Sol, experimenta o verão; quando aponta na direção oposta, experimenta o inverno. O mesmo vale para o Hemisfério Sul. O equador, eternamente preso entre os dois, não experimenta estações. Na ausência da constante atração da gravidade da Lua, que estabiliza nossa inclinação, o eixo da Terra balançaria drasticamente, mudando rapidamente da ausência de estações para as eras glaciais completas. Em um ambiente tão instável, as formas de vida teriam grande dificuldade em se desenvolver, quanto mais sobreviver por qualquer período de tempo.

cruzavam o espaço do sistema solar, colidindo uns com os outros na disputa contínua desse bilhar cósmico que colocaria todos os corpos celestes em suas posições atuais. Um protoplaneta do tamanho de Marte bateu na Terra quase totalmente formada, criando um anel de detritos que deu origem à nossa Lua e alterando o destino do nosso planeta. Os cientistas chegaram a homenagear esse objeto hipotético com um nome do panteão grego: Teia, em homenagem à mãe de Selene, deusa da Lua.

Imagine isto: um arco iluminado atravessando o céu, com anéis de detritos recém-nascidos girando lá no alto. Dentro desses anéis, a força da gravidade cumprindo seu dever faz com que pedaços grandes fiquem cada vez maiores à medida que engolem pedaços menores. O material do anel rapidamente se amalgama em um único objeto enorme — nossa Lua. A pressão e o atrito crescentes criam tanta energia que a Lua é uma bola de magma vermelho-quente. A Lua recém-nascida está cerca de 20 vezes mais próxima da Terra do que agora, o que a torna 400 vezes mais brilhante.

O destino de Teia em si permanece um mistério. Muito provavelmente, se existiu, desintegrou-se com o impacto, contribuindo com sua massa e composição tanto para a jovem Terra quanto para a Lua recém-nascida. E, embora a história de um impacto gigante tenha sido continuamente contestada e modificada, inclusive por estudos em andamento das rochas da *Apollo*, ela continua sendo a principal hipótese para a formação da Lua.

As amostras da *Apollo* apresentam uma Lua cuja composição é surpreendentemente semelhante à crosta terrestre: uma pista importante apontando para a hipótese da colisão lateral. Se a Lua fosse um objeto errante capturado pela gravidade da Terra, a variação seria muito maior. As amostras também sugerem que a superfície lunar já foi um oceano de magma, com minerais mais pesados decantando no fundo e mais leves à deriva no topo. Isso mesmo, as rochas podem flutuar — mas apenas dentro de um oceano mais denso. A evidência mais convincente de um impacto gigante, no entanto, vem dos instrumentos de detecção sismológica colocados pelos astronautas da *Apollo*. Dados desses dispositivos revelaram um pequeno núcleo lunar contendo muito pouco ferro — uma descoberta estranha para um objeto tão considerável.

Levando-se em conta sua localização no sistema solar, a Lua, para uma lua, é bastante grande em comparação com seu planeta hospedeiro. Tem metade da largura de Marte, que abriga duas luas do tamanho de um asteroide, em forma de batata. Em outras palavras, se a Lua fosse um corpo celeste original em vez de ter sido talhada da crosta terrestre, ela deveria conter um núcleo de elementos pesados, assim como todos os outros grandes objetos esféricos do sistema solar, que foram extraídos dos ingredientes de nossa nebulosa solar original.

Levando-se em conta sua localização no sistema solar, a Lua, **para uma lua,** é bastante grande em comparação com seu planeta hospedeiro. Tem **metade da largura de Marte,** que abriga duas luas do tamanho de um asteroide, em forma de batata.

Isso não significa que as dúvidas de todos tenham sido apagadas. A hipótese do impacto gigante não consegue conciliar várias inconsistências geoquímicas, e as missões *Apollo* obtiveram amostras de uma área frustrantemente minúscula da Lua. Assim, a história da origem permanece em grande parte hipotética, pelo menos até que os humanos retornem para uma amostragem mais profunda e estudos mais detalhados.

A FORÇA DE MARÉ

Quando Isaac Newton percebeu que a maçã que caía era regida pela mesma lei que mantinha nossa Lua em órbita, ele escreveu uma receita para calcular a força da gravidade entre quaisquer dois objetos no universo. Aplicando a equação de Newton, você pode mostrar que, quanto mais próximos dois objetos estiverem um do outro, maior será a força da gravidade. Quando você está de pé na Terra, por exemplo, a gravidade dela é um pouco mais forte em seus pés do que em sua cabeça. A diferença é insignificante, então não a culpe por sua tontura. A Terra puxa seus pés com uma força apenas 0,00006% mais forte do que puxa sua cabeça.

Todos os objetos sentem essa simples diferença na gravidade, oficialmente conhecida como força de maré, estando submetidos à gravidade de todos os outros objetos do universo. As forças de maré são a causa direta de uma gama diversificada de fenômenos cósmicos que, de outra forma, parecem não ter nada a ver uns com os outros.

Uma força de maré é fortemente dependente da distância — um leve aumento na distância entre dois objetos pode fazer uma grande diferença nesse tipo de força. Por exemplo, se a Lua estivesse a apenas duas vezes sua distância atual de nós, sua força de maré na Terra seria oito vezes mais fraca. Em sua distância média atual de 400 mil quilômetros da Terra, a Lua consegue criar marés atmosféricas, oceânicas e crustais consideráveis, atraindo a parte da Terra mais próxima da Lua com mais força

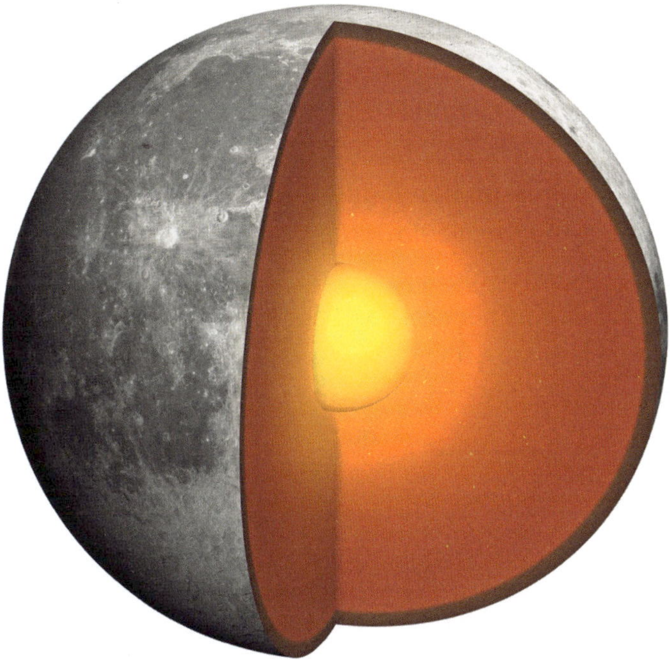

A camada mais externa da Lua, com setenta quilômetros de profundidade, é mais espessa do que a crosta terrestre. Abaixo dela há um manto de mil quilômetros de espessura e um pequeno núcleo sólido, rico em ferro.

do que a parte da Terra que está mais longe. O Sol, por outro lado, está tão longe que, apesar da forte gravidade que exerce, sua força de maré na Terra equivale à metade daquela da Lua.

As consequências mais visíveis são as marés, à medida que os oceanos são puxados em direção à Lua. Enquanto isso, à medida que a Terra sólida continua a girar, as plataformas continentais se mantêm empurrando os quintilhões de toneladas de água do mar nos oceanos da Terra para a frente. Essa “guerra de forças” cria uma protuberância oceânica, que é sempre encontrada um pouco à frente da localização da Lua em sua órbita mensal. Girando dentro da protuberância, a Terra sofre um enorme atrito à medida que a água do oceano se perde contra as plataformas continentais e as costas. A consequência? Com o passar do tempo, a Terra gira cada vez mais lentamente. Hoje os dias estão ficando mais longos a uma taxa líquida de cerca de dois milissegundos por dia por século. Isso não parece muito, mas nesse ritmo, segundos completos se somam rapidamente. Ou seja, depois de um século, cada dia é dois milissegundos mais curto do que a rotação real. Depois de dois séculos, os dias são quatro milissegundos mais curtos, e assim por diante. Desde 1972, estamos ajustando oficialmente nosso cálculo de tempo diário com segundos bissextos que, por decreto do calendário, são adicionados a cada poucos anos — conforme necessário — no final de junho ou dezembro.

Volte no tempo e imagine a situação das marés logo que a Lua se formou. Estando cerca de vinte vezes mais perto da Terra do que está hoje, a força de maré da Lua teria sido 8 mil vezes mais forte do que agora. Algumas estimativas sugerem que a taxa de rotação muito mais rápida da Terra naquela época era de quatro ou seis horas por dia, em vez das nossas 24. Estamos desacelerando desde então.

> Imagine a situação das marés logo **que a Lua se formou.** Estando cerca de 20 vezes mais perto da Terra do que está hoje, a **força de maré** da Lua teria sido 8 mil vezes mais forte do que agora.

A melhor evidência para a desaceleração da rotação da Terra vem de registros detalhados de eclipses solares totais que datam de muitos séculos. Se a taxa de rotação da Terra fosse mais rápida no passado, então um eclipse solar total como visto na superfície da Terra não aconteceria no ponto esperado que, de outra forma, esperaríamos que acontecesse em nossa taxa de rotação atual.

Registros históricos mostram exatamente isso — os primeiros eclipses registrados foram compensados ao longo da superfície da Terra por algo em torno de 10 mil quilômetros a oeste de onde teriam sido testemunhados no planeta de giro mais lento de hoje.

Enquanto isso, o campo gravitacional da Terra, posicionado ligeiramente à frente da Lua em sua órbita, atua como uma bomba de energia, balançando lentamente a Lua em uma órbita cada vez maior. Precisa de provas disso? Em 1969, quando Neil Armstrong e Buzz Aldrin visitaram o mar da Tranquilidade da

Lua, entre as coisas que deixaram para trás estava um painel cravejado de espelhos projetado para refletir a luz exatamente na mesma direção de onde ela chegou. Começando logo após o pouso na Lua, inicialmente no Observatório McDonald no Texas, e continuando hoje em observatórios na França, Alemanha e Itália, lasers de alta potência na Terra são lançados até a Lua, e o sinal de retorno é cuidadosamente cronometrado.

Como sabemos a velocidade da luz, isso significa que podemos calcular a distância da Lua com uma precisão sem precedentes. Com o privilégio de termos uma linha de base de várias décadas de medições de vários refletores, agora sabemos que a Lua está se afastando de nós a uma taxa de cerca de quatro centímetros por ano, exatamente como previsto pela teoria das marés. A rotação da Terra continuará a desacelerar, e a Lua continuará a se afastar em espiral até que um dia na Terra seja exatamente igual a um mês lunar. Até lá, uma rotação da Terra durará mais de mil horas, o que exigiria adicionar quatro milhões de segundos bissextos por dia. Não é preciso entrar em pânico ainda, no entanto. Ainda temos mais de um trilhão de anos para pensar nisso.

Enquanto isso, a força de maré da Terra na Lua terminou seu trabalho há muito tempo: a rotação da Lua diminuiu para exatamente igualar seu período de revolução ao redor da Terra. Quando isso acontece com algum objeto em órbita, ele sempre mostrará a mesma face ao corpo que orbita — ele se mantém em movimento síncrono. É por isso que, vista da Terra, a Lua tem um lado próximo e um lado distante permanentes — e, quando vista do lado próximo da Lua, a Terra nunca se põe. Durante um mês lunar completo, no entanto, todos os lados da Lua recebem luz solar. Assim, ao contrário do jargão comum, do folclore e do título do celebrado álbum de rock do Pink Floyd em 1973, não há agora, nem nunca houve, um "lado negro" da Lua.

Lembre-se também de que a Terra ainda tem muita desaceleração a fazer. Quando sua rotação diminuir até coincidir exatamente com o período orbital da Lua, então a parte sólida da Terra não estará mais girando dentro das protuberâncias das marés oceânicas, e o sistema Terra-Lua terá alcançado a estabilidade dinâmica. Acontece que essa estabilidade é energeticamente favorável — algo como uma bola que vai parar no pé de uma colina. Ela é comum no universo em sistemas de estrelas duplas em órbita próxima. Temos até dois exemplos em nosso próprio sistema solar. Terra-Lua e Plutão-Caronte são pares orbitais em que o satélite está próximo e é relativamente grande em comparação com o hospedeiro, uma configuração que leva a fortes forças de maré. Enquanto a Lua já atingiu a estabilidade (mas a Terra ainda não), Plutão e Caronte ambos já estão dinamicamente estáveis.

Às vezes, as pessoas se perguntam se as forças de maré da Lua podem afetar o comportamento humano. A resposta é sim, desde que você tenha uma cabeça muito, muito grande. Se seu cérebro tivesse, digamos, 13 mil quilômetros de diâmetro (o diâmetro médio da Terra), então as forças de maré da Lua realmente lhe dariam um crânio oblongo de tamanho considerável e trariam consequências incalculáveis sobre suas faculdades mentais. Para *o Homo sapiens* normal, no entanto, a diferença no efeito da gravidade lunar de um lado da cabeça para o outro é infinitesimalmente pequena, "deformando" sua cabeça em um milésimo de milímetro. O peso de sua própria cabeça de 4,5 quilos exerce uma força significativamente maior do que a atração da Lua sobre ela — um fato não compartilhado por aqueles que escrevem sobre lobisomens e outros comportamentos disfuncionais causados pela Lua.

MARTE

Embora Vênus tenha ajudado a extirpar a ideia de geocentrismo, pelo menos entre os astrônomos, a análise de Johannes Kepler sobre Marte derrubou um conceito ainda mais arraigado na visão de mundo da época: o movimento circular.

A obsessão por esferas e círculos era fundamental para as visões antigas e medievais do sistema solar, visto que essas formas geométricas eram consideradas as formas naturais mais perfeitas. Para explicar os movimentos retrógrados dos corpos celestes, Ptolomeu atribuiu às estrelas e aos planetas errantes orbes de cristal separadas. Cada corpo celeste encontrava-se aninhado dentro de seu próprio orbe feito de uma substância invisível chamada éter. Tudo se movia em um círculo perfeito ao redor da Terra.

Quando propôs seu modelo heliocêntrico simplificado, Copérnico manteve o conceito de movimento circular. Tão arraigados no pensamento astronômico estavam esferas e círculos que abrir mão da ideia de caminhos circulares era quase tão inconcebível quanto abrir mão da posição da Terra no centro do universo. Mas, à medida que os métodos de medição avançavam e o modelo geocêntrico começava a se mostrar ruim, a suposição de movimento circular caiu junto com ele.

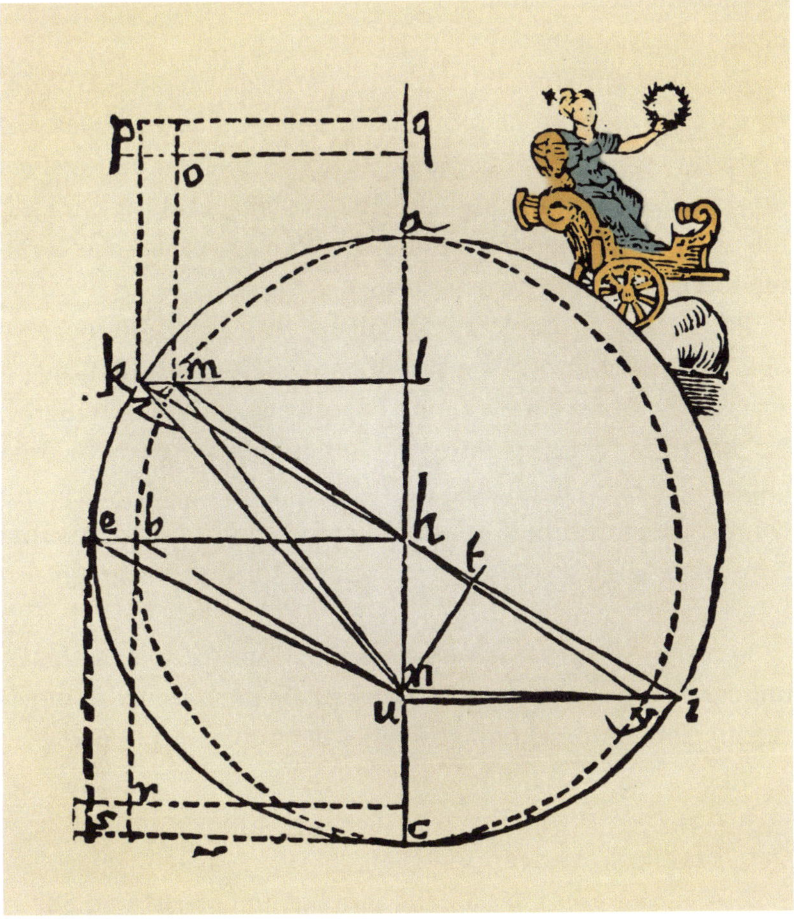

O astrônomo alemão Johannes Kepler (1571-1630) desenvolveu as três leis fundamentais do movimento planetário, conceituadas aqui com a órbita de Marte.

Em 1601, Johannes Kepler mudou-se para Praga com o propósito de trabalhar para Tycho Brahe, o astrônomo da corte de renome mundial do Sacro Império Romano-Germânico. Brahe dedicava-se à observação e medição cuidadosas. Com a ajuda de seus "tubos de observação" de última geração e dados cada vez melhores sobre os movimentos planetários, ele encontrou um problema: Marte. O modelo geocêntrico ptolomaico do universo tinha funcionado bem o suficiente para permitir que as pessoas pensassem que o universo era bastante ordenado. Mas, com as medidas mais precisas que os instrumentos de Brahe proporcionaram, surgiram incongruências inexplicáveis.

Brahe experimentou o modelo copernicano, o modelo ptolomaico e até mesmo sua própria combinação dos dois. Mas não importava o que ele tentasse, Marte nunca aparecia onde estava previsto. Assim, Brahe transferiu o problema de Marte para seu novo assistente enquanto se ocupava com o sistema solar como um todo.

Para resolver o problema do planeta recalcitrante, Kepler teve que romper com o princípio mais básico que sustentava a suposta estrutura e movimento do universo: órbitas circulares. Apenas uma órbita na forma de um círculo achatado — uma elipse — poderia explicar o movimento anômalo de Marte. Ao contrário de um círculo, que tem um foco central singular, uma elipse tem dois focos. No sistema solar, o Sol massivo fica em um foco e nada fica no outro.

Kepler publicou suas revelações em 1609 na *Astronomia Nova,* onde também registrou as duas primeiras de suas leis do movimento planetário, seguidas dez anos depois por sua terceira:

1. A lei das órbitas: Todos os planetas se movem em órbitas elípticas ao redor do Sol.
2. A lei das áreas: Uma linha que liga um planeta ao Sol varre áreas iguais em tempos iguais. Em outras palavras, quanto mais próximo um planeta está do Sol, mais rápido ele se move.

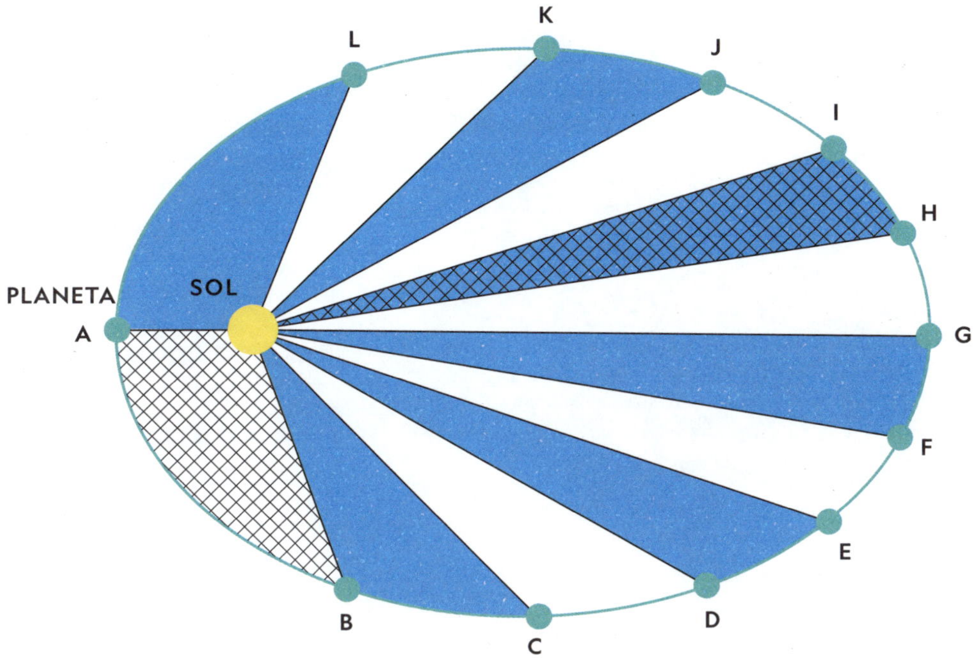

Segundo a segunda lei de Kepler, todos esses triângulos se igualam em área.

3. A lei dos períodos: A duração e o tamanho da órbita de um planeta estão matematicamente correlacionados. Quanto maior a órbita, mais tempo o planeta leva para completá-la.

Essas três leis do movimento planetário ajudaram a estabelecer as bases para a descoberta de Isaac Newton, décadas depois, de suas próprias três leis do movimento e da gravidade.

Mas a maioria dos principais pensadores da época, incluindo Galileu e Descartes, permaneceu tão apegada à ideia de movimento celeste perfeitamente circular, seja por razões metafísicas, filosóficas ou religiosas, que os conceitos radicais de Kepler demoraram a se firmar. Gradualmente, no entanto, o sistema copernicano e as leis de Kepler se consolidaram, estimulando novas descobertas e culminando, no século XVIII, no que o filósofo Thomas Paine chamou de era da razão.

O gigantesco sistema de cânions Valles Marineris em Marte se estende por quase 3.200 quilômetros, apequenando o Grand Canyon.

MARCIANOS IMAGINADOS

Em nossos dias, mais de 400 anos depois que Kepler resolveu o problema de Marte, o Planeta Vermelho continua sendo o corpo celeste mais estudado, depois da Terra e da Lua. Antes que uma armada de sondas espaciais, orbitadores e *rovers* fosse lançada para estudá-lo de perto, os humanos mantiveram a esperança de descobrir Marte como um mundo semelhante à Terra, talvez povoado por vida extraterrestre inteligente.

Em 1695, em seus últimos dias, o matemático holandês Christiaan Huygens terminou de escrever a primeira especulação científica sobre esse assunto. Publicado postumamente, foi intitulado *Cosmotheoros: Or, Conjectures Concerning the Inhabitants of the Planets* [Cosmotheoros: ou conjecturas sobre os habitantes dos planetas].

Décadas antes, usando um telescópio melhor do que o de Galileu, Huygens identificou pela primeira vez os anéis de Saturno e sua lua Titã. Ele também estimou com precisão que um dia de Marte duraria quase tanto quanto um dia da Terra e desenhou o primeiro mapa da enorme planície central do Planeta Vermelho, Syrtis Major. Para Huygens e muitos outros pensadores de seu tempo, a ideia de que poderia haver vida extraterrestre nesses mundos emergentes era óbvia — e emocionante. Mas Huygens deu um passo adiante quando argumentou que a existência de vida fora da Terra não era apenas compatível com as Escrituras cristãs, mas também uma parte inevitável de seus ensinamentos, escrevendo:

> Agora, se atribuirmos aos Planetas nada além de vastos Desertos, Afloramentos e Pedras sem vida e inanimados, e privá-los de todas as Criaturas que mais claramente revelam seu Arquiteto Divino, deveríamos considerá-los abaixo da Terra em Beleza e Dignidade; uma coisa que nenhuma Razão permitirá...

No final do século XIX, os telescópios estavam suficientemente avançados para descobrir algumas das características topográficas de Marte. Quando o astrônomo italiano Giovanni Schiaparelli viu o planeta durante a oposição — a menor distância entre Marte e Terra, que ocorre a cada 26 meses — ele ficou surpreso ao ver redes de linhas retas cortando a superfície. Ao declarar sua descoberta, ele usou a palavra italiana *canali* para descrever o que viu. Se você não sabe italiano, mas acha que sabe, pode traduzir erroneamente essa palavra como "canal" — uma palavra muito ouvida na época de Schiaparelli, já que o canal de Suez, essa maravilha da engenharia humana, havia sido concluído recentemente.

Uma coisa é Marte ter linhas retas. Outra coisa é ter canais.

Como não poderia deixar de ser, a imaginação humana foi logo tirando conclusões. O astrônomo estadunidense Percival Lowell, que poderia ter se beneficiado de mais lições de italiano, propôs a hipótese do canal, com marcianos inteligentes cavando cursos d'água que cruzavam a superfície do planeta para transportar seu precioso suprimento de água dos polos gelados do planeta para as regiões equatoriais, onde era necessário. Inspirado em parte por esse conceito, o lendário escritor de ficção científica H. G. Wells escreveu uma das histórias mais famosas de todos os tempos, *A guerra dos mundos,* que conta sobre uma invasão da Terra por marcianos hostis e inteligentes em busca de um novo lar depois que seu próprio planeta se torna seco e esgotado.

Apesar da insistência de Lowell — e de seu mapeamento de muitos anos das linhas que ele dizia ver —, a maioria dos astrônomos não conseguiu observar os supostos canais. Mesmo as visões mais cuidadosas e rigorosas de Marte, usando os telescópios mais poderosos disponíveis, não retornaram nenhuma evidência de sua existência. No entanto, as falas de Lowell encontraram o acolhimento do público em geral e dos fãs de ficção científica, e até apareceram nos mapas de planejamento da missão da NASA *Mariner 4* a Marte.

Como as observações de Lowell antecederam a fotografia astronômica, ele relatou o que acreditava ter visto, não o que realmente estava lá. Suas afirmações incorretas, mas inflexíveis, mostraram-se delírios quando confrontadas com evidências empíricas.

No final da década de 1960, no entanto, missões *Mariner* posteriores e tecnologia avançada de telescópios capturaram o suficiente da superfície marciana para liquidar a ideia de canais. Tornou-se evidente que eram simplesmente ilusões de óptica, causadas principalmente pela tendência humana de ver o que desejamos ver, e não o que existe de fato.

O desenho colorido de Percival Lowell (1905) mostra os canais que, segundo ele, atravessavam a superfície de Marte.

Como as observações de Lowell antecederam a fotografia astronômica, ele relatou o que acreditava ter visto, não o que realmente estava lá. Suas afirmações incorretas, mas inflexíveis, mostraram-se delírios quando confrontadas com evidências empíricas — uma lição sobre humildade à medida que continuamos nossa exploração do sistema solar e além.

EXPLORANDO MARTE

As primeiras imagens em close-up de Marte, retornadas pela *Mariner 4* em 1965, revelaram uma superfície com crateras. A sonda também enviou informações sobre a fina atmosfera do planeta, temperaturas congelantes e fraco campo magnético, frustrando quaisquer esperanças residuais de vida complexa em

DILEMA CÓSMICO

TRIPLO PONTO DE ÁGUA

Se você já preparou uma refeição em uma altitude elevada, sabe que precisa ajustar os tempos de cozimento porque a água ferve a uma temperatura mais baixa sob as pressões atmosféricas mais baixas, encontradas em altitudes mais altas do que ao nível do mar. Então, quando você está fazendo chá no topo de uma montanha, a água fervente não é tão quente quanto você está acostumado, e você precisará deixar seu saquinho de chá um pouco mais de tempo na imersão. Se você continuar subindo, a pressão continua a baixar, e o ponto de ebulição da água continua a cair. Em determinado ponto você encontrará uma pressão atmosférica na qual o ponto de ebulição é o mesmo que o ponto de congelamento. Se você subir ainda mais na atmosfera, será capaz de ter simultaneamente gelo, vapor e água líquida na mesma piscina. A temperatura e a pressão em que uma substância pode coexistir nesses três estados da matéria é seu ponto triplo.

A superfície de Marte seria um bom lugar para tentar esse experimento. Em algumas áreas, você pode jogar um cubo de gelo em uma cuba de água fervente e ver os dois coexistirem. Mas se você tentasse preparar chá naquela água marciana, qualquer alteração mínima na pressão transformaria espontaneamente sua bebida líquida em gelo sólido ou vapor, oferecendo uma experiência desagradável e imprevisível na hora do chá.

tempos atuais. Mesmo assim, Marte continua sendo o planeta mais parecido com a Terra que conhecemos. Pode até ter sido uma "Terra" em algum momento de seu passado antigo — um mundo fértil com lagos, geleiras, talvez até vegetação.

Uma década depois que a *Mariner 4* devolveu suas primeiras imagens embaçadas da superfície marciana, a missão Viking — dois orbitadores, cada um com seu próprio módulo de pouso — revelou a fisiografia e a história dinâmica do planeta em detalhes. Vales e sulcos esculpidos na superfície do Planeta Vermelho sugeriam uma vasta e desaparecida rede de rios, lagos e várzeas.

À medida que Marte esfriava ao longo das eras, o núcleo se solidificava, e o planeta não conseguiu mais sustentar um campo magnético protetor. Até onde sabemos, apenas um núcleo de metal fundido girando torna isso possível. Um campo magnético protege a superfície de um planeta das partículas de alta energia do vento solar, que de outra forma causariam estragos. Mas Marte não tem essa proteção. A maior parte de sua atmosfera e quase toda a água líquida superficial evaporaram há eras, deixando apenas vestígios. Qualquer água que ainda exista no planeta está presa nas calotas polares ou enterrada no subsolo.

Hoje Marte é uma tundra gelada, com uma temperatura superficial média de 62°C negativos — fria o suficiente para fazer a Sibéria congelada parecer positivamente amena. Aqui na Terra, você não vê pessoas lutando para se estabelecer no Polo Norte ou no Sul. No entanto, se os humanos se tornarem uma espécie multiplanetária, o destino de migração mais lógico seria Marte.

TERRAFORMAÇÃO DE MARTE

Marte vem com um pacote inicial da Terra 2.0: um pouco de atmosfera, alguma gravidade e (pensamos) reservatórios de gelo de água sob a superfície, à espreita como permafrost. Basta adicionar calor. Alguma montagem é necessária.

A menos que os humanos queiram viver enclausurados, à mercê de hábitats artificiais, vamos descobrir como viver e respirar na superfície adaptando o ambiente em algo adequado para nossos frágeis corpos humanos. Em outras palavras, vamos querer terraformá-lo. O sonho de Elon Musk de aquecer Marte, trazendo-o para uma zona de temperatura hospitaleira, é uma abordagem drástica para a terraformação. Embora isso talvez pareça algo que um supervilão dos quadrinhos pensaria, pode funcionar — em princípio.

Conhecemos as calotas polares marcianas há algum tempo, e nossos *rovers* e orbitadores de Marte continuam a detectar H_2O no subsolo. Então, sim, se detonássemos bombas suficientes

perto dos polos, onde está a maior parte do gelo de Marte, grande parte desse gelo derreteria e liberaria seus ricos estoques de dióxido de carbono e vapor de água — gases de efeito estufa que poderiam encobrir o planeta e reter calor. Esse método tem alguns problemas, no entanto:

1. Poderia desencadear outra guerra fria.
Precisaríamos detonar milhares de armas nucleares para criar calor suficiente. Embora a logística de transportar tantas bombas pelo espaço pareça implausível por si só, alguém teria de ser responsável por criar e supervisionar sua criação — e, se a história tem algo a nos ensinar, os medos em torno da criação de armas nucleares por alguém podem ser tão prejudiciais à humanidade quanto sua detonação real.

Como seria? Esta simulação *time-lapse* mostra um Marte terraformado.

2. Poderia desencadear um inverno nuclear.

Marte tem muita poeira. Se as bombas levantassem detritos suficientes para bloquear a luz solar, a temperatura do planeta cairia drasticamente, ao invés de subir. Na verdade, foi isso que matou a maioria dos dinossauros e três quartos de outras formas de vida na Terra há cerca de 66 milhões de anos, quando um asteroide atingiu a península de Yucatán, no México. Tantas cinzas e poeira foram ejetadas para a atmosfera que os céus escureceram e a fotossíntese parou, aniquilando a base da cadeia alimentar e enviando ondas de extinção por todo o mundo, que abriram caminho através da árvore da vida.

3. Põe em xeque a Primeira Diretriz.

Todo viajante de *Star Trek* estava sujeito à Primeira Diretriz, um trecho da lei espacial que proibia explicitamente a interferência em planetas alienígenas e suas espécies nativas. E nós? Estamos? O Escritório de Proteção Planetária da NASA trabalha para implementar políticas e oferecer conselhos sobre como evitar que a vida extraterrestre contamine a Terra e impedir que a vida terrestre contamine qualquer outro lugar do sistema solar que possa abrigar vida. Ainda não temos certeza se Marte hospeda (ou já hospedou) vida própria. Se for verdade, quais são as implicações éticas de destruir seu mundo? A vida em Marte, se existir, pode ser equivalente a microrganismos que vivem na lama. Esses microrganismos têm direito a viver?

Aqui está uma alternativa mais suave, embora igualmente bizarra, que pode funcionar: espelhos espaciais gigantes. O engenheiro estadunidense Robert Zubrin e o cientista planetário da NASA Christopher McKay propuseram que um espelho gigantesco colocado em órbita ao redor de Marte, e posicionado com precisão, poderia refletir e redirecionar a luz solar em direção aos polos marcianos e derreter o gelo. Enquanto o espelho permanecesse onde deveria, o método representaria uma ameaça muito menor para futuros colonizadores humanos. Parece uma boa ideia. Mas nosso velho adversário, a equação do foguete, provavelmente colocará um freio nesse plano. Um espelho do tamanho proposto — quase 130 quilômetros de largura e pesando algumas centenas de milhares de toneladas — seria uma carga útil impossível de ser lançada da Terra. Tal projeto exigiria construção espacial, usando materiais extraídos no espaço — muito mais barato do que transportar coisas da Terra.

Um problema inevitável com qualquer esquema de terraformação é que Marte simplesmente não contém CO_2 suficiente para desencadear o aquecimento global. Na verdade, alguns cientistas pensam que, para desencadear qualquer aquecimento, precisaríamos liberar mais CO_2 em Marte do que os humanos na Terra já liberaram.

Em todo caso, se a humanidade desenvolver conhecimento suficiente de geoengenharia para terraformar Marte em nosso plano de fuga depois que destruirmos a Terra, então certamente devemos ser capazes de usar essa inteligência para tornar a Terra habitável novamente e escapar da necessidade de um planeta B, para começo de conversa.

O CINTURÃO DE ASTEROIDES

Entre as órbitas de Marte e Júpiter encontra-se um anel de detritos, asteroides e um planeta-anão, separando os quatro planetas internos rochosos dos quatro gigantes externos gasosos. A linha divisória é feita de sobras do jogo de bilhar cósmico que aconteceu há quatro bilhões e meio de anos.

Muito antes de qualquer um deles ser descoberto, Johannes Kepler percebeu que o espaço entre Marte e Júpiter estava muito vazio. Um planeta deveria existir entre os dois, pensou. Outros astrônomos concordaram e, por dois séculos, houve uma caçada ao planeta que faltava.

No primeiro dia de 1801, um padre e astrônomo italiano chamado Giuseppe Piazzi descobriu acidentalmente uma anomalia celeste enquanto catalogava as posições das estrelas — uma "nova estrela" que era "um pouco fraca e colorida como Júpiter", como ele escreveu em seu diário. Quando a luz se moveu contra o pano de fundo do resto das estrelas, ele sabia que havia descoberto algo novo dentro do nosso sistema solar. No início, ele pensou que a luz em movimento era um cometa, e alertou o mundo astronômico para uma descoberta que ele chamou de Ceres Ferdinandea. Por fim, cálculos aprimorados da órbita desse objeto apontaram para algo muito maior do que um cometa — algo que no século XXI classificamos como um planeta-anão. Não demorou para que mais "planetas" fossem descobertos na mesma região do céu e, por um tempo, nosso sistema solar ostentou 11 planetas: Mercúrio, Vênus, Terra, Marte, Vesta, Juno, Ceres, Palas, Júpiter, Saturno e Urano.

O astrônomo britânico William Herschel notou que todos esses recém-chegados apareciam apenas como pontos de luz no telescópio, assim como as estrelas. O que quer que fossem, ele pensou, deveriam ser muito menores do que planetas "de verdade". E então Herschel propôs que fossem chamados de asteroides — "semelhantes a estrelas", do grego *aster,* que significa "estrela". Em meados do século XIX, tantos outros supostos planetas foram descobertos que os astrônomos estavam prontos para adotar a classificação de Herschel. Hoje reconhecemos que o cinturão de asteroides — a região entre Marte e Júpiter — abriga centenas de milhares de objetos. Um deles é até chamado 13123 Tyson.

ASTEROIDES E COMETAS POTENCIALMENTE PERIGOSOS

Imagine o seguinte: um asteroide maciço está vindo em nossa direção, e as leis da mecânica orbital garantem que haverá uma colisão. Ele é grande, com quase um quilômetro de diâmetro. E sua velocidade de aproximação é de dezenas de milhares de quilômetros por hora. Como lidaríamos com essa ameaça?

Vários filmes de grande orçamento exploraram esse cenário, incluindo o estrelado por grandes nomes de Hollywood *Não olhe para cima* (2021), que satirizou o pensamento anticiência contemporâneo. Os filmes *Impacto profundo* e *Armageddon,* ambos de 1998, invocam tentativas da ciência e da engenharia para destruir o intruso mortal.

O roteiro e as cenas de *Armageddon* certamente violam mais leis da física por minuto do que qualquer outro filme já feito. Mas isso torna tudo ainda mais interessante de analisar. A solução nesse filme foi treinar uma tripulação de trabalhadores de plataformas de petróleo para se tornarem astronautas. Eles então perfurariam profundamente o asteroide em questão e colocariam uma bomba nuclear em seu interior, que quebraria o asteroide ao

CIÊNCIA DE HOLLYWOOD

ESMAGANDO O CINTURÃO DE ASTEROIDES

Todos nós conhecemos a cena: uma nave espacial atravessa o espaço, talvez perseguida por inimigos que se aproximam. De repente, um denso campo de enormes asteroides girando aparece, ameaçando destruir sua nave e matar todos a bordo. No filme *Star Wars: Episódio V - O Império contra-ataca*, de 1980, Han Solo e sua equipe se encontram em uma situação complicada com um bando de *TIE fighters* imperiais em seu encalço. "Você não está indo para um campo de asteroides", diz a princesa Leia, alarmada. Han Solo responde: "Eles seriam loucos em nos seguir, não é?" O C3PO diz: "Senhor, a possibilidade de navegar com sucesso em um campo de asteroides é de aproximadamente 3.720 para um." Claro, o enxame congestionado de rochas acaba não sendo páreo para as habilidades de pilotagem de Solo. "Nunca me diga as probabilidades", retruca Solo. Clássico.

Esse tema recorrente tende a induzir as pessoas a acreditar que um campo de asteroides representa uma ameaça comum e extrema. Mas observações cuidadosas de nosso próprio sistema solar nos dizem que um campo de asteroides denso como retratado em filmes não existe. Se juntássemos todos os asteroides e o planeta-anão solitário do cinturão de asteroides em uma grande pilha, toda essa matéria somaria cerca de 3% da massa total da nossa Lua. Se você imaginar um pequeno pedaço da Lua espalhado pela extensão ocupada pelo cinturão de asteroides, você pode entender quão inverossímil essa ideia realmente é. Não só é improvável que uma sonda enviada através do cinturão colida com um asteroide como é que chegue a meio milhão de quilômetros de distância de um. Além disso, um cinturão de asteroides escassamente povoado não é só uma característica única do nosso próprio sistema solar; é a tendência cósmica. Qualquer campo de objetos tão lotado quanto os retratados em Hollywood teria se aglutinado em um objeto maior, graças à gravidade. Se *Star Wars* acontecesse na realidade, quando Han Solo e sua equipe chegassem ao "campo de asteroides", eles nem perceberiam.

meio e mandaria as metades para longe da Terra. Deixando de lado a questão de ser ou não mais fácil treinar astronautas para perfurar um asteroide do que treinar perfuradores de petróleo para se tornarem astronautas, o asteroide não racharia ao meio. Não, ele explodiria em inúmeros pedaços imprevisíveis, muitos dos quais viriam em direção à Terra ainda mais rápido.

Além disso, um grupo de estudantes de física da Universidade de Leicester, no Reino Unido, calculou que a solução do filme *Armageddon* exigiria uma bomba aproximadamente um bilhão de vezes mais poderosa do que a bomba mais poderosa já detonada na Terra. Como dissemos, o filme brincou com a física.

As melhores soluções são bem menos dramáticas. Um leve empurrão em uma direção diferente seria suficiente para tirar um asteroide de sua rota e do nosso caminho. Essa cutucada pode vir de uma variedade de táticas:

1. Pinte.

Por mais ridículo que possa parecer, a tinta pode afastar um asteroide da Terra. Tudo o que você precisa fazer é pintar metade da coisa de branco. O lado mais claro refletiria então mais energia do Sol do que o lado mais escuro, causando um desequilíbrio em seu movimento. Uma diferença de pressão, por menor que seja, ao longo de um tempo suficiente faria com que o asteroide desviasse de sua rota. Mas e se não conseguirmos uma arma de paintball gigante a tempo?

2. Desacelere.

Poderíamos posicionar uma série de objetos para atuar como obstáculos no caminho do asteroide. Cada impacto absorveria alguma energia cinética e desaceleraria ligeiramente a rocha à medida que a Terra se afastasse do perigo através de sua órbita habitual. Mas e se um desses obstáculos for mal posicionado?

Uma representação artística do cinturão de asteroides cheio de detritos ao redor da estrela Vega.

3. Bata nele com uma sonda espacial.
Lançado em novembro de 2021, o DART (*Double Asteroid Redirection Test*, ou Duplo Teste de Redirecionamento de Asteroide) da NASA, uma espaçonave do tamanho de um carro, foi concebido para testar se um objeto atingindo um asteroide pela lateral poderia ser suficiente para alterar seu curso. Dez meses depois, terráqueos a 11 milhões de quilômetros de distância assistiram à transmissão ao vivo da espaçonave DART enquanto ela se aproximava de seu alvo, Dimorphos, uma lua do asteroide Didymos. Um mundo cinzento e escarpado emergiu na tela, ficando cada vez maior até que finalmente tudo ficou branco. Impacto direto.

Um objeto comparativamente tão minúsculo poderia realmente alterar o curso de um asteroide? É como um zagueiro entrando de carrinho na base da Grande Pirâmide de Gizé. Mas, atravessando o vácuo do espaço a 24 mil quilômetros por hora, mesmo uma pequena massa pode causar sérios danos. Dias depois, uma cauda de quase 10 mil quilômetros de poeira e escombros da colisão atravessou nosso céu como uma saudação final da espaçonave DART pulverizada. Os cientistas confirmaram uma mudança orbital do asteroide — outro marco cósmico para a humanidade.

4. Exploda uma bomba nuclear nele.
Ao contrário do filme *Armageddon*, uma bomba nuclear seria posicionada logo acima da superfície do asteroide. Sua detonação vaporizaria uma parte da superfície e, assim, alteraria ligeiramente a trajetória do objeto.

5. Use a força da gravidade contra ele.
Como tudo no universo exerce gravidade, poderíamos lançar uma espaçonave para se aproximar do asteroide, sem tocá-lo. Os dois objetos seriam atraídos um para o outro, mas nossa espaçonave acionaria seus motores — apenas o suficiente para manter o asteroide a uma pequena distância e, suavemente, ao longo do tempo, puxá-lo para fora de seu curso original.

Uma ilustração da espaçonave *Double Asteroid Redirection Test* (DART) da NASA antes do impacto no sistema binário de asteroides Didymos.

Em todos os casos, quanto mais cedo agirmos, maior a chance de uma deflexão bem-sucedida. Quanto mais distante o objeto que se aproxima, menor o desvio necessário para tirá-lo da rota de colisão. Quanto mais perto ele chega, mais dramática deve ser a deflexão.

Antes de sua morte, em 2018, o astrofísico Stephen Hawking alertou que a maior ameaça à humanidade era o impacto de um asteroide. Dois anos antes, a NASA havia criado um departamento dedicado exclusivamente a monitorar e prevenir esse cenário: o Escritório de Coordenação de Defesa Planetária. Até onde sabemos, os grandes dinossauros não operavam tal programa; se tivessem algo assim, provavelmente ainda estariam por aqui. Afinal, eles dominaram a Terra por quase 200 milhões de anos antes de o asteroide atingir Chicxulub, e apenas 66 milhões de anos se passaram desde então. A propósito, isso significa que você está tão perto no tempo de um *T. rex* quanto o primeiro *T. rex* estava do último estegossauro. Isso é para vermos a enorme extensão de tempo em que as várias espécies de dinossauros dominaram a Terra.

Agências espaciais em todo o mundo rotineiramente encontram e rastreiam asteroides potencialmente perigosos (PHA, na sigla em inglês) e cometas. Este subconjunto assustador de objetos próximos à Terra atualmente é de cerca de 2.300. Embora quase nenhum deles represente uma ameaça no próximo século, é possível ou mesmo provável que alguns se escondam nas vastas extensões do espaço, e ainda não tenham sido contabilizados. Se chegar a hora de agir, é melhor estarmos preparados — e ouvir os cientistas.

OS GIGANTES GASOSOS

Além do cinturão de asteroides fica o reino dos gigantes gasosos e dos mundos congelados, feitos de materiais voláteis. Lá reinam Júpiter e Saturno — e, mais além ainda, os gigantes de gelo Urano e Netuno.

Como tantas histórias de nossa vizinhança solar, a origem dos orbes gasosos permanece contestada. Antigamente, os cientistas presumiam que todos os planetas do nosso sistema solar haviam se formado exatamente onde são encontrados hoje, juntando lentamente a matéria dispersa por suas órbitas em uma série de grandes corpos separados. Mas as rochas lunares e as crateras que pontilham os planetas rochosos interiores apontam para um início muito mais tumultuado.

Uma das principais hipóteses, chamada de modelo de Nice — batizada em homenagem à cidade costeira na Riviera Francesa, onde a ideia surgiu — é inspirada em parte na quantidade de exoplanetas conhecidos que têm o tamanho de Júpiter e orbitam muito perto de sua estrela hospedeira. Essa hipótese propõe que os planetas externos gigantes já estiveram muito mais próximos do Sol. Ao redor do Sol também havia um grande anel de planetesimais gelados e outros pedaços soltos de material, restos da formação inicial do sistema solar. Os planetas gigantes puxaram alguns dos detritos externos e os enviaram em direção ao sistema solar interno, resultando no que é chamado de período do bombardeio pesado tardio do sistema solar. Em resposta, as próprias órbitas dos gigantes migraram lentamente para cada vez mais longe do Sol. Inúmeras pequenas interações ao longo do tempo, juntamente com a interação gravitacional entre esses planetas, teriam reorganizado tudo em suas posições atuais. Se a hipótese for verdadeira, todo esse bombardeio e remanejamento também teria trazido gelo de água e os elementos essenciais à vida para os planetas internos.

JÚPITER

Vamos pensar na existência de um lugar que não é apenas 1.300 vezes maior que a Terra, mas também duas vezes mais maciço que todos os outros planetas juntos. Esse lugar é o planeta Júpiter, cujo nome é uma homenagem ao rei dos deuses romanos. Quando Galileu observou Júpiter pela primeira vez através de seu telescópio, ficou chocado ao encontrar quatro luas claramente distinguíveis em órbita ao seu redor, mostrando que alguns objetos celestes orbitam outros corpos além da Terra. Para homenagear seu descobridor, Io, Europa, Ganimedes e Calisto são coletivamente chamadas de as luas galileanas.

> Vamos pensar na existência de um lugar que não é apenas **1.300 vezes maior** que a Terra, mas também **duas vezes mais maciço** que todos os outros planetas juntos.

De muitas maneiras, Júpiter é um protetor do sistema solar interno e, especialmente, da Terra — mesmo que, em seus primeiros dias, tenha enviado uma tempestade apocalíptica de detritos gelados. Agora sua enorme atração gravitacional consome muitos pequenos objetos que podem estar indo em direção ao Sol ou os lança em um curso divergente.

UMA MANCHA VERMELHA

Júpiter é um playground de dinâmica atmosférica que potencializa todas as nuvens e padrões climáticos produzidos pela

rotação. Em uma exibição extremamente impressionante da força de Coriolis, Júpiter abriga a maior, mais energética e mais longa tempestade do nosso sistema solar: um anticiclone que parece uma grande mancha avermelhada na atmosfera superior do planeta. Nós a chamamos de Grande Mancha Vermelha de Júpiter. Possivelmente descoberta em 1664 pelo físico inglês Robert Hooke e, muito mais certamente, no ano seguinte pelo astrônomo italiano Giovanni Cassini, a mancha ainda está lá, três séculos e meio depois.

A Grande Mancha Vermelha, por sinal, é maior que a Terra e chega a 480 quilômetros de profundidade, embora seu tamanho e forma tenham variado ao longo do tempo. Ela está localizada no Hemisfério Sul de Júpiter e gira no sentido anti-horário, o que imediatamente nos diz que é um sistema de alta pressão. Sua coloração, variando de vermelho-alaranjado a um creme pálido pouco visível, é geralmente atribuída a concentrações variáveis de compostos de fósforo e enxofre, com um toque de amônia. Imagens de perto, obtidas pelas missões *Voyager* no final da década de 1970, revelaram um turbilhão de redemoinhos coloridos na interface da Mancha e da atmosfera ao redor. Cinturões horizontais claramente perceptíveis entrelaçados com inúmeros ciclones e anticiclones menores também fazem Júpiter parecer um corte transversal arqueológico de um Big Mac, incluindo o pão.

O que mantém essa enorme tempestade, a Grande Mancha Vermelha? Até agora, só podemos dar palpites. Júpiter irradia duas vezes mais calor do que recebe do Sol. Além disso, enormes reservatórios térmicos no interior desse planeta podem criar padrões de flutuação atmosférica. Uma possível fonte de calor interno seria o decaimento radioativo de oligoelementos, enquanto outra seria o calor remanescente da contração inicial de Júpiter de uma nuvem protoplanetária para um planeta durante as fases iniciais do sistema solar. A energia de sustentação da Mancha também poderia vir de outros lugares. Na

Em 2018, a sonda Juno, da NASA, capturou esta imagem do agitado Hemisfério Sul de Júpiter, onde a Grande Mancha Vermelha gira ao lado de outra enorme tempestade chamada Oval BA.

Terra, os furacões são parcialmente impulsionados pelo calor latente liberado na atmosfera quando as gotas de chuva se condensam; o ar aquecido então sobe rapidamente. Talvez um mecanismo semelhante domine a atmosfera de Júpiter à medida que seus gases se condensam em direção ao seu interior líquido.

A Grande Mancha também foi observada "se alimentando" de pequenos redemoinhos turbulentos em suas proximidades, um canibalismo que renderia mais uma fonte de energia. (Depois de ouvir sobre fenômenos atmosféricos em Júpiter, o meteorologista da NBC Al Roker comentou: "Eu uma vez conheci um turbulento Eddie." Quando perguntado: "E o que aconteceu com ele?" Al respondeu: "5 a 10 anos de prisão em regime fechado.")

Muitas perguntas sobre a Grande Mancha Vermelha persistem, incluindo quando ela se formou e quanto tempo vai durar. Sabemos que tem mais de 300 anos, mas pode ser muito mais antiga. Ao longo das últimas décadas, os cientistas notaram que ela encolheu e ficou mais estreita, de um oval alongado para uma forma mais circular; eles preveem que se tornará completamente circular na década de 2040. Pelo menos um cientista afirma que ela pode desaparecer completamente; outros são céticos. Novas missões, equipadas com tecnologias capazes de suportar as temperaturas, pressões e turbulências extremas de Júpiter, são o único caminho para resolver as questões pendentes sobre essa enorme tempestade joviana.

EXPLORANDO JÚPITER

Pistas sobre os acontecimentos dentro das camadas mais profundas das nuvens de Júpiter surgiram em 1995, quando a espaçonave Galileu passou por Júpiter, a 80 milhões de quilômetros de distância, e liberou, de paraquedas, uma sonda de 320 quilos que mediu temperatura, densidade, composição, dispersão de luz, fluxo de radiação e relâmpagos. Mergulhando na atmosfera externa a mais de 150 mil quilômetros por hora, a sonda transmitiu dados por quase uma hora, até que a pressão intensa fez seu transmissor falhar. Embora a temperatura média de Júpiter

DILEMA CÓSMICO

UMA ESTRELA FRACASSADA

Em volume, Júpiter é maior do que várias estrelas além do nosso sistema solar. Como nossa estrela, o Sol, Júpiter reteve quase todos os seus gases originais, deixando-o feito principalmente de hidrogênio (cerca de 90%), algum hélio (quase 10%) e um pouquinho de elementos mais pesados. Ao contrário da nossa estrela, no entanto, as pressões em seu núcleo ficam aquém das necessárias para a fusão termonuclear, e é por isso que ele foi injustamente chamado de estrela fracassada.

Você pode pensar que, se Júpiter tivesse apenas um pouco mais de massa, nosso sistema solar seria um sistema solar duplo, embora você não estivesse vivo e lendo este livro hoje se esse fosse o caso. Na verdade, Júpiter precisaria de mais de setenta vezes sua massa atual para instigar a fusão em seu núcleo. Então, realmente, ele nunca falhou em ser uma estrela, porque nunca lhe foi dada a oportunidade. Em vez disso, você pode querer elogiar Júpiter por seu imenso sucesso em ser um planeta.

não ultrapasse 95°C, é bem possível que as temperaturas no interior do gigante gasoso possam ultrapassar 22 mil°C — cerca de quatro vezes a da Terra. Mas ainda não sabemos muito sobre o que acontece dentro das camadas mais profundas e quentes, incluindo seu núcleo — um amálgama estranhamente difuso e sem fronteiras de material denso que possui metade do raio do planeta. Júpiter provavelmente também possui o maior oceano de todo o sistema solar — mas ele não é feito de água. Em vez disso, o elemento hidrogênio em sua forma mais rara encontrada na Terra, enche os oceanos jovianos: o hidrogênio metálico líquido.

Na Terra, pensamos no hidrogênio como um gás. Mas, sob alta pressão, como nas profundezas de Júpiter, o hidrogênio se liquefaz e pode agir como um metal, com os mesmos direitos e privilégios. Essa é a origem do campo magnético monstruoso de Júpiter. E na base da atmosfera estriada desse planeta, gotas de chuva de hélio caem em um oceano de hidrogênio líquido — algo

EXPLORAÇÃO

SHOEMAKER-LEVY

Em julho de 1994, astrofísicos de todo o mundo apontaram seus telescópios para Júpiter, aguardando uma série iminente de impactos. Pedaços de um cometa chamado Shoemaker-Levy 9 (SL-9) estavam em rota de colisão com o planeta, e essas se tornariam as primeiras colisões já observadas entre dois corpos celestes fora da Terra.

Descoberto por Carolyn e Eugene Shoemaker e David Levy apenas um ano antes, o cometa já havia sido partido em pedaços que variavam de alguns metros a 1,5 quilômetro de diâmetro pela força de maré monstruosa de Júpiter durante um sobrevoo anterior. Reencontrando Júpiter em 1994, as dezenas de partes do cometa em ruínas perfuraram regiões do sul do planeta a 60 quilômetros por segundo, deixando cicatrizes profundas mais intensas do que a Grande Mancha Vermelha em sua superfície gasosa.

A energia de colisão da maioria dos fragmentos rivalizou com o evento de extinção em massa da Terra há 66 milhões de anos. Então, não importa o dano que eles causaram, você pode ter certeza de que Júpiter não tem dinossauros. O evento SL-9 mostrou que os impactos em nível de extinção ainda são possíveis no sistema solar, e que nosso frágil planeta ainda é vulnerável. Os Shoemaker e Levy estavam naquela época entre os poucos cientistas que vasculhavam ativamente o sistema solar em busca de asteroides e cometas. (Para este cometa ser nomeado SL-9, significa que o trio já havia descoberto oito outros cometas.) A angustiante situação de Júpiter logo impulsionou outros a monitorar o sistema solar em busca de perigosos objetos próximos à Terra — NEOs (*Near Earth Objects*, ou objetos próximos à Terra) — para que não enfrentemos um destino semelhante novamente. Assim nasceu a defesa planetária.

que adivinhamos antes mesmo do hit de 2001 "Drops of Jupiter", da banda de rock Train, varrer estações de rádio dos Estados Unidos. Nunca ouviu? Trata-se de uma balada de amor que também menciona casualmente a atmosfera da Terra, a Lua, estrelas cadentes, constelações e a Via Láctea.

SATURNO

O mais distante dos sete andarilhos originais é mais conhecido pelo espetacular sistema de anéis que o cerca, observado pela primeira vez por Galileu em 1610. Esses anéis justificadamente renderam a Saturno o apelido de "joia do sistema solar". Talvez, se os antigos tivessem visto sua beleza de perto, eles o teriam chamado de Vênus em vez de Saturno, o deus romano da agricultura.

Quando Galileu apontou para Saturno seu telescópio novo e melhorado, mas ainda bastante rudimentar, ficou surpreso ao ver dois grandes objetos redondos flanqueando o planeta. Embora sua forma irregular aparecesse apenas como algumas bolhas nebulosas, ele concluiu que o planeta era um sistema de três corpos com duas grandes luas, muito maiores do que as de Júpiter. Alguns anos depois, ele olhou novamente para Saturno, e descobriu que os dois orbes haviam desaparecido de vista. De acordo com a mitologia romana, o deus Saturno havia comido seus filhos logo após o nascimento. E assim, em resposta ao surpreendente desaparecimento, Galileu brincou: "Saturno devorou seus próprios filhos?"

Os misteriosos objetos curvos retornaram em 1616, quando Galileu substituiu sua hipótese de três corpos por uma nova ideia: Saturno tinha braços salientes, como duas alças de panela que, quando vistas de frente, desapareciam contra o corpo maior do planeta. Nos quarenta anos seguintes, astrônomos perplexos ofereceram várias explicações para a estranha mudança de forma de Saturno. Mas, como tantas questões suscitadas pela observação planetária, uma nova clareza só viria com a nitidez crescente das imagens telescópicas.

Em 1656, Christiaan Huygens, tendo passado um ano observando as alças da panela com um telescópio muito mais poderoso, que ele mesmo havia projetado, proclamou: "Saturno é cingido por um fino anel plano, sem tocar em nenhum lugar, e inclinado para a eclíptica." Vinte anos depois, Giovanni Cassini detectou uma pequena lacuna entre duas seções no anel. Essa

Esta vista panorâmica de Saturno, retroiluminada pelo Sol, combina 165 imagens tiradas pela câmera grande angular da *Cassini* em 2006.

lacuna, agora chamada de divisão Cassini, tem cerca de 5 mil quilômetros de largura. Cassini também propôs (corretamente) que os anéis em si eram uma miríade de partículas, que ele chamou de luas, e não um objeto sólido — uma hipótese que só foi provada dois séculos depois —, e ele descobriu quatro das luas de Saturno. Hoje sabemos que o sistema de anéis contém algumas luas minúsculas e bilhões de pedaços de gelo de água, espalhados por milhares de faixas.

Se você pudesse ficar no equador de Saturno e olhar para cima, talvez não soubesse que os anéis existem. Agora entendemos que, quando vistos da Terra, os anéis desaparecem e reaparecem de tempos em tempos porque são tão finos que, quando vistos de lado, quase ficam invisíveis. Mesmo que o sistema de anéis principais se estenda por cerca de 280 mil quilômetros a partir do planeta (e seu anel mais tênue externo se estenda por milhões de quilômetros a mais), todo o sistema tem apenas dez metros de espessura em alguns lugares; a maioria das áreas mede menos de uma centena de metros. Em outras palavras, o sistema é cerca de três milhões de vezes mais largo do que é espesso. Para que seu pão árabe médio tivesse essas proporções, ele precisaria de um diâmetro de cem campos de futebol.

EXPLORANDO SATURNO

Como todos os planetas externos, Saturno era, em grande parte, um mistério até o final dos anos 1970 e início dos anos 1980, quando as sondas *Pioneer 11* e *Voyager* começaram a fornecer imagens e dados de perto. Eles revelaram muitos espetáculos intrigantes: temperaturas superficiais de menos 180°C, ventos rasgando o equador a mais de 1.500 quilômetros por hora e, tampando seu Polo Norte, um grande e estranho hexágono. Os dados também mostraram que Saturno tem uma concentração maior de hidrogênio do que Júpiter. Acontece que ele contém tanto hidrogênio que é, em média, menos denso que a água. Em teoria, isso significa que todo o planeta poderia flutuar em uma bacia de água — se você pudesse encontrar uma bacia grande o suficiente e ignorasse várias outras leis da física.

Mas, mesmo depois de vários sobrevoos, as entranhas do planeta dos anéis ainda eram um quebra-cabeça, porque a espessa superfície gasosa de Saturno ofuscava a luz visível que, de outra forma, poderia chegar às nossas câmeras voadoras. Nossa compreensão de Saturno aumentou graças à missão *Cassini-Huygens*, nomeada em homenagem aos dois astrônomos do século XVIII que mapearam pela primeira vez esse mundo deslumbrante e suas muitas luas em infravermelho e luz visível.

De 2004 até seu dramático mergulho na atmosfera de Saturno em 2017, a espaçonave *Cassini* orbitou o planeta, entrando e saindo de seus anéis maiores enquanto observava muitas de suas mais de oitenta luas. Uma de suas descobertas foi que o hexágono azul-ouro é um furacão gigante, não muito diferente daquele dentro da Grande Mancha Vermelha de Júpiter. Há um modelo numérico que mostra por que é hexagonal em vez de, digamos, pentagonal, mas isso ainda não é totalmente compreendido.

Algumas das descobertas mais fascinantes feitas pela missão *Cassini* e sua sonda *Huygens*, de 320 quilos em forma de concha, vêm das luas de Saturno, e não de Saturno em si. *Huygens* pousou em Titã, a maior lua de Saturno, marcando a primeira vez que algo da Terra pousou em algo no sistema solar externo. Lá revelou uma topografia surpreendentemente parecida com a da Terra. Sob nuvens espessas, entre dunas e cânions, chove metano líquido em rios correntes, enquanto lagos se enchem com o excedente.

Na Terra, conhecemos o metano como o potente gás de efeito estufa liberado pela flatulência do gado e dos cupins. Também se origina da decomposição anaeróbica de plantas e animais mortos. Em Titã, as condições frias significam que as moléculas de metano se manifestam na forma líquida em vez da gasosa. Titã é o único outro mundo que conhecemos que pode reter corpos individuais de líquido em sua superfície. Essa capacidade, juntamente com a "chuva" de metano, constitui algo semelhante ao ciclo da água da Terra — uma característica crítica para a evolução da vida em nosso planeta. Poderia existir algum tipo de vida — um tipo que ainda não entendemos — nesses mares de metano? Nas profundezas da crosta espessa, um vasto mar de água líquida e amônia pode representar uma camada inteira de Titã. Aqui poderia residir a vida de um tipo que pudéssemos entender.

MUNDOS OCEÂNICOS E A BUSCA PELA VIDA (COMO A CONHECEMOS)

Procurar vida no sistema solar significa implicitamente procurar vida como a entendemos. Esta é a maldição do exemplo único. Conhecemos um planeta e um tipo de vida em todo o universo. *T. rex, H. sapiens, E. coli* e todos os outros organismos vivos grandes e pequenos compartilham algumas características críticas e, em última análise, um ancestral comum unicelular. Em algum momento por volta de 4 bilhões de anos atrás, quando nosso jovem planeta estava apenas começando a esfriar de toda a atividade vulcânica e bombardeios pesados, uma célula feita de carbono e outros átomos que definem a química orgânica surgiu em algum lugar em um mundo de água líquida quente. Essa célula consumiu energia, sofreu reações químicas, reproduziu-se — e a vida começou. A partir daí, a vida unicelular reinou suprema na Terra por mais de 3 bilhões de anos. Hoje em dia, quando nós, terráqueos, buscamos vida em outros lugares do sistema solar, tendemos a procurar organismos primitivos como nosso ancestral microbiano antigo.

Um mundo que hospeda um oceano global profundo de água líquida deve ser um lugar ideal para começar. Se você perguntar à maioria das pessoas onde no sistema solar elas encontrariam isso, provavelmente diriam que é na Terra. Mas embora a Terra seja o único planeta em nosso sistema solar com um oceano de água em sua superfície, sabemos de vários outros mundos com mares subterrâneos, cada um contendo muito mais água líquida do que é encontrado em todos os oceanos da Terra.

Ganimedes, uma das luas de Júpiter — o nono maior objeto do sistema solar (maior até do que o planeta Mercúrio) —, pode ter um oceano subterrâneo de água salgada nove vezes mais profundo do que a ravina mais profunda da nossa Lua. Por causa de sua fina atmosfera de oxigênio e também de seu campo magnético, único entre as luas, os astrobiólogos — astrofísicos que estudam a vida no universo — estão desesperados para saber o que, ou quem, pode habitar as regiões abaixo da superfície de Ganimedes. Infelizmente, se um vasto oceano existe lá, ele está enterrado sob 150 quilômetros de gelo e rocha. Para efeito de comparação, o poço superprofundo de Kola, no Círculo Polar Ártico, é de míseros 12 quilômetros — e levou vinte anos para ser escavado, quando o projeto ficou sem dinheiro e foi abandonado.

Ganimedes, uma das luas de Júpiter — o nono maior objeto do sistema solar —, pode ter um **oceano subterrâneo de água salgada** nove vezes mais profundo do que a ravina mais profunda da nossa Lua.

Gêiseres congelados irrompem da superfície da lua Encélado de Saturno.

É seguro dizer, então, que não realizaremos nenhuma missão de coleta de amostras em Ganimedes tão cedo.

Alguns astrobiólogos acham que terão mais sorte ao pesquisar Europa, outra das oitenta luas conhecidas de Júpiter. Europa tem um quarto da largura da Terra, mas provavelmente abriga um oceano subterrâneo com o dobro da água dos oceanos da Terra. Além disso, evidências nos padrões de gelo na superfície de Europa sugerem que o oceano abaixo pode estar quente. As colossais forças de maré de Júpiter, combinadas com puxões de outras luas, fazem com que Europa se dobre e se estenda.

Você já jogou squash? O primeiro chamado para aquecer a bola batendo nela por um tempo é justamente esse fenômeno. A bola se distorce, recupera sua forma e se distorce repetidas vezes, enquanto toda aquela ação transmite energia para dentro dela e aumenta sua temperatura. Europa provavelmente está experimentando algo semelhante que a está aquecendo de dentro para fora.

Outra lua — esta na órbita de Saturno — esconde um oceano de água salgada líquida sob uma crosta gelada. Encélado mostra uma superfície lisa e vítrea que a torna o objeto mais reflexivo do nosso sistema solar. Em seu Polo Sul, a *Cassini* descobriu gêiseres jorrando um coquetel salgado a centenas de quilômetros de altura. Mergulhando no jorro para observar melhor, a sonda espacial encontrou moléculas orgânicas necessárias para sustentar a vida como a conhecemos.

Embora as crostas geladas de Encélado e Europa sejam significativamente mais finas do que as de Ganimedes, com cerca de vinte quilômetros de espessura, perfurar essas profundidades ainda apresenta um enorme obstáculo tecnológico.

Mas essas crostas espessas representam outro problema: a luz solar não consegue penetrar nas profundezas aquáticas e, portanto, qualquer organismo residente não pode praticar a fotossíntese. Felizmente para a busca contínua pela vida como a conhecemos no universo, nem toda a vida na Terra requer luz solar para sobreviver. Nos confins mais profundos e escuros do fundo do oceano do nosso próprio planeta — onde o sol não brilha — ecossistemas inteiros de criaturas curiosas prosperam em torno de pilares imponentes e infernalmente quentes chamados fissuras hidrotermais. À medida que as placas tectônicas se deslocam e colidem, a água do mar quase congelante se infiltra em rachaduras, se mistura com o magma quente e sobe para temperaturas acima de 350°C. A água agora superaquecida irrompe em plumas enegrecidas de metais e minerais. Quando os jatos encontram a água fria circundante, os metais e minerais precipitam-se e solidificam-se, moldando-se em torres que podem subir tão rápido quanto trinta centímetros por dia.

Bactérias e arqueobactérias que vivem perto das aberturas extraem seu alimento e energia de reações químicas com os minerais expelidos, em vez do Sol. Diante disso, organismos semelhantes poderiam existir em outras partes do universo, desde que tivessem acesso aos materiais orgânicos necessários e habitassem um ambiente quente. Quando a missão *Cassini* atravessou as plumas de Encélado, captou indícios de atividade hidrotermal muito abaixo da superfície. Combine a possibilidade de aberturas em águas profundas com as evidências já estabelecidas de um oceano líquido salgado quente, repleto de moléculas orgânicas, e a ideia de um mundo repleto de vida alienígena transcende a ficção científica.

GIGANTES DE GELO: URANO E NETUNO

O reino dos gigantes de gelo não está a milhões, mas bilhões, de quilômetros da Terra. Mais de meio século se passou desde que os humanos deixaram suas marcas de botas na Lua e colocaram espaçonaves nas órbitas de Marte e Vênus. No entanto, os planetas mais distantes do nosso sistema solar ainda aguardam orbitadores e *landers* próprios. Das centenas de missões enviadas para explorar o espaço, apenas uma sonda, a *Voyager 2* — depois de oito anos e meio atravessando o espaço e múltiplas manobras de assistência pela gravidade — teve um vislumbre passageiro de Urano e, em seguida, de Netuno, três anos e meio depois. Ao contrário de Júpiter e Saturno, que são feitos principalmente de hidrogênio e um pouco de hélio, Urano e Netuno são talvez um quinto de hidrogênio e hélio. O gelo de água é seu principal componente.

Apesar de seu breve sobrevoo, a *Voyager* confirmou o que os cientistas suspeitavam havia muito tempo: a região menos explorada do nosso sistema solar é a mais bizarra. Sob as espessas atmosferas gasosas desses dois mundos mais distantes do nosso sistema solar, os diamantes caem em oceanos de água, metano e amônia — ou assim sugerem dados atmosféricos e modelos cuidadosamente construídos. Suas nuvens de tempestade quase impenetráveis mantêm grande parte de seu funcionamento interno em segredo.

Quando a *Voyager 2* apontou suas câmeras para Urano, elas nos mostraram uma bola de água gigante e uniformemente colorida. Sem as tempestades dramáticas e turbulentas vistas em

DILEMA CÓSMICO

O QUE HÁ EM UM NOME?

Somando-se à lista de esquisitices de Urano está a história de como ele recebeu seu nome, o que, claro, o tornou alvo de muitas piadas.* Detectado em 1781 por William Herschel, foi o primeiro planeta realmente descoberto; todo o resto era conhecido havia muito tempo por qualquer um que olhasse para cima. Herschel tentou nomear o objeto como *Georgium Sidus*, em homenagem ao rei George III — o mesmo rei que levou Benjamin Franklin, John Hancock e outros 54 notáveis a assinar a Declaração de Independência dos Estados Unidos. O resto da comunidade científica se opôs, e o nome nunca pegou. Como ninguém além dos britânicos se contentava com uma enumeração de planetas que seria "Mercúrio, Vênus, Terra, Marte, Júpiter, Saturno e George", o novo planeta foi nomeado Urano, em homenagem ao deus grego primordial do céu. Ainda assim uma escolha incomum, porque os planetas eram tradicionalmente nomeados em homenagem a deuses romanos, enquanto suas luas eram nomeadas em homenagem a personagens gregos na vida dos homólogos gregos desses deuses. Como uma concessão ao poderoso rei da Inglaterra, as luas de Urano são nomeadas em homenagem a personagens da literatura inglesa, principalmente de Shakespeare (como Julieta, Puck e Miranda) e mais três de Alexander Pope (Ariel, Umbriel e Belinda).

* Em inglês, "Uranus" pode soar como "your anus" (seu ânus). [N. do T.]

Júpiter e Saturno, Urano parecia curiosamente simples — até mesmo entediante — à primeira vista. Mas acabou por se revelar bem esquisito. O aspecto mais notável é que Urano orbita de lado, com anéis abraçando-o verticalmente. Ao contrário de todos os outros planetas do nosso sistema solar, ele gira quase perpendicularmente à sua órbita — uma característica cuja explicação mais convincente é uma hipotética colisão com um planeta enorme, logo após seu nascimento, que deixou tudo inclinado.

Tendo passado por Urano, a *Voyager 2* tinha mais um bilhão de quilômetros para percorrer antes de chegar ao próximo e

As luas e os fracos anéis de Urano são realçados para uma melhor visibilidade nesta imagem do planeta em falsa cor, de 2003, feita pelo Telescópio Espacial Hubble, da NASA.

último planeta, Netuno, após o qual saiu permanentemente do sistema solar. Para a alegria dos cientistas na Terra, a sonda transmitiu imagens de um mundo topograficamente interessante. Embora quimicamente quase idêntico a Urano, Netuno — como vemos em fotos mais recentes — irradia um azul mais profundo e vibrante do que a névoa azul-esverdeada pálida de Urano, embora a causa da diferença ainda não seja compreendida. A *Voyager* também revelou ventos fortes, de 1.500 quilômetros por hora, os mais rápidos do sistema solar. Por mais impressionantes que os atributos de Urano e Netuno possam parecer, os astrônomos que vasculham o universo em busca de exoplanetas — planetas orbitando outras estrelas — acham que esses dois gigantes de gelo, embora atípicos em nosso sistema solar, podem exemplificar o tipo de planeta mais comum de nossa galáxia.

PLUTÃO E O PLANETA X

Em 2006, Plutão se juntou ao destino de Ceres, Palas, Juno, Vesta e muitos outros "planetas" rebaixados que o precederam — outra edição na história continuamente reescrita do quintal do nosso Sol.

Plutão não é um planeta. Nunca foi. Mas por 76 anos foi oficialmente listado como nosso nono e mais distante vizinho. E, quando o astrônomo amador Clyde Tombaugh o descobriu, em 1930, Plutão foi anunciado como o Planeta X havia muito sendo procurado.

Lembre-se do iludido Percival Lowell, que afirmou ver canais marcianos construídos por alienígenas inteligentes. Depois que suas fantasias foram frustradas por evidências observacionais, ele dedicou o resto de sua vida à busca do Planeta X — um planeta que explicaria os desvios inexplicáveis na órbita de Netuno. No observatório de Lowell, 14 anos após sua morte, Tombaugh descobriu o planeta havia muito previsto — aquele que, segundo Lowell havia argumentado, deveria ter pelo menos metade do tamanho de Netuno para influenciá-lo tão visivelmente. No final da década de 1970, no entanto, décadas de observações reduziram gradualmente as estimativas de tamanho e massa total de Plutão até que, finalmente, ele foi considerado muito pequeno para exercer qualquer influência significativa sobre o movimento de Netuno. E assim outra caçada por um mundo perdido continuou incompleta.

O Planeta X acabaria sendo deixado de lado, mas de uma maneira totalmente diferente do planeta Vulcano. Os sobrevoos da *Voyager* forneceram medições atualizadas e muito mais precisas da massa dos planetas externos. Em 1993, E. Myles Standish Jr. percebeu que as medições havia muito aceitas da órbita de Netuno estavam erradas. A combinação dos refinamentos da massa do planeta pela *Voyager 2* e as correções de movimento de Standish explicaram totalmente a órbita de 164 anos de Netuno. O Planeta X não era um planeta, mas sim cálculos ruins não verificados.

No ano anterior à queda do Planeta X, os astrônomos David Jewitt e Jane Luu encontraram outro objeto, com cerca de um quinze avos do diâmetro de Plutão, orbitando além de Netuno. Sua descoberta foi seguida por muitas outras. Logo ficou claro que Plutão residia em um grande anel de detritos, um novo lote de imóveis em nosso sistema solar. Foi nomeado cinturão de Kuiper, em homenagem ao astrofísico holandês Gerard Kuiper, que décadas antes havia levantado a primeira hipótese sobre corpos gelados além de Plutão.

Nos anos seguintes, Plutão enfrentou um escrutínio crescente, à medida que objetos cada vez maiores foram detectados entre os incontáveis milhões de pedaços em órbita dentro do cinturão de Kuiper. Finalmente, chegou a hora do acerto de contas. Em 2003, os astrofísicos estadunidenses Michael Brown, David Rabino e Chad Trujillo descobriram Eris, um objeto mais massivo que Plutão (embora um pouco menor), com pelo menos uma lua própria. Havia poucas razões para duvidar de que objetos adicionais, ainda maiores, semelhantes a planetas espreitavam além, simplesmente aguardando nossa descoberta. Ou todos esses objetos eram planetas, ou nenhum era. A pergunta aparentemente óbvia, mas negligenciada, tinha de ser respondida: o que, exatamente, é um planeta?

Ou todos esses objetos eram planetas, **ou nenhum era.** A pergunta aparentemente óbvia, mas negligenciada, tinha de ser respondida: **o que, exatamente, é um planeta?**

Diante da pressão para decidir, a União Astronômica Internacional colocou a questão em votação em janeiro de 2006. Sete

As superfícies dinâmicas de Plutão (frente) e sua lua Caronte, capturadas pela primeira vez pela espaçonave *New Horizons* da NASA em 2015, são vistas aqui nesta imagem de alta resolução com cores aprimoradas.

meses depois, por um consenso esmagador, os membros declararam que Plutão, assim como quaisquer outros objetos do tamanho de Plutão ainda a serem descobertos dentro do cinturão de Kuiper, passariam a ser considerados planetas-anões.

Para alcançar a condição de planeta em nosso sistema solar, é preciso responder sim a todas as três perguntas a seguir:

1. Você é uma esfera?
2. Você orbita o Sol?
3. Você (e aqui é onde Plutão falhou) limpou a sua órbita? Em outras palavras, a massa dos detritos dentro de sua região orbital é menor do que sua própria massa total?

Quanto ao número 3, claramente a massa total do cinturão de Kuiper supera em muito a de Plutão.

Enquanto Plutão recebia seu julgamento final, uma missão inédita em direção ao planeta-anão já estava a caminho havia meio ano. A espaçonave *New Horizons* — pesando cerca de 450 quilos e lançada da Terra por um foguete *Atlas V* superpoderoso a uma velocidade recorde — passou pela Lua após menos de nove horas. (Os astronautas da *Apollo* precisaram de mais de três dias para cruzar essa mesma distância.) Junto com um conjunto de ferramentas de captura de imagem e experimentos, as cinzas de Clyde Tombaugh foram carregadas pela espaçonave em direção à sua descoberta e além.

Considerando a distância de Plutão à Terra, que em média é superior a 5 bilhões de quilômetros, chegar lá antes que os cientistas da *New Horizons* morram de velhice exigiu ajuda extra dos planetas. Depois de algumas assistências gravitacionais e uma jornada de nove anos e meio, a *New Horizons* passou por Plutão a 72 mil quilômetros por hora em 2015. Lá encontrou montanhas de gelo do tamanho das Montanhas Rochosas e fortes indícios de um oceano líquido profundo — talvez, apenas talvez, capaz de abrigar vida.

RUMO AO ALÉM

A *New Horizons* mais tarde se juntou a outras quatro espaçonaves a caminho do espaço interestelar: *Pioneers 10* e *11* e *Voyagers 1* e *2*. A definição de espaço interestelar permanece tão elusiva quanto a questão de onde a atmosfera da Terra começa e termina. Sabemos que a nuvem de Oort — uma grande camada esférica de trilhões de cometas congelados — está muito além de onde nossas espaçonaves mais distantes chegaram. Em sua velocidade atual, registrando quase 1,5 milhão de quilômetros por dia, a *Voyager 1* — o artefato humano mais rápido do universo — precisará de mais 300 anos antes de chegar aos arredores dessa concha e mais 30 mil anos para atravessá-la. Até lá, as *Voyagers*, as *Pioneers* e a *New Horizons* estarão mortas há muito tempo; seus restos metálicos serão uma ode às ambições da humanidade.

Como seria a história do nosso sistema solar se a escrevêssemos a tinta em algum papel imperecível à medida que avançamos, começando com Aristóteles até os astrônomos de hoje? Seria uma lista cada vez maior de descobertas e avanços, quase ilegível, com revisões, edições e exclusões, as margens do papel repletas de comentários rabiscados. Nos lugares não mapeados além dessas margens encontram-se múltiplas histórias ainda a serem contadas.

PARTE 3

RUMO AO ESPAÇO SIDERAL

"Não sei o que posso parecer ao mundo; mas a mim mesmo pareço ter sido apenas um menino brincando na beira do mar, e me distraindo de vez em quando ao encontrar uma pedra mais lisa ou uma concha mais bonita do que as de sempre, enquanto o grande oceano da verdade se estendia, completamente desconhecido, diante de mim."

—Isaac Newton, pouco antes de sua morte

Falamos de exploração espacial, viagens espaciais e espaçonaves sem uma pausa para fazer a pergunta: o que é o espaço? Espalhando-se entre galáxias, estrelas, planetas, moléculas e átomos, o espaço não é um mero nada. Nesta seção, à medida que nossa jornada cósmica continua, deixamos para trás o que nos é familiar — nosso sistema solar. Podemos despencar na escuridão, mas certamente não encontraremos o nada. Na verdade, descobriremos que o espaço vazio está repleto de coisas — uma sopa borbulhante de partículas quânticas, mesmo nos cantos mais escuros e frios do universo.

As ideias da humanidade sobre onde está o espaço e o que ele é começaram com o céu — azul, vasto e misterioso como os mares. Nós o apelidamos de oceano aéreo. Em vários momentos da história, descrições e suposições sobre o mar foram dadas ao céu e, mais tarde, à totalidade do espaço além.

Nunca deixamos de lado essa comparação. A mitologia nórdica do século XIII narra a história do *Skidbladnir,* um navio mágico que podia ser transportado pelo céu tão facilmente quanto pelos mares. O conto "O horror das alturas", de Arthur Conan Doyle, de 1913, apresenta águas-vivas voadoras gigantes que aterrorizam os aeronautas. Em *Peter Pan,* animação da Disney de 1953, o navio pirata do Capitão Gancho, o *Jolly Roger,*

O navio pirata *Jolly Roger* desafia a gravidade para cruzar o céu em *Peter Pan* (1953), da Disney.

PÁGINA 164: Em 2022, o Telescópio Espacial Hubble capturou esta imagem de uma nuvem de gás e poeira que abriga uma estrela jovem na constelação de Touro, a mais de 9 mil anos-luz de distância.

leva Wendy de volta para casa através das nuvens. As baleias habitam a estratosfera e o espaço sideral em *Fantasia 2000*. A lista poderia encher um livro inteiro.

E essa influência cultural é sentida no mundo real. Hoje, afinal, voamos para o espaço em espaço*naves*, não em espaço-carros ou espaçotrens, e até mesmo a Estação Espacial Internacional tem bombordo e estibordo. Nos filmes de ficção científica, os foguetes são frequentemente chamados de barcos, e os lugares fictícios que visitam são às vezes povoados por criaturas não muito diferentes daquelas que vivem no mar, com olhos grandes e sem pálpebras, corpos esguios, tentáculos e pele verde ou azul.

As comparações românticas entre o espaço sideral e os oceanos da Terra são irresistíveis. Ambos os reinos são profundamente misteriosos: escuros, frios e vastos além da imaginação. E, no entanto, as duas extensões podem ser completamente opostas: uma conexão única em si mesma. Exemplos não faltam. Os mergulhadores de águas profundas exigem trajes especiais para combater pressões atmosféricas extremas, enquanto os astronautas exigem trajes para combater o cenário exatamente oposto. Sem a bolha envolvente da atmosfera da Terra, tanto o aquanauta quanto o astronauta encontrarão uma morte rápida.

Hoje o *Homo sapiens* domina a navegação tanto nas profundezas dos oceanos quanto no céu. Mas, dentro do oceano aéreo do espaço sideral, não passamos de uma espécie lunar; temos tanto direito de reivindicar o termo "viajante espacial" quanto o "marinheiro" que mergulha um único dedo em uma poça rasa deixada pela maré.

A fronteira entre o espaço sideral e o não espaço sideral, como sabemos até agora, é geralmente definida pela linha de Kármán — onde a aeronáutica se torna astronáutica. Na Terra, é cerca de 100 quilômetros (62 milhas) acima do nível do mar. Mas e em Júpiter? Ou Plutão? A fronteira entre qualquer coisa no universo e alguma outra coisa só pode ser definida por convenções.

Quando você junta a ponta do dedo indicador com a ponta do polegar, por exemplo, você pode ver um limite definido entre os dedos. Se você pressionar os dois juntos, agora você também pode sentir o limite. Mas se você observasse a separação com

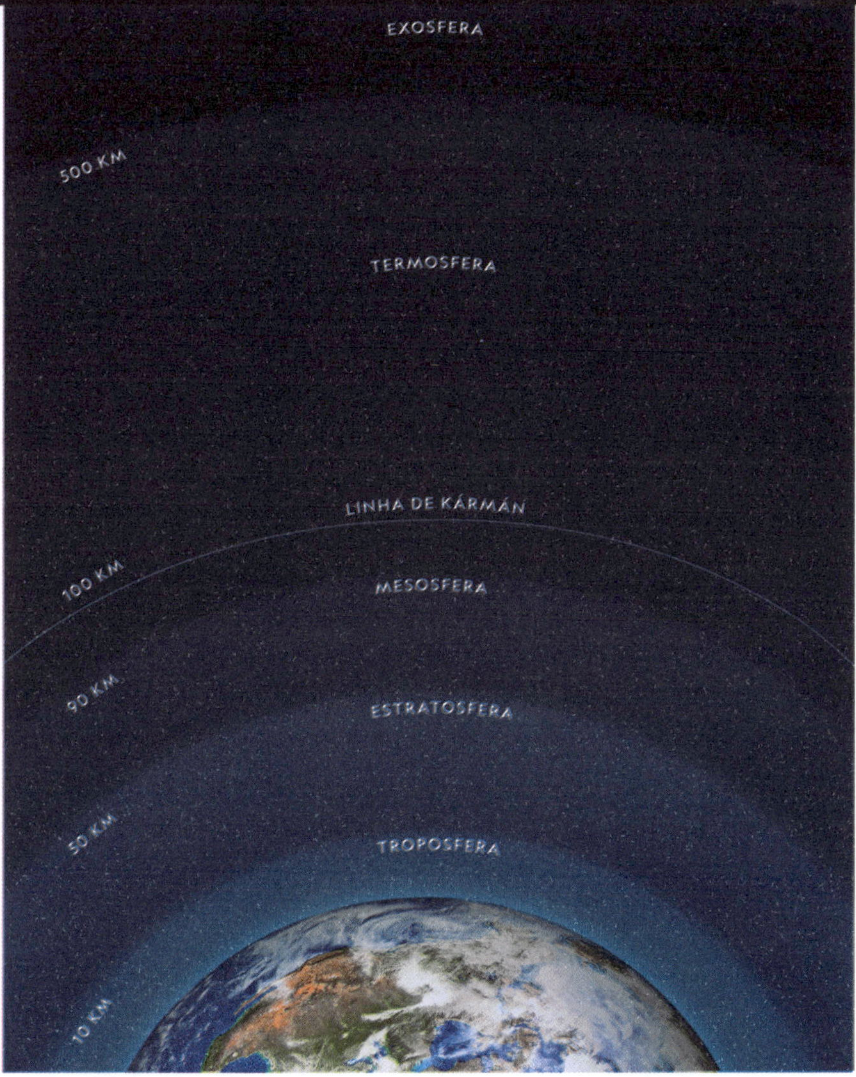

Uma representação esquemática das cinco principais camadas da atmosfera terrestre, desde a troposfera e estratosfera até além da linha de Kármán, a delimitação entre nossa atmosfera e o espaço.

um microscópio poderoso, aumentando gradualmente a ampliação, o limite que você achava firme e definido se tornaria cada vez mais vago. As cristas e vales de sua pele se sobreporiam em alguns lugares e não em outros. As bactérias de um dedo podem migrar para o outro dedo, juntamente com minúsculas moléculas de detritos ou creme hidratante, mudando a massa total da ponta dos dedos individualmente. Se você olhasse ainda mais de perto, poderia testemunhar os elétrons dos átomos de ambos os dedos repelindo uns aos outros, preservando uma separação mínima, não importando o quanto você pressionasse um contra o outro. Como você pode definir o limite agora? Por fim, você aceitaria que o limite entre o polegar e o indicador é simplesmente onde você não pode mais definir fundamentalmente qual é qual.

E tenha em mente que esse pequeno exercício envolveu dois objetos sólidos. Que tal avaliar os limites de coisas não sólidas, como o vácuo do espaço?

NO AR RAREFEITO

"Você não é a mesma que era antes", diz o Chapeleiro Louco no filme da Disney *Alice no País das Maravilhas*. "Você era muito mais... muito mais... você perdeu a sua grandeza." Em nossas tentativas de definir o espaço sideral, soamos como o Chapeleiro Louco repreendendo Alice por perder sua grandeza. Tendemos a definir o espaço não pelo que ele é e tem, mas pelo que ele não é e não tem. Tem menos partículas do que a atmosfera da Terra. Tem menos pressão. É uma ausência de calor, de luz. É sedutor acreditar que apenas nos aventurando cada vez mais longe da Terra chegaremos a um lugar de vazio total, desprovido de todas as coisas. Muitas vezes pensamos no espaço desta maneira — como um abismo escuro, como o nada. Mas não. O espaço não é o nada, e está longe de ser vazio, como descobriremos nesta seção.

Muitas vezes nossas declarações do que existe ou não existe derivam dos cinco sentidos falíveis com os quais percebemos o ambiente. Nossa interface sensorial imperfeita com o mundo físico limita nossas tentativas de entender o universo todos os dias. Todo mundo conhece bem o conceito de "nada"; por que mais ficaríamos impressionados quando um mágico faz surgir um coelho "do nada"? E, para os nossos olhos, o ar parece ser feito de "nada". No entanto, um recipiente do tamanho de um dedal (um centímetro cúbico) de ar puro, invisível e ao nível do mar contém mais moléculas (27 quintilhões) do que todos os grãos de areia em uma praia comum.

Isso é muito ou pouco? Um coelho que entra e sai do chapéu vazio de um mágico pode estar interessado em saber que a densidade média da matéria no universo é muito, muito menor do que o ar nesse chapéu. Mas quanto menos?

Vamos atualizar nosso recipiente do tamanho de um dedal para um presente de aniversário do tamanho de uma banheira de hidromassagem (um metro cúbico) com seu nome. Se você abrisse a embalagem do seu presente e percebesse que não tinha nada ali, você justificadamente sentiria que quem lhe deu aquilo era um mau amigo por presenteá-lo com uma grande caixa cheia de nada. Mas o que seu amigo lhe deu foi $2{,}7 \times 10^{25}$ moléculas de ar. São 27 septilhões de moléculas (27.000.000.000.000.000.000.000.000). Você não pode afirmar que não lhe deram nada quando lhe deram 27 septilhões de alguma coisa. (Guarde esse pequeno fato para o futuro, caso você esqueça o aniversário de alguém especial e venha a precisar de um presente rápido.)

O presente mais raro, mais mítico, mais procurado e ponderado do universo seria de fato nada — o nada verdadeiro.

Então digamos que seu amigo agora quer compensar seu péssimo presente de 27 septilhões de moléculas e está determinado a lhe dar o presente do verdadeiro nada. Será que ele poderia ter melhor sorte em encontrá-lo no espaço sideral? Se ele pudesse de alguma forma obter uma amostra de um metro cúbico do espaço entre planetas, encaixotá-lo e trazê-lo de volta à Terra, talvez você acreditasse que a caixa estava realmente vazia. Porém, mais uma vez, não. Dentro dessa caixa (supondo que seja uma caixa mágica, impermeável às diferenças esmagadoras de pressão atmosférica) estariam talvez cinco milhões de coisas, principalmente hidrogênio e partículas eletricamente carregadas do vento solar.

Certamente, quanto mais longe do centro solar alguém viajar em busca de nada, menos e menos partículas encontrará, aproximando-se cada vez mais de zero. Além do sistema solar e entre estrelas (espaço interestelar), é possível encontrar cerca de um milhão de partículas por metro cúbico. Além da Via Láctea e entre galáxias, no espaço intergaláctico, algumas partículas de hidrogênio ainda estarão flutuando dentro de cada metro cúbico.

Ok, mas certamente no espaço entre duas partículas intergalácticas pode-se encontrar o verdadeiro vazio, o verdadeiro nada, não é mesmo? Errado de novo. Aqui fora, as leis estranhas da física quântica reinam — com partículas peculiares próprias.

Apresento a você a partícula virtual. Não, não é o tipo de matéria que se encontraria em um universo alternativo. As partículas virtuais são os verdadeiros coelhos mágicos do universo, entrando e saindo da existência, do nada — na verdade, o mais rarefeito ambiente possível, que poderíamos chamar de "espaço

Esta arte gerada por computador retrata uma partícula e uma antipartícula sendo criadas no vácuo em um processo conhecido como flutuação quântica.

rarefeito". O princípio da incerteza de Heisenberg, da física quântica, obriga-nos a aceitar que o espaço entre partículas comuns fervilha de partículas virtuais que entram e saem da existência sem serem detectadas. Como resultado, não podemos chamar esse espaço de vazio.

Mesmo entre partículas, portanto, encontramos partículas. E permeando todo o espaço e tempo, entre as partículas e as partículas virtuais, está a influência inescapável da gravidade e de campos de energia diversos. O verdadeiro nada, um lugar sem coisas, não existe — pelo menos não neste universo.

A noção de que o espaço sideral é um reino do nada é um equívoco relativamente recente. Aristóteles declarou notoriamente no século IV a.C. que a natureza abomina o vácuo. Em bases filosóficas, ele argumentou que a definição de "nada" significava "não ser". No entanto, o nada existe como um conceito que pode ser discutido. E, ao ser discutido, o *não ser* passa a *ser* algo.

Do ponto de vista físico, raciocinava Aristóteles, o ar ao redor de um nada correria para preencher qualquer vazio. Além disso, se tal vazio pudesse existir, isso significaria que a matéria poderia viajar com infinita rapidez dentro dele. No entanto, a infinitude não podia existir, porque os céus eram a entidade maior e mais vasta: imensa, mas finita. Simplesmente não havia espaço para algo infinito.

A noção de que o espaço sideral é um reino do nada é um equívoco relativamente recente... No entanto, o nada existe como um conceito que pode ser discutido.

Aristóteles também acreditava que os céus e as luzes errantes que giravam em torno de nós eram feitos de uma quinta substância, ou quintessência, distinta dos quatro elementos terrestres: terra, ar, fogo e água. Essa quintessência, perfeita e celestial,

continua na página 176

EXPLORAÇÃO

VÁCUOS E VAZIOS

O melhor vácuo que conhecemos no sistema solar se encontra na Terra — ou melhor, dentro da Terra. Noventa metros abaixo da vila de Meyrin, na Suíça, fica o Grande Colisor de Hádrons, que contém menos partículas do que o espaço entre planetas. Dentro da câmara circular de 26 quilômetros — operada pelo Conselho Europeu para a Pesquisa Nuclear (CERN, na sigla em francês) —, partículas são disparadas através de tubos e colidem quase à velocidade da luz, espalhando estilhaços de partículas menores na sequência.

Para garantir que essas partículas atinjam apenas umas às outras e não quaisquer moléculas atmosféricas perdidas, a câmara interna deve conter o mais próximo possível de nada. Para criar esse nada abundante, os tubos especialmente revestidos do colisor absorvem quaisquer moléculas indesejáveis que possam ter estacionado em sua superfície, e as câmaras de vácuo se mantêm a quase 260°C. Em seguida, duas semanas são gastas bombeando gás para o sistema de vácuo, resfriando-o drasticamente e reduzindo muito sua pressão atmosférica para eliminar o maior número possível de outras moléculas perdidas. O colisor também hospeda o lugar mais frio do sistema solar, tornando o CERN a maior conquista da humanidade nos campos da criogenia, tecnologia de vácuo e física de partículas — bem como o mais próximo que chegamos ao nada, na Terra.

Além do sistema solar, o espaço se torna cada vez mais rarefeito. Mas será que uma região específica do universo justifica a descrição de "maior nada"? Ou, como diria o Chapeleiro Louco, o "mais do menos"?

Essa honra provavelmente vai para o Grande Vazio, na constelação do Boieiro, uma região do espaço a 700 milhões de anos-luz de distância. Com 300 milhões de anos-luz de diâmetro, é muitas vezes chamado de Grande Nada. Ali encontramos 60 galáxias conhecidas, mas, em qualquer outro lugar do universo, uma região com esse volume abrigaria pelo menos alguns milhares de galáxias. Em comparação, então, é bastante vazio. Dezenas de milhões de anos-luz separam cada uma das galáxias no Grande Vazio, enquanto a vizinha mais próxima da Via Láctea, a galáxia de Andrômeda, está a apenas dois milhões e meio de anos-luz de distância. Assim, é provável que o espaço entre as galáxias do Grande Vazio contenha a menor densidade de partículas do universo observável. Se você se encontrasse flutuando lá, estaria tão perdido no mar do espaço quanto seria possível alguém estar à deriva em meio à escuridão total, sem uma única estrela para guiá-lo.

O Grande Colisor de Hádrons, o principal acelerador do CERN, durante um período de atualizações conhecido como a segunda longa paralisação em 2019-2020.

Uma gravura do filósofo grego Aristóteles (384-322 a.C.) de "A caminhada da física" de Thomas Bricot (1496).

continuação da página 173

que ele propôs ser chamada de éter, compunha o reino celeste e permanecia uma característica central na visão geocêntrica e ptolomaica do universo.

Durante a revolução científica, embora um universo centrado no Sol tenha vindo a substituir o centrado na Terra, o conceito de éter celeste foi simplesmente redefinido como o material que ocupa todo o espaço entre planetas e estrelas. Seu novo nome era éter luminífero. Esse refinamento resolveu convenientemente a questão de como as ondas de luz poderiam viajar através do espaço "vazio" sem um meio para transmiti-las. Ora, havia um meio — o éter luminífero — que permeava o nada do espaço, assim como as moléculas permeiam o nada do ar. Isso colocou a natureza da luz, no universo e aqui na Terra, na frente e no centro dos pensamentos dos físicos.

LUZ: ONDA OU PARTÍCULA?

Muitas vezes, os seres humanos adotam uma abordagem "isso ou aquilo" para a informação e o conhecimento. Exigimos que algo (ou alguém) seja uma coisa ou outra, firmemente categorizado e arquivado em uma gaveta fechada. Esses impulsos tendem a frustrar o esclarecimento científico, cultural e social. Mas, de fato, um padrão comum emerge ao longo da história da ciência: se observações e medições nos levam a pensar que duas respostas diferentes para a mesma pergunta podem ser verdadeiras — mesmo que sejam contraditórias —, então a resposta certa pode ser simplesmente alguma combinação dos dois resultados, não uma excludente em relação à outra.

A natureza da luz oferece um exemplo histórico perfeito de tal padrão. Hoje entendemos que um fóton — um pacote individual de luz — se comporta tanto como uma onda quanto como uma partícula (uma *particulonda*, se preferir, embora essa palavra não exista de fato).

No início, os físicos pensavam que era uma coisa ou outra. Por volta da virada do século XVIII, Christiaan Huygens e Isaac Newton defenderam duas reivindicações opostas sobre as propriedades fundamentais da luz. Newton proclamou que a luz era um feixe de partículas — corpúsculos, ele os chamava —, enquanto Huygens insistia que a luz viajava como uma onda, não fundamentalmente diferente de como o som se propaga através de um meio.

Ambos estavam corretos — e não estavam. A luz como ondas era uma ideia sedutora. Mas teríamos que esperar dois séculos até que Albert Einstein demonstrasse experimentalmente e descrevesse persuasivamente a luz como partículas, o que lhe rendeu um Prêmio Nobel.

LUZ, UMA ONDA

Se o som e a luz viajam como ondas, então talvez sejam mais semelhantes do que diferentes. O *Tratado sobre a luz* de

Christiaan Huygens, publicado em 1690, propôs que a luz se comporta como ondas.

As pessoas instruídas sabiam que o som não pode viajar através de vazios sem ar. O filósofo irlandês Robert Boyle, inspirado pelo novo barômetro de Evangelista Torricelli (descrito nas páginas 31-34), havia realizado dezenas de experimentos com câmaras de vácuo. Entre suas descobertas estava o comportamento estranho (ou a falta dele) do som em um vazio sem ar. Mas a luz, ele descobriu, atravessa o vácuo sem obstáculos. Então qual meio propaga ondas de luz na ausência de ar?

> Então qual meio **propaga ondas de luz** na ausência de ar? Para responder a essa pergunta, Huygens recorreu ao **éter,** a hipotética substância invisível que permeia o ar ao nosso redor e o espaço acima.

Para responder a essa pergunta, Huygens recorreu ao éter, a hipotética substância invisível que permeia o ar ao nosso redor e o espaço acima. "Vê-se aqui", escreveu Huygens no *Tratado sobre a Luz*, "não apenas que nosso ar, que não penetra através do vidro, é a matéria pela qual o Som se espalha; mas também que não é o mesmo ar, mas outro tipo de matéria em que a Luz se espalha". Além disso, ele afirmou: "Não está além dos limites de probabilidade que as partículas do éter tenham sido feitas iguais para um propósito tão importante como o da Luz, pelo menos naquele vasto espaço que está além da região da atmosfera e que parece servir apenas para transmitir a Luz do Sol e das estrelas."

Huygens havia se colocado em uma sinuca, forçando a hipótese de que o éter deve ser tão fundamental para a propagação da luz quanto o ar é para a propagação do som. Mas, ao invocar um éter no qual as ondas de luz se propagam, Huygens resolve o enigma de como a luz viaja no vácuo e como a luz do Sol e de estrelas distantes chega aos olhos terrestres.

A teoria ondulatória de Huygens não conseguiu explicar satisfatoriamente dois comportamentos fundamentais da luz:

que ela não pode se curvar em torno de paredes da mesma forma que as ondas sonoras podem, e que ela viaja em linha reta. Você mesmo pode comprovar. Corte um pequeno orifício no mesmo ponto de três pedaços rígidos de papelão e apoie-os em uma linha reta, a vários centímetros de distância, para que você possa espiar a linha de visão de todos os três orifícios como se estivesse olhando por um tubo. Coloque uma vela ou pequena lâmpada diretamente na frente dos três pedaços de papelão. Se você mudar qualquer um dos três, interromperá sua linha de visão e a luz não chegará mais ao seu olho. Aí está a sua prova: a luz viaja em linha reta.

LUZ, UMA PARTÍCULA

Antes da astrofísica, havia a astrologia. Antes da química, havia a alquimia. Em nossos dias, os alquimistas são vistos como magos gananciosos por ouro, mas no centro de sua prática estavam duas ideias: que dois ingredientes podem se combinar para formar uma terceira substância, e que há uma partícula singular e menor que faz algo ser o que é.

Muitas pessoas esquecem que Isaac Newton, além de seu trabalho em física e filosofia, também era um ávido alquimista. Ele escreveu cerca de um milhão de palavras sobre o assunto — pelo menos tanto quanto escreveu sobre matemática. Talvez influenciado por seus esforços alquímicos, ele acreditava que a luz, como todas as outras matérias, poderia ser separada em partículas constituintes menores. As partículas, ou corpúsculos — ao contrário das ondas — não necessitam de éter, ou mesmo de qualquer meio, para se propagarem. Como Newton sabia, não se pode ouvir um sino tocando dentro de um vidro onde há vácuo — mas você ainda pode ver o sino. A luz não tem problemas em atravessar o vazio.

A teoria das partículas da luz de Newton, conforme estabelecido em seu tratado de 1704, *Óptica,* explicou por que a luz pode viajar em linha reta, e por que ela reflete em um espelho no mesmo ângulo em que chegou. Como objetos mais tangíveis, como uma bola quicando, se comportam da mesma maneira quando jogados em uma superfície dura, a teoria pareceu convincente e foi amplamente aceita.

Mas essa não era a história completa. Por que, quando a luz do sol brilha através de um prisma, um arco-íris de vermelho, laranja, amarelo, verde, azul, anil e violeta sempre aparece, e sempre nessa ordem exata? Newton argumentou que a luz vermelha continha corpúsculos maiores do que a laranja, a luz laranja maiores do que a amarela, e assim por diante. As variações na refratabilidade produziam as cores. A teoria corpuscular da luz explicou os mistérios do arco-íris, bem como a razão pela qual a luz viaja em linha reta e não pode se curvar em torno das paredes.

Por quase um século, a teoria ondulatória de Huygens foi amplamente descartada, ofuscada pela influência do jovem Newton na comunidade científica. Em determinado momento, porém, o polímata britânico Thomas Young, a partir da teoria de Huygens, demonstrou que as ondas poderiam permitir que a luz se propagasse em linha reta, novamente invocando o éter como fundamental para a explicação.

Nos cem anos seguintes, o éter foi tão fundamental para nossa compreensão do universo quanto o modelo geocêntrico já havia sido. O matemático britânico Lord Kelvin (homenageado na escala de temperatura absoluta, e que formulou a primeira e a segunda leis da termodinâmica) dedicou pródigos esforços matemáticos para explicar as propriedades necessárias do éter. Ao todo, durante a era da ciência moderna, o éter foi talvez a maior suposição a ter prosperado e ter sido aceita sem nunca ter tido qualquer evidência observacional para apoiá-la.

A MORTE DO ÉTER

"Quaisquer que sejam as dificuldades que possamos ter em formar uma ideia consistente da constituição do éter, não pode haver dúvida de que os espaços interplanetários e interestelares não são vazios, mas são ocupados por uma substância ou corpo

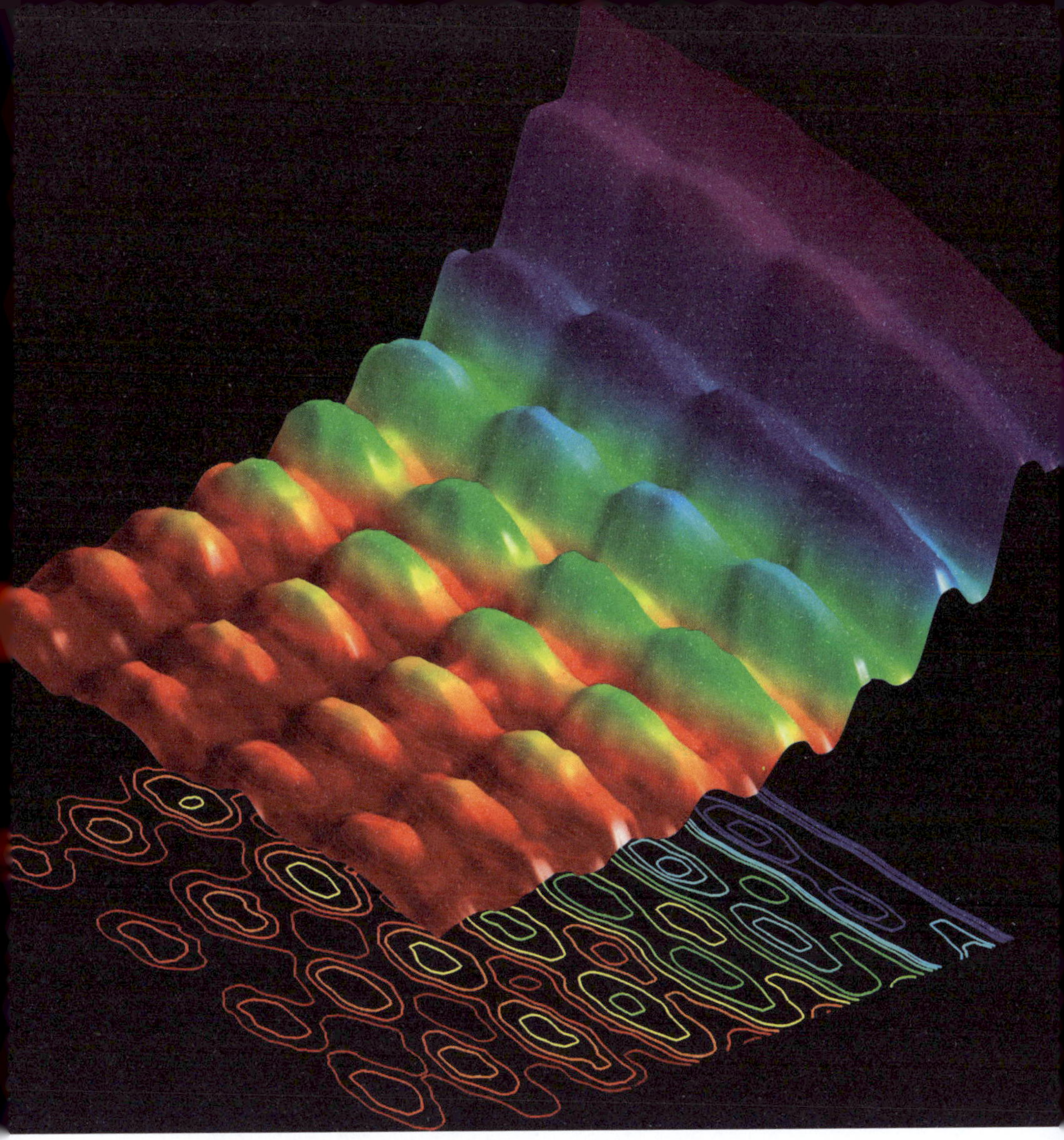

A primeira fotografia já tirada da luz visível simultaneamente como interferência espacial e quantização de energia — como uma partícula e uma onda.

material, que é certamente o maior, e provavelmente o corpo mais uniforme do qual temos conhecimento", escreveu James Clerk Maxwell em 1878.

Maxwell estava certo. O espaço não está vazio — mas não da forma como ele imaginava. No final do século XIX, os cientistas começaram a se perguntar: se há um éter, então devemos ser capazes de medir seus efeitos na velocidade da luz à medida que

continua na página 184

DILEMA CÓSMICO

CANTOS DE BALEIAS E PORES DO SOL

Os fótons que fluem do nosso Sol atravessam o quase vácuo do espaço à velocidade da luz. Uma vez que esses pequeninos pacotes de luz encontram a atmosfera da Terra, eles diminuem de velocidade. Sempre que a luz desacelera, seu caminho se curva — ela refrata. Observe um canudo em um copo de água transparente. Ele parece se dobrar no limite entre o ar e a superfície da água porque a luz viaja através da água mais lentamente do que através do ar acima.

Quando observada através da nossa atmosfera, a luz solar se comporta como o canudo. Não vemos o Sol onde ele está, mas onde a refração da luz, ao sair do espaço vazio e entrar na atmosfera da Terra, permite-nos vê-lo. Perto do pôr do sol, com o Sol baixo no céu, a luz do sol passa por mais ar ainda — várias camadas atmosféricas a mais. A refração resultante é tão profunda que, quando você vê a borda inferior do sol poente beijar a borda do horizonte, o Sol já se pôs. Aponte um míssil para o Sol poente, e você vai passar muito longe do seu alvo. O mesmo vale para o nascer do Sol. Nós o vemos onde ele ainda está para chegar. A cada dia a refração do nascer e do pôr do Sol nos oferece alguns minutos a mais de luz do dia.

O comportamento da luz não oferece insights sobre o comportamento do som através dos meios materiais. Eles são fundamentalmente diferentes, e por séculos fomos distraídos pelo pensamento contrário. Não só o som não viaja através de um vácuo, como também viaja mais lentamente através do gás, um pouco mais rápido através do líquido e mais rápido através dos metais.

Na época do ensino fundamental, talvez você tenha amarrado uma longa corda entre um par de latas ou copos de papel para enviar mensagens secretas ao seu amigo a algumas mesas de distância. Naquela brincadeira, você estava explorando a física das ondas sonoras. O fundo do copo absorvia seus sons, transmitia-os através da corda e os depositava no fundo do copo do seu amigo, recriando sua voz. As baleias desenvolveram sua própria versão do "telefone de lata".

As ondas sonoras viajam cerca de quatro vezes mais rápido pelo oceano do que pelo ar. Sob as condições certas, as baleias podem cantar umas para as outras separadas por milhares de quilômetros. Diferenças de pressão e temperatura dentro do oceano produzem camadas bem delimitadas, que canalizam a propagação dos sons. Essas camadas retêm as ondas sonoras, curvando-as e reverberando-as por milhares de quilômetros debaixo d'água. Pense nisso como um túnel subaquático para cantos de baleias, permitindo que suas frequências de comunicação permaneçam claras e fortes por longas distâncias.

Golfinhos e outros mamíferos subaquáticos também exploram a rápida propagação do som através da água para a ecolocalização. Cliques agudos ricocheteiam em objetos e voltam para seus ouvidos, transmitindo informações sobre a posição, o tamanho e o movimento de qualquer coisa ou ser que estiver nas proximidades. Ao usar o som através do líquido para sentir o ambiente, os ecolocalizadores subaquáticos podem perceber seus arredores melhor do que qualquer animal que depende da luz que passa pelo ar.

Uma baleia jubarte na costa de Tonga.

O físico estadunidense Albert Abraham Michelson (1852-1931) com um de seus interferômetros na Academia Naval dos EUA em Annapolis, Maryland.

continuação da página 181

a Terra se move através dele. A velocidade da luz deveria ser diferente, pensavam, quando a luz se move na mesma direção em que a Terra se move em sua órbita (em oposição a se mover em ângulos retos ou na direção oposta à em que orbita a Terra).

Imagine jogar uma bola de golfe para a frente, pela janela aberta de um carro em alta velocidade. Nesse instante, uma pessoa à beira da estrada mediria a velocidade da bola de golfe pelo ar como a velocidade do carro mais a velocidade com que a pessoa jogou a bola. Agora repita o experimento, mas desta vez jogue a bola de golfe para trás. A medida da velocidade da bola de golfe pelo ar agora é a velocidade do carro menos a velocidade com que você jogou a bola.

Albert Michelson, físico estadunidense nascido na Prússia, ingressou na Academia Naval dos EUA aos 17 anos, absorvendo conhecimentos náuticos sobre vento e mar enquanto começava seus estudos científicos. Essa conexão pode ter influenciado sua pesquisa sobre o vento do tipo celeste — vento de éter. Michelson inventou um instrumento especializado chamado interferômetro, capaz de medir a velocidade dos feixes de luz com precisão requintada.

Em 1887, Michelson e o químico estadunidense Edward Morley conduziram vários experimentos projetados para medir a diferença precisa de velocidade da luz através do éter cósmico. Infelizmente, a premissa fundamental de seus experimentos era falha. A velocidade da luz nunca mudou, nem uma só vez, independentemente da direção em que a luz se movesse em relação à Terra. Nenhum meio mudou a velocidade, o que forçou os cientistas a concluírem que o mítico éter não existia — ou que, se existisse, não tinha influência sobre a luz.

Seus esforços ainda são considerados o experimento fracassado mais famoso da história da ciência. Através desse magnífico fracasso, Albert Einstein encontrou o fundamento necessário para postular sua teoria da relatividade especial em 1905, que, juntamente com sua teoria geral da relatividade de 1915, colocou o prego final no caixão do éter e inaugurou uma nova era de pensamento sobre o cosmos. Alguém poderia se perguntar: se não fosse pelo experimento de Michelson-Morley, Einstein teria vivido e morrido sem ter avançado em suas teorias da relatividade? E, se não o fizesse, alguém mais o teria feito?

A relatividade especial, que descreve o movimento de massa e energia através do espaço-tempo, foi construída sobre as equações do matemático escocês James Clerk Maxwell. As equações de Maxwell mostraram que a luz é uma perturbação dos campos elétrico e magnético conjugados, propagada pelo éter. No entanto, esse fenômeno eletromagnético recém-compreendido chamado luz não exigia nenhum meio para se propagar.

GRAVIDADE E PONTOS DE LAGRANGE

Perguntar "O que é o espaço?" é também perguntar sobre a gravidade. A gravidade é inescapável. O termo "zero g", que aparentemente significa "sem gravidade alguma", é um nome errado e promove um mal-entendido persistente de como essa força funciona. A ausência de gravidade — a experiência que apelidamos de "zero g" — só é possível *por causa* da gravidade: o resultado de um objeto cair livremente em direção a outro, literalmente sucumbindo à sua atração gravitacional.

Todos os objetos exercem uma força de gravidade que se estende ao infinito, contribuindo para a própria forma do contínuo espaço-temporal. A teoria geral da relatividade de Einstein, simplificando, diz que matéria e energia distorcem o espaço em sua vizinhança, comportam-se da mesma maneira e são indistinguíveis uma da outra em seus efeitos. Einstein, em sua teoria mais famosa, declarou que $E = mc^2$: a energia de um objeto é igual à massa multiplicada pela velocidade da luz, ao quadrado. Quanto maior o pedaço de matéria, maior a gravidade e maior a curvatura no tecido do espaço e do tempo. O físico estadunidense John Archibald Wheeler resumiu perfeitamente esse conceito em seu livro *Geons, Black Holes and Quantum Foam* [Géons, buracos negros e espuma quântica]: "O espaço-tempo diz à matéria como se mover; a matéria diz ao espaço-tempo como se curvar."

Imagine duas bolas pesadas descansando em cima de uma fina camada de borracha suspensa. Quanto mais pesada a bola, mais ela afunda a borracha em torno dela. Existe um ponto preciso nessa borracha, entre esses dois corpos, onde você poderia colocar uma terceira bola mais leve e ela permaneceria em repouso, embora precariamente; a terceira bola estaria em equilíbrio entre as duas bolas mais pesadas, pois a "atração gravitacional" de uma cancelaria perfeitamente a outra. Essa terceira bola não cai na direção de nenhuma das outras duas bolas; em vez disso, fica no pico entre os dois vales criados pelas bolas mais pesadas. Cinco desses pontos de equilíbrio, onde todas as forças são equalizadas, existem para qualquer par de objetos em órbita.

Os astrofísicos chamam esses lugares especiais no espaço de pontos de Lagrange, em homenagem ao matemático italiano Joseph-Louis Lagrange, que calculou sua existência pela primeira vez em 1772. Os pontos de Lagrange resumem bem a interação da gravidade e da matéria no tecido do espaço-tempo. Exploramos esse fato da física quando estacionamos telescópios espaciais e satélites fora da Terra. Nos arredores de quaisquer dois objetos em órbita encontram-se cinco diferentes pontos de Lagrange.

> Os astrofísicos chamam esses lugares especiais no espaço de **pontos de Lagrange,** em homenagem ao matemático italiano Joseph-Louis Lagrange... Os pontos de Lagrange resumem bem a **interação da gravidade e da matéria** no tecido do espaço-tempo.

O primeiro ponto de Lagrange, ou L1, fica entre os dois corpos — assim como aquela terceira bola em nossa borracha estendida. Um objeto estacionado em L1 no sistema Sol-Terra mantém uma visão contínua do Sol ou de uma Terra totalmente iluminada enquanto orbita o Sol em L1, em sintonia com a Terra. A partir desse lugar privilegiado, o satélite SOHO (sigla em inglês para Observatório Solar e Heliosférico) retorna um fluxo contínuo de dados sobre a composição e o comportamento do Sol, fornecendo uma defesa importante contra explosões solares potencialmente desastrosas e ejeções de massa coronal. Também em órbita no L1 do sistema Sol-Terra está o Observatório do Clima do Espaço Profundo (DSCOVR) da Administração Nacional Oceânica e Atmosférica, que monitora continuamente o clima espacial e as mudanças climáticas da Terra.

Nosso segundo ponto de Lagrange do sistema Sol-Terra, L2, fica no lado oposto de L1 — não entre a Terra e o Sol, mas no lado oculto da Terra. Por que tal objeto simplesmente não cai imediatamente em direção à Terra, duplamente influenciado pela atração de nosso planeta mais nossa estrela? Porque esses pontos estão localizados dentro de um sistema de rotação, não entre esferas estacionárias em uma folha de borracha. Lembre-se da força centrífuga, o impulso de voar para fora do carrossel giratório (veja página 49). Qualquer objeto em órbita em torno de outro experimenta esse mesmo impulso de voar para fora do sistema de rotação. Os pontos de Lagrange equilibram essa força externa com a atração gravitacional exercida por ambos os objetos. Em L2, a força centrífuga externa em um objeto é forte, mas a força gravitacional interna do Sol e da Terra prende o objeto.

A mais de 1,5 milhão de quilômetros de distância, o L2 do sistema Sol-Terra é um lugar terrível para os satélites observarem a Terra, pois está permanentemente no brilho do Sol. No entanto, olhando para o outro lado, longe do Sol e da Terra e nas profundezas do espaço não iluminado, é o local perfeito para observar o restante do universo. O telescópio mais caro já construído, o Telescópio Espacial James Webb (JWST, na sigla em inglês), de US$ 10 bilhões, reside no L2 do sistema Sol-Terra, onde pode observar e transmitir informações sobre as partes mais distantes e antigas do cosmos observável.

L3, o terceiro ponto de Lagrange do sistema Sol-Terra, fica no lado oposto do Sol, comparado a L1 e L2. Até onde podemos dizer, esse ponto não serve para nada além dos enredos de ficção científica. Lembra do planeta Vulcano que nunca existiu? Alguns escritores de ficção científica especulam que um Planeta X não descoberto reside em L3, sempre escondido atrás do Sol em perfeita sincronia com a rotação da Terra.

Aqui está o problema com um hipotético Planeta X ou de fato com qualquer objeto localizado nos três primeiros pontos de Lagrange: sua estabilidade não pode durar para sempre. Seu equilíbrio precário significa que a menor mudança — digamos, o puxão sutil de outros sete planetas do sistema solar — poderia facilmente tirar tal objeto da posição, assim como acontece com uma bola equilibrada no topo de uma colina quando uma rajada de ar a atinge. Para permanecer em suas órbitas estáveis, os satélites SOHO e JWST devem fazer pequenos ajustes contínuos, usando combustível a bordo transportado apenas para esse fim. Dentro

Este gráfico ilustra os pontos de Lagrange para uma estrela e um planeta em sua órbita. Existem cinco desses pontos onde as forças gravitacionais e orbitais dos dois corpos se equilibram.

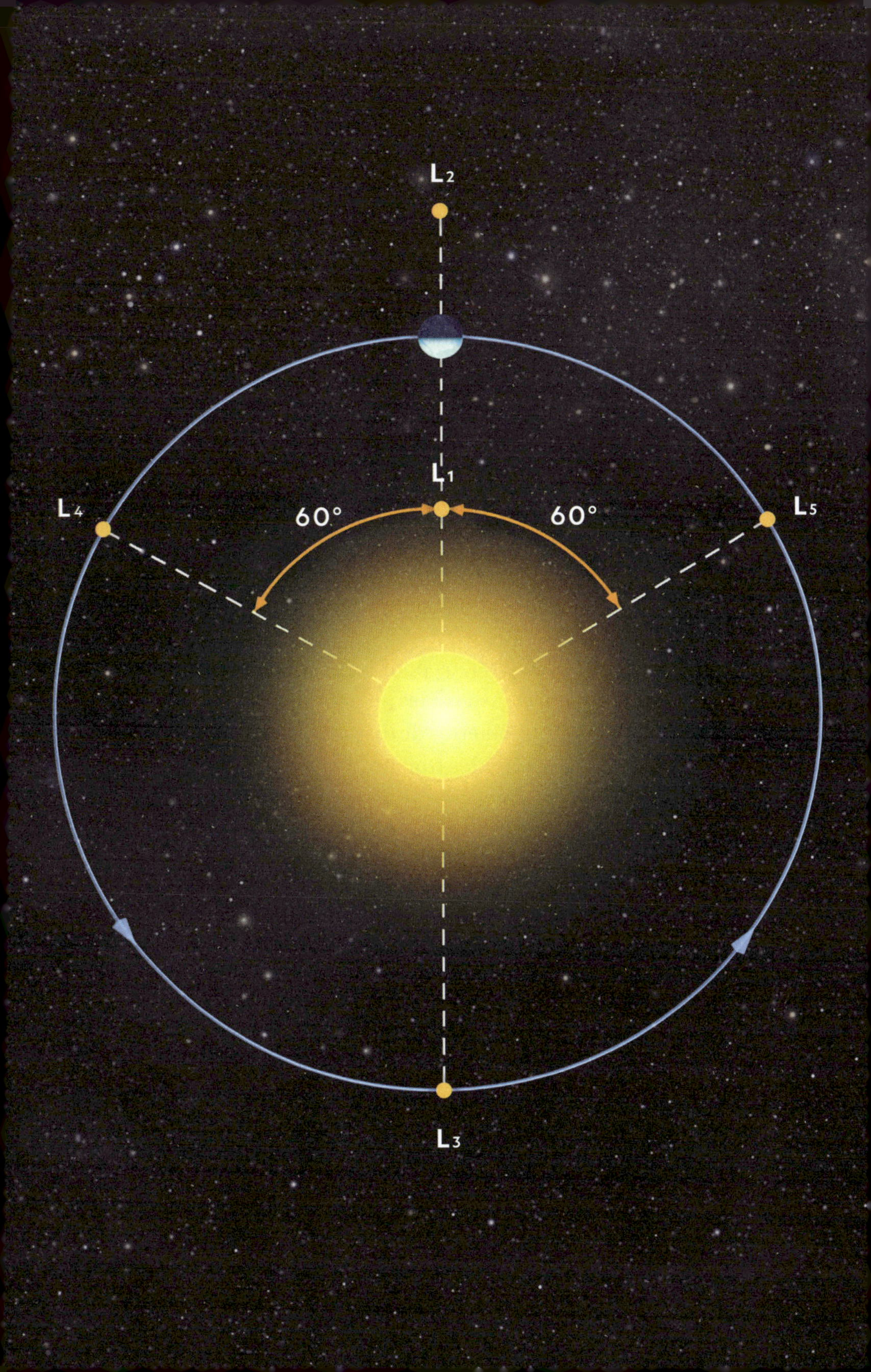
L2
L1
L4
60°
60°
L5
L3

de algumas gerações de observação humana, qualquer Planeta X "escondido" sairia de órbita e entraria em nossa linha de visão.

Os pontos de estacionamento mais estáveis são encontrados em L4, que fica à frente de qualquer objeto em órbita, e L5, que segue o objeto a uma distância igual. Se L1, L2 e L3 são como bolas no topo de uma colina, então L4 e L5 são como bolas descansando no vale entre duas colinas. Ao contrário de um empurrão para uma bola no topo de uma colina, um empurrão para uma bola no fundo simplesmente a desloca um pouco antes que ela retorne espontaneamente à mesma posição de antes.

Portanto L4 e L5 são extremamente desejáveis como um lugar de estacionamento para satélites de observação. Eles precisam de pouco ou nenhum combustível para permanecer na posição. São depósitos convenientes não apenas para hardware de fabricação humana, mas também para asteroides e outros detritos espaciais.

No sistema Sol-Júpiter, os pontos de Lagrange L4 e L5 acumularam milhares de asteroides — pelo menos um dos quais mede mais de 150 quilômetros de diâmetro. Essas rochas presas são chamadas de asteroides troianos, em homenagem à antiga guerra retratada na *Ilíada*, de Homero. Os asteroides maiores encontrados em L4 tradicionalmente recebem seu nome em homenagem a heróis gregos antigos, como 1143 Odysseus, e em L5, em homenagem aos heróis de Troia, como 1208 Troilus.

VERDADES CHOCANTES

A hipótese do éter luminífero, morta rapidamente pelo experimento de Michelson-Morley e pela teoria da relatividade de Einstein, foi uma tentativa de explicar o que os cientistas do século XVII sabiam e os diretores de Hollywood do século XXI se recusam a aceitar: no espaço, ninguém pode ouvi-lo gritar (embora possam vê-lo morrer). O fim dessa quintessência misteriosa também deveria ter instruído os diretores de Hollywood sobre o comportamento dos explosivos no vácuo.

Aqui na Terra, se quiser explodir algo com uma bomba convencional, você precisa de um meio e uma onda de choque gerada pela explosão da bomba dentro do meio. As bombas não criam apenas uma rajada de ar, como o lobo em *Os três porquinhos*. O calor intenso gerado no instante da detonação cria um violento bolsão de ar que se move mais rápido do que a velocidade local do som: a receita precisa para uma onda de choque. Não é o calor de uma explosão ou estilhaços voadores o que mata mais pessoas e arrasa cidades inteiras. É a onda de choque — o desequilíbrio catastrófico de pressão entre os lados das estruturas (e pessoas) próximas voltadas para a explosão e os lados opostos. Essas são as forças que fazem as coisas se transformarem em fragmentos irreconhecíveis.

No vácuo do espaço, as bombas terrestres são inúteis, pelo menos no que se referem às ondas de choque; não há moléculas suficientes no meio para transferir a energia de uma para a outra. Mas, como sabemos, o vácuo cósmico nunca é verdadeiramente vazio — e, mesmo em um ambiente de baixa densidade, uma explosão com matéria e energia suficientes pode causar estragos no universo. Enormes erupções saem do Sol e lançam bilhões de toneladas de plasma no sistema solar a mais de um milhão de quilômetros por hora; anéis gigantescos de gás de vários milhões de graus são expelidos para fora de estrelas em explosão; nuvens de gás colossais e galáxias inteiras colidem, mergulhando umas nas outras e criando explosões de estrelas recém-formadas.

As ondas de choque começam a partir de um simples fato da natureza: as moléculas de um gás estão sempre em movimento. Dependendo de sua forma, elas não apenas esticam, encolhem, retorcem, giram e vibram; elas também se movem, em sua plenitude, de um lugar para outro. Em uma fração de segundo, uma molécula ardilosa se choca com moléculas vizinhas, transferindo energia e movimento de uma para a outra, e assim por diante, através do gás.

Intrusos também podem chacoalhar um lote de moléculas que estão se equilibrando em um isolamento feliz. Quando um avião voa pelo ar, as moléculas solidamente ligadas de seu cone nasal espremem as moléculas gasosas à sua frente, criando uma enorme onda de pressão. A ondulação passa da camada de moléculas mais próxima do avião para a camada logo à frente, e depois para a camada seguinte, tudo na velocidade do som. A mesma coisa acontece à frente da cauda do avião. À medida que cada camada sente o empurrão, ela esbarra na próxima camada, anunciando a notícia de que o avião se aproxima. Enquanto isso, o avião navega pelo ar sem incidentes.

Mas o que acontece se o avião voar mais rápido do que o tempo que leva para cada camada esbarrar na camada à sua frente — mais rápido, em outras palavras, do que a velocidade do som? Nas temperaturas frias do ar em altitude de cruzeiro, a velocidade do som é de cerca de mil quilômetros por hora. Se o avião for adequadamente projetado e tiver potência suficiente, ele simplesmente esmaga as moléculas do ar. Todas as ondas de pressão, incluindo as criadas pelo ruído dos motores do avião, agora se acumulam umas sobre as outras, amplificando muito o som resultante.

Todas as **ondas de pressão,** incluindo as criadas pelo ruído dos motores do avião, agora se acumulam umas sobre as outras, amplificando muito o som resultante. Muito prazer, **estrondo sônico.**

Muito prazer, estrondo sônico.

Um estrondo sônico é a trilha sonora de uma onda de choque. Qualquer pessoa que esteja por perto o ouvirá alto e bom som. Amplifique a onda de choque de um avião por um fator de dez, cem, mil, e você está a caminho de simular as condições de alguns acontecimentos comuns no espaço sideral.

Cada sílaba que você pronuncia envia sua própria onda sonora — sua própria onda de pressão — vibrando pelo ar. Quando você fica em um ponto e fala sem parar, cada onda que você gera forma uma esfera que está centrada em sua boca e se expande na velocidade do som.

Mas digamos que você seja tagarela e veloz. Se, por exemplo, você começa na base do Monumento de Washington e fala

Dois jatos supersônicos Northrup T-38 Talon quebram a barreira do som, produzindo ondas de choque ouvidas no solo como um estrondo sônico.

enquanto caminha para o norte em direção à Casa Branca, cada novo som que você faz vem de uma nova esfera em expansão, cujo centro está mais perto da borda dianteira da esfera anterior e mais longe da sua borda traseira. Claro, quanto mais rápido você caminha, mais próximas estão as bordas dianteiras de ondas sonoras sucessivas.

Você experimenta esse fenômeno, chamado de efeito Doppler, toda vez que uma sirene, carro ou trem passa fazendo barulho. O tom da sirene, buzina ou apito do trem soa cada vez mais agudo à medida que se aproxima, e depois cada vez mais grave à medida que se afasta. O físico austríaco Christian Doppler descreveu o efeito em 1842, quando as ferrovias lentamente começaram a povoar as paisagens.

Em 1845, um meteorologista holandês, C. H. D. Buys Ballot, conduziu um experimento simples, mas brilhante, para demonstrar o efeito Doppler a qualquer pessoa em dúvida. Ele posicionou uma banda de trompetistas em uma plataforma de trem e outra banda de trompetistas a bordo de um trem programado para passar por ali. Ambas as bandas foram instruídas a tocar a

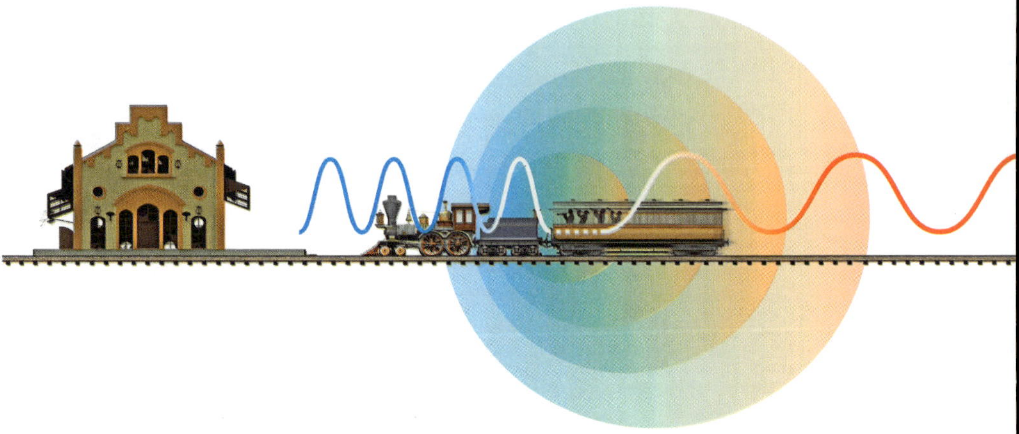

Em 1845, o meteorologista holandês Christophorus Buys Ballot testou o efeito Doppler convidando músicos para tocar a bordo de um trem. Quando ouvida da plataforma da estação, a música era mais aguda à medida que o trem se aproximava (azul) e mais grave à medida que recuava (vermelho).

mesma nota ao mesmo tempo. Para os espectadores ouvintes, a nota constante e imutável da banda na plataforma soava drasticamente diferente da nota mais aguda e em seguida mais grave da banda no trem em movimento.

Voltemos à sua tagarelice e veloz caminhada em direção à Casa Branca. Suponha que você ande tão rápido que o som de sua sílaba atual alcança o som de sua sílaba anterior. Se você continuar andando e falando nessa velocidade — a velocidade do som —, todas as suas sílabas se acumularão enquanto você coloca uma fala após a outra na mesma borda dianteira. Essa seria a sua onda de choque pessoal.

Quando os físicos se referem à velocidade de um objeto dentro de um meio físico, quase sempre invocam números de Mach. Essa unidade foi nomeada em homenagem ao físico e filósofo austríaco do século XIX Ernst Mach. Por definição, um objeto que se move na velocidade do som se move em Mach 1. Mas não pergunte "Qual a velocidade disso?", a menos que você esteja preparado para responder a três perguntas: qual é a temperatura do meio? Que tipos de moléculas compõem o meio? Quão compressíveis são essas moléculas? Essas questões surgem porque, ao contrário da velocidade da luz no vácuo, que é a mesma em qualquer lugar do cosmos, a velocidade que corresponde a Mach 1 é estritamente local.

Hoje em dia, eventos em Mach 1 não são raros. O estalar de uma toalha úmida contra o bumbum do seu amigo na academia é um miniestrondo sônico. Assim como o rápido inflar do *air bag* do seu carro. Quer booms maiores? Experimente o Mach 2 (o jato comercial *Concorde* agora aposentado) ou o Mach 3 (o *SR-71 Blackbird*, um antigo avião espião da Força Aérea dos EUA). E, a propósito, não importa o meio ou a velocidade do som dentro dele, alcançar números de Mach semelhantes cria fenômenos físicos semelhantes.

Logo no início de *Top Gun: Maverick* (2022), o personagem de Tom Cruise se ejeta como piloto de teste de um jato voando a Mach 10,5 — aproximadamente 11 mil quilômetros por hora. Na cena seguinte, ele está calmamente caminhando de volta para a base. As ondas de choque hipersônicas nessa velocidade o teriam achatado, como um inseto em um para-brisa. Não querendo ser o estraga-prazeres.

Já experimentou um estrondo sônico que faz tremer a louça? Muito provavelmente veio de uma aeronave militar pequena. Mas, se esse avião tivesse sido grande ou voado supersonicamente a baixa altitude, o boom não teria sido tão inocente. Voando baixo o suficiente, até mesmo um caça comum pode criar uma série de estrondos sônicos que não apenas rompe os tímpanos, mas também quebra janelas e causa hemorragias nasais. Ao reentrar na atmosfera da Terra em Mach 25, o ônibus espacial produz dois estrondos ferozes, um do nariz e outro da cauda. Felizmente, a espaçonave atinge uma velocidade subsônica antes de descer baixo o suficiente para que seus estrondos abalem o cérebro de qualquer um.

A tecnologia do século XX produziu suas próprias versões de ondas de choque extremas aqui na Terra. Alguns foram desencadeados pela detonação de bombas atômicas apelidadas de "Little Boy" e "Fat Man" sobre Hiroshima e Nagasaki em agosto de 1945. Outras foram feitas pelas bombas de hidrogênio "Mike" e "Bravo" — centenas de vezes mais poderosas do que suas antecessoras atômicas — nos atóis de Enewetak, em 1952, e Bikini, em 1954, no oceano Pacífico. Dezenas de outros testes aconteceram lá entre 1946 e 1958.

Diferente de uma bomba convencional, a bomba atômica não precisa de um meio para torná-la letal: a luz de alta energia da própria explosão passa direto pelo ar transparente. Se você é uma laje de concreto com um alto ponto de fusão, pode facilmente sobreviver a essa fase. Mas se você é uma forma de vida orgânica e está posicionada perto do marco zero, todas as moléculas do seu corpo queimam, transformando-o em poeira e vapor. Quaisquer estruturas sobreviventes nas proximidades são então destruídas pela estupenda onda de choque que se move através do meio material.

Hesita-se em contemplar as ondas de choque que podem ser provocadas pela tecnologia do século XXI. À medida que a humanidade entra em uma nova era de ambições espaciais, também entrará em uma nova era de combates de guerra. Em dezembro de 2019, o governo dos EUA fundou oficialmente um novo ramo das Forças Armadas, a Força Espacial, com o objetivo de pensar nessas possibilidades. Esse ramo, bem como os esforços espaciais militares redobrados em curso em muitos outros países, foi concebido principalmente para pensar sobre quais armas poderiam ser usadas no espaço e como se defender delas.

A história indissociável da (primeira) Guerra Fria e da chegada à Lua dos anos 1960, da Segunda Guerra Mundial e do foguete *V-2*, da Primeira Guerra Mundial e do avião servem como lembretes nus e crus de que as tecnologias aeronáuticas e astronáuticas muitas vezes avançam a serviço da guerra.

ONDAS DE CHOQUE ALÉM DO SISTEMA SOLAR

Lá fora, além do sistema solar e entre as estrelas, átomos e moléculas são tipicamente poucos e distantes entre si. No entanto, sabemos que a onda de choque de uma estrela explodindo em nossa vizinhança criou nossa nebulosa solar, que então se condensou e se transformou em nosso sistema solar.

Como isso foi possível? Nebulosas são nuvens de gás. Elas contêm as moléculas necessárias e, portanto, o meio material, para gerar ondas de choque — e, com essas ondas, força suficiente para criar uma estrela. Você não precisa procurar muito para encontrar nuvens de gás ativamente envolvidas no nascimento, na vida e na morte de estrelas. A mais extrema dessas fases, junto com as ondas de choque mais espetaculares, é a morte estelar.

Pegue uma estrela com pelo menos oito vezes a massa do Sol. Qualquer estrela tão massiva nasce rápido, brilha muito, morre jovem e deixa um belo cadáver. Passa a vida inteira acelerada. Em algum momento, porém, seu combustível vai se esgotando e o forno de fusão em seu núcleo, que impediu que a estrela colapsasse sob seu próprio peso, começa a desligar. Na morte, sem combustível para fundir, a estrela implode rapidamente. O calor criado pelo colapso vertiginoso é tão grande que detona uma explosão titânica de vários milhões de graus que envia as camadas externas da estrela a velocidades hipersônicas para todas as nuvens de gás da vizinhança. As tripas da estrela são arremessadas a 20 mil quilômetros ou mais por segundo, criando ondas de choque cujos números de Mach chegam aos milhares. O turbilhão que se segue cria elementos familiares (como carbono, oxigênio e ferro) e exóticos (como arsênio, rubídio e criptônio), povoando a metade superior da tabela periódica.

Os astrofísicos chamam esse espetáculo de curta duração de supernova — especificamente, uma supernova de colapso do núcleo. Durante suas primeiras semanas, ela pode ofuscar bilhões de sóis. Hoje em dia, os pesquisadores identificam continuamente mais supernovas. Essas descobertas acontecem não por causa da explosão, mas por causa das ondas de choque que passam pelas próprias camadas externas da estrela, tornando o evento visível a milhões e até bilhões de anos-luz.

Se você acha que uma frente de choque de supernova é grande e ruim, imagine o que acontece quando uma galáxia inteira colide com seus vizinhos. Tomemos o aglomerado de grandes galáxias chamado Quinteto de Stephan, uma colisão de quatro galáxias mais uma intrusa que simplesmente aparece no primeiro plano de todas as imagens das outras quatro da perspectiva da Terra como um "papagaio de pirata" galático. Os membros em colisão do grupo principal arrancaram nuvens de gás de suas galáxias hospedeiras e as espalharam, fazendo uma verdadeira bagunça nos arredores. Um protagonista, despencando em direção a seus três vizinhos em velocidades superiores a Mach 100, criou um arco de choque (uma onda de choque em forma de arco) tão imenso que sua fronteira é maior do que toda a extensão de nossa própria galáxia, a Via Láctea. Falando da Via Láctea, ela está caindo em direção à galáxia de Andrômeda. Ondas de choque são previstas para daqui a alguns bilhões de anos.

O instrumento de infravermelho médio, uma combinação de câmera e espectrógrafo, a bordo do Telescópio Espacial James Webb, mostra detalhes nunca antes vistos do Quinteto de Stephan, um agrupamento visual de cinco galáxias, fornecendo informações sobre a evolução das galáxias no universo jovem.

Quando se trata de ondas de choque, nem bombas atômicas, nem bombas de hidrogênio, nem explosões de filmes podem competir com explosões de raios gama (*gamma-ray bursts*, GRBs), as maiores explosões do universo. Embora ainda não totalmente compreendidas, as GRBs podem representar os estertores da morte de uma estrela supermassiva sob circunstâncias particulares de rotação e vizinhança, bem como talvez uma orientação particular para nossa linha de visão. Independentemente disso, elas são brilhantes o suficiente para serem vistas da Terra com telescópios de raios gama em órbita, não importa onde ocorram no universo.

Uma explosão cósmica de raios gama é semelhante a uma supernova com esteroides (não confundir com uma supernova em asteroides, algo que não existe). Entre a explosão e a Terra está o vácuo quase sem ar do espaço, e por isso há lacunas no meio que, de outra forma, poderiam trazer o som e a fúria aniquiladores da explosão até nós. O silêncio resultante confirma que, no espaço, não só ninguém vai ouvi-lo gritar, como ninguém vai ouvi-lo explodir também.

UM MISTÉRIO SOMBRIO

Nesta jornada cósmica de ciência e descoberta, perseguindo a natureza do espaço além do nosso sistema solar, há muita coisa acontecendo na vastidão do espaço que não chega aos nossos olhos, nem mesmo com telescópios. E, mais uma vez, cientistas curiosos e intrigados se encarregaram de descobrir isso.

Por que o céu noturno é escuro? Parece uma pergunta boba — tão boba quanto já foi questionar se o Sol realmente viaja ao redor da Terra, ou se o ar está cheio de matéria. O mundo se mostra de uma certa maneira, e é assim mesmo. O céu noturno é escuro, e então por que não deveria ser?

Mas reflita sobre isto: se os fótons viajam desinibidos pelo vácuo do espaço, e se o espaço é infinito, o céu noturno não deveria ser completamente branco, inundado pela luz de uma infinidade de estrelas? Em vez disso, ele aparece como uma

continua na página 202

DILEMA CÓSMICO

AS VERDADEIRAS ESTRELAS DA MORTE

Nossa galáxia hospeda um par de supernovas a cada século, que por acaso são fontes abundantes de radiação gama e de raios X. Se uma estrela a cerca de cinquenta anos-luz da Terra se tornar uma supernova, isso pode causar sérios danos à nossa atmosfera, talvez colocando em risco a maior parte da vida terrestre.

Os cientistas pensam que, há 2,5 milhões de anos, uma ou mais supernovas irromperam perto do sistema solar, enviando um turbilhão devastador de partículas radioativas e energia em direção ao nosso planeta. A luminosidade da explosão teria ofuscado o brilho combinado de mais de 100 bilhões de estrelas.

O ataque eletromagnético que se seguiu varreu partes da camada protetora de ozônio da Terra, enquanto doses mortais de partículas radioativas expuseram grandes mamíferos e outros organismos ao câncer, causando danos ao DNA e provavelmente originando (ou pelo menos dando o pontapé inicial) um evento de extinção em massa ao fim do Plioceno, há 2,6 milhões de anos. O tubarão megalodonte de 18 metros e 60 toneladas, ocasionalmente ressuscitado como antagonista de filmes de terror oceânicos, foi extinto nessa época, assim como muitas outras espécies marinhas (flora e fauna). Uma supernova próxima também pode ter causado as extinções devonianas de quase 400 milhões de anos atrás — a era pouco antes do período Carbonífero, que nos deu todos os nossos combustíveis fósseis.

Centenas de estrelas residem a cinquenta anos-luz ou menos de distância da Terra, a zona de perigo para supernovas que podem causar devastação total ao nosso planeta. Mas fique tranquilo. Os astrofísicos concordam que nenhuma dessas estrelas representa qualquer ameaça de se tornar supernova. Nossas preocupações têm como foco o combate às mudanças climáticas, o desvio de asteroides e a preparação de nossos milhares de satélites artificiais para danos eletrônicos causados por explosões solares.

Messier 1, a Nebulosa do Caranguejo, é o belo resultado de uma supernova que explodiu há muito tempo.

continuação da página 199

cúpula escura, pontuada aqui e ali com minúsculos pontos de luz. Em uma noite clara em um deserto escuro, o olho nu pode distinguir cerca de 5 mil estrelas em todo o céu. Nos arredores dos centros urbanos, isso cai por um fator de dez. Em cidades iluminadas e movimentadas, cai por outro fator de dez. Estamos agora abaixo de cem, deixando os habitantes urbanos com não mais do que algumas dezenas de estrelas, a Lua e o Sol.

Mas vamos supor que levemos nosso telescópio acima das cidades e da atmosfera distorcida da Terra. O Telescópio Espacial Hubble, circulando nosso planeta em órbita baixa da Terra, presenteou-nos com uma linda galeria do universo — algumas imagens capturando milhares de galáxias, cada galáxia contendo cerca de 100 bilhões de estrelas. No entanto, mesmo as imagens do Hubble mostram um conjunto de manchas escuras em meio a uma distribuição de manchas brilhantes. Claramente, então, ou o número de estrelas no universo não é infinito, o universo em si não é infinito, ou algo mais está acontecendo. A resposta, como tantas vezes acontece com os enigmas cósmicos, é: todas as opções acima.

Imagine estar em uma floresta densa, longe de qualquer trilha. Para onde quer que olhe, você vê árvores. Algumas estão mais longe, outras mais próximas, mas nenhum ponto de vista oferece uma linha de visão clara para um horizonte livre. A folhagem de cada árvore se mistura com os galhos de suas vizinhas, até que elas percam qualquer distinção individual. A cor do seu mundo é a cor coletiva da flora dessa floresta. Se o universo é infinito, então, em todas as direções que olhamos, cada ponto do tamanho de um alfinete no céu noturno deve terminar em luz estelar e, como as árvores convergindo em nossa floresta, a luz estelar de cada estrela deve se misturar com a luz das estrelas vizinhas até que vejamos apenas um amálgama de iluminação em todas as direções que olhamos. E, no entanto, entre cada estrela cintilante vemos inúmeras linhas de visão terminando na escuridão. Por quê?

continua na página 206

CIÊNCIA DE HOLLYWOOD

GUERRA ESTELAR

Quase todos os filmes de ficção científica baseados no espaço já feitos devoraram uma grande fatia de seu orçamento com pelo menos uma explosão espacial apoteótica — e erraram quase todas as vezes.

Entre as explosões espaciais mais icônicas e embaraçosamente imprecisas já retratadas está a de Star Wars: Episódio IV — Uma nova esperança (1977). A destruição da Estrela da Morte gerou um barulho estrondoso e uma explosão que irradiava para fora. Uma nave real, mesmo que de proporções tão colossais, de fato explodiria em um incêndio esférico de curta duração — mas apenas enquanto as reservas de oxigênio da nave permanecessem disponíveis. Uma vez introduzida ao vácuo do espaço, a explosão rapidamente se extinguiria. Mais importante, esse espetáculo brilhante e breve se desenrolaria em completo silêncio.

Star Wars, como o título original indica, entrega a seus fãs muitas cenas de guerra espacial. A Millennium Falcon e os caças *TIE fighters* menores saltam para a esquerda e para a direita, para cima e para baixo, fazendo curvas e manobrando como se fossem aviões apoiados pela atmosfera da Terra e como se essas mudanças de direção instantâneas não estivessem acontecendo a milhares de quilômetros por hora. No espaço, a mudança de direção não resulta do simples giro de um volante. Para virar de repente, uma nave espacial de guerra precisa de um conjunto sofisticado de jatos direcionais disparados nos ângulos corretos e com impulso suficiente. Para fazer uma reviravolta, a nave precisaria primeiro desfazer seu impulso para a frente, disparando foguetes na direção oposta com energia suficiente para desacelerar e parar antes de reverter seu caminho.

Digamos que os pilotos dos *TIE fighters* tenham alguma tecnologia de ponta que lhes permita mudar de direção instantaneamente. É melhor que eles estejam bem acomodados em assentos fortemente acolchoados. Mesmo assim, seus órgãos internos serão empurrados em velocidades altas o suficiente para transformá-los em milkshakes humanos. Talvez a guerra estelar "nave contra nave" seja melhor se deixada para drones e droides.

CIÊNCIA DE HOLLYWOOD

O CRÍVEL HULK?

O monstro verde da Marvel pode ser o super-herói mais cientificamente implausível já concebido. Embora outros super-heróis possam parecer absurdos — como o alienígena voador com olhos de raios X e suscetibilidade à kryptonita (Superman), ou o belo deus nórdico do trovão do reino de Asgard (Thor) —, suas histórias de origem não invocam a ciência. O incrível Hulk, no entanto, sim.

Inspirado nas histórias clássicas de *Frankenstein* e *O médico e o monstro*, o lendário autor de quadrinhos Stan Lee criou um conto sobre um físico teórico franzino chamado Bruce Banner, uma espécie de Dr. Jekyll. Depois que um acidente experimental com uma bomba o envolveu em uma dose potente de radiação gama, seu DNA alterado permitiu que ele se transformasse em um Mr. Hyde — um mutante enorme e superforte com problemas de controle de raiva.

Mesmo uma leve dose de raios gama teria danificado o DNA de Banner o suficiente para enviá-lo para o mesmo lugar do megalodonte em poucas semanas. Mas vamos descartar isso. Quando Banner se torna Hulk, sua pele fica verde. Por que não violeta, a cor mais próxima no espectro de luz visível dos raios gama? Vamos deixar isso de lado também, colocando na conta da liberdade artística. O que não podemos descartar, no entanto, é a marca registrada da mudança do Hulk: seu corpo mais alto e musculoso, capaz de arremessar um carro tão facilmente quanto uma bola de beisebol.

De onde vem toda essa massa adicional? Einstein nos forneceu a receita para ganhar massa a partir de energia disponível: $E = mc^2$. Mas, se Hulk criasse a quantidade necessária de massa a partir da energia de seu entorno, a própria cidade que ele está tentando salvar implodiria.

Se Hulk, em vez disso, se expandisse sem adicionar massa de outro lugar, ele perderia densidade pelo mesmo motivo que os cubos de gelo flutuam. A água líquida se expande à medida que congela. Não adiciona moléculas; apenas ocupa mais espaço com o mesmo material que tinha antes. Sua densidade é exatamente igual à sua massa dividida por quanto espaço você ocupa (seu volume): $d = m/v$. Quando o gelo se expande, o denominador (neste caso, *v* para volume) aumenta — o que significa que o valor geral, a densidade, diminui. É por isso que um cubo de gelo feito de água flutua em água líquida.

Sem massa adicional, o temível Hulk pode ser tão mole quanto um marshmallow, só que menos fofinho. Um único soco em seu corpo fofo o faria quicar pela rua como uma bola de praia. Um Hulk cientificamente crível seria um péssimo super-herói.

Talvez a pergunta sem resposta mais convincente na história de Hulk seja: como suas calças não são destruídas? Devem ser as calças mais elásticas e fortes do universo. Esse é um material que a NASA adoraria replicar.

O Dr. Bruce Banner se transforma em Hulk em *O incrível Hulk*, de 2008.

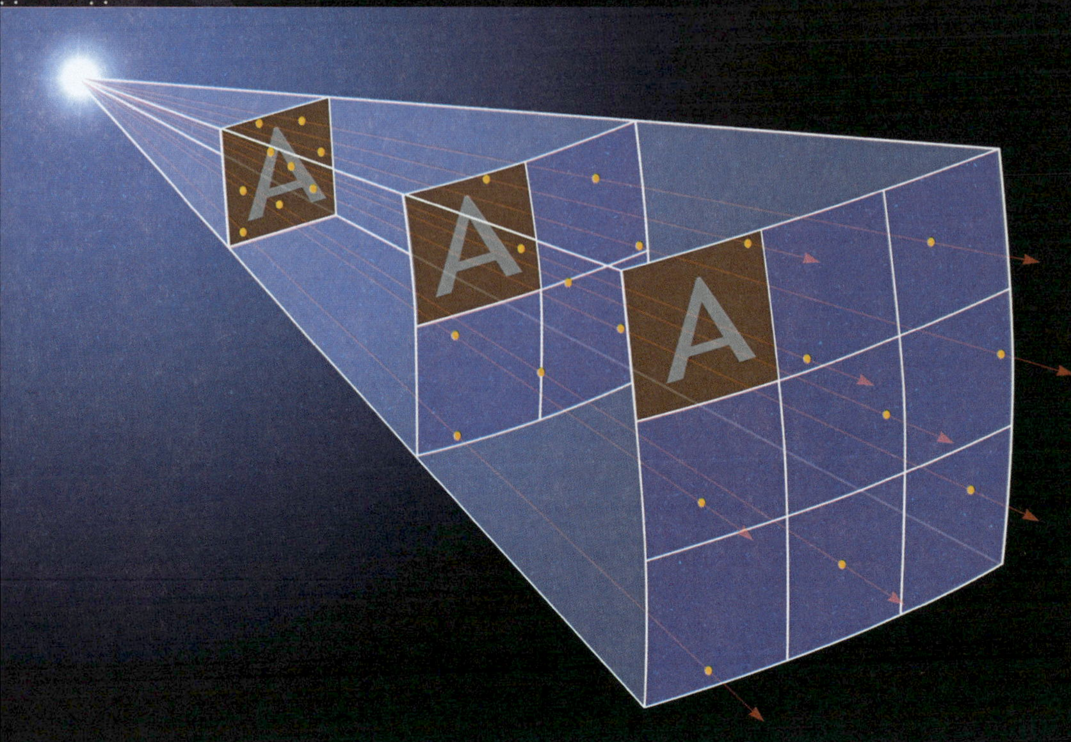

Um esquema demonstrando como a intensidade da luz diminui ao longo das distâncias.

continuação da página 202

No início do século XIX, o médico e astrônomo alemão Heinrich Wilhelm Matthias Olbers propôs essa mesma questão, que ficou conhecida como paradoxo de Olbers, embora muitos outros tivessem ponderado o problema muito antes de ele popularizá-lo.

A solução é dupla. A primeira vem do comportamento da luz sobre distâncias, e a segunda, do comportamento do próprio universo. Comecemos por aquela que é mais fácil de assimilar.

Duas estrelas em nosso céu noturno podem parecer igualmente brilhantes, mas isso não significa que tenham o mesmo tamanho ou estejam igualmente distantes de nós. Uma estrela distante altamente luminosa certamente poderia ofuscar uma estrela próxima fraca. Na verdade, a maioria das estrelas que você vê no céu noturno são altamente luminosas a grandes distâncias. Sírius, a estrela mais brilhante do nosso céu noturno, é menor que a Terra e está a 8,6 anos-luz de distância, enquanto a próxima estrela mais brilhante, Canopus, é maior que o nosso Sol, mas está a impressionantes 310 anos-luz de distância.

A luz se dilui sobre o espaço de acordo com a lei do inverso do quadrado, a lei que Isaac Newton inicialmente estabeleceu para descrever a influência da distância sobre a gravidade, e que mais tarde foi entendido que também se aplicava à luz. A equação nos diz que uma luz três vezes mais distante do que outra luz da mesma luminosidade não aparece três vezes mais fraca, embora seja perfeitamente razoável que você pense assim. Não, é nove vezes mais fraca. Se uma estrela está cinco vezes mais distante, ela parece vinte e cinco vezes mais fraca. A distâncias suficientemente grandes, não perceberemos a estrela.

Imagine carregar um estilingue com um punhado de pedrinhas. Um alvo que estivesse a um metro de distância seria atingido por todas aquelas pedrinhas. Mova esse alvo para três metros de distância, no entanto, e nove vezes menos pedrinhas o atingirão. Agora suponha que você tenha pedrinhas mágicas, que viajarão para sempre em qualquer direção que você as lançar inicialmente. À medida que seu alvo se afasta cada vez mais, sua probabilidade de ser atingido diminui exponencialmente, até que o alvo chegue a um lugar onde a possibilidade de interceptar uma única pedra se reduz a quase zero.

Por si só, a lei da diluição da luz pela distância não pode responder ao paradoxo de Olbers. Se o universo é infinito, então, mesmo que a luminosidade diminua com a distância, um único fóton de uma porção suficiente da infinitude de estrelas do universo produziria um céu noturno branco. Pense no nosso estilingue de pedra mágica. Se você lançasse pedrinhas infinitas de estilingues infinitos, seu alvo levaria um ataque de pedrinhas a cada centímetro quadrado de seu corpo, não importa quão longe ele estivesse.

Agora vem a segunda parte da solução. Remonta à década de 1920, quando dois cientistas, trabalhando de forma independente, não apenas resolveram o paradoxo, mas também revolucionaram a astrofísica e desferiram mais um golpe no ego sempre frágil e delirante da humanidade.

Em 1924, Edwin Hubble descobriu que a Via Láctea não era o universo inteiro, como muitos cientistas afirmavam, mas sim um entre muitos "universos-ilha" — um termo proposto pelo filósofo alemão Immanuel Kant dois séculos antes. Em 1927, depois de estudar a nova teoria da relatividade de Einstein, o físico belga e padre católico Georges Lemaître propôs a ideia de um universo em expansão que poderia ser rastreado até um único ponto: o "átomo primordial", que mais tarde ele chamou de "o início do mundo". Hoje chamamos isso de "Big Bang". O mentor de Lemaître, Arthur Eddington, não se preocupou em ler seu artigo até alguns anos depois, e Einstein não estava pronto para abraçar a noção de um universo em expansão, então a contribuição fundamental de Lemaître foi por muito tempo ignorada.

Enquanto isso, Hubble estava ocupado estudando o efeito Doppler de seus universos-ilha recém-descobertos. Um efeito semelhante ao demonstrado por músicos em movimento em 1845 é uma característica observada em todas as ondas, incluindo a luz. Quando invocado em discussões sobre luz cósmica, é chamado de *redshifting* (desvio para o vermelho) ou *blueshifting* (desvio para o azul).

Lembre-se de que, à medida que o trem se aproximava da estação, o tom dos instrumentos subia, porque as ondas sonoras encurtavam e sua frequência aumentava. Quando o trem passou pela estação, os instrumentos caíram de tom à medida que as ondas sonoras se alongavam. No espectro da luz visível, os comprimentos de onda mais curtos são azuis e violeta, enquanto os comprimentos de onda mais longos são vermelhos. Se as ondas sonoras do trem se correlacionarem com a luz visível, poderemos ver a cor da luz mudar para azul à medida que o trem se aproxima e, em seguida, mudar para vermelho à medida que se afasta. Estrelas, galáxias e tudo o mais que emite luz no universo se comporta de maneira semelhante. Ondas vindas de uma fonte de luz que se aproxima ficam mais curtas, sofrendo o deslocamento para o azul, e ondas vindas de uma fonte de luz em recuo se alongam, sofrendo um desvio para o vermelho, independentemente de suas frequências reais estarem ou não no espectro visível.

HISTÓRIA DA CIÊNCIA

A PREVISÃO DE POE

Em seu ensaio *Eureka*, de 1848, o escritor estadunidense Edgar Allan Poe, conhecido por seus contos macabros de mistério, descreveu uma solução para o paradoxo de Olbers décadas antes de os astrônomos acumularem os dados necessários para entender completamente a solução:

> Se a sucessão de estrelas fosse infinita, então o fundo do céu nos apresentaria uma luminosidade uniforme, como a exibida pela Galáxia — já que não poderia haver absolutamente nenhum ponto, em todo aquele fundo, no qual não existiria uma estrela. O único modo, portanto, em que, sob tal estado de coisas, poderíamos compreender os *vazios* que nossos telescópios encontram em inúmeras direções seria supondo a distância do fundo invisível tão imensa que nenhum raio dele ainda foi capaz de nos alcançar.

Para um poeta inteiramente leigo em física ou astronomia, a afirmação de Poe estava surpreendentemente correta.

O Hubble mostrou que os universos-ilha distantes estão sistematicamente se afastando de nós, ou se deslocando para o vermelho — e que as galáxias mais distantes estão recuando mais rápido do que as mais próximas. Em outras palavras, sua análise foi evidência da previsão de Lemaître de que o universo está se expandindo. Finalmente percebemos que o universo tinha um começo e que deveria ter um horizonte, uma borda, um limite. O universo observável é finito e está se expandindo.

Mal sabiam os humanos na década de 1920 que a humilhação imposta por seus próprios astrofísicos ainda não tinha acabado. O Hubble documentou que as galáxias recuaram em todas as direções. E, assim, ainda parecíamos estar no centro de qualquer coisa que o universo fosse. Era uma visão de mundo ptolomaica ampliada, que logo seria destroçada.

As galáxias não estão se afastando de nós. Em vez disso, o próprio tecido intersticial do espaço está se expandindo, carregando todas as galáxias junto. Pense nisso como gotas de chocolate misturadas na massa de um bolinho sendo assado. À medida que o bolinho cresce, a distância entre cada gota de chocolate cresce. Para qualquer gota, a sensação de que todas as gotas próximas estão se afastando parecerá validar seus sentimentos de ser o centro do bolinho. Seduzidas pela derradeira ilusão de centralidade, no entanto, todas as outras gotas de chocolate sentem exatamente o mesmo. Não só o universo (ou bolinho) não está sob nenhuma obrigação de fazer sentido para você como não tem nenhuma obrigação de fazer você se sentir bem consigo mesmo.

A solução final para o paradoxo de Olbers — a teoria do Big Bang aliada à expansão do universo e à velocidade finita da luz — nos atingiu com a mais recente das grandes humilhações a emergir da descoberta cósmica: o universo é finito. E não estamos no seu centro.

No entanto, as humilhações ainda não tinham terminado. Outra, talvez a maior desde Copérnico, estava por vir.

MAGNITUDE MENSURÁVEL, MAS INIMAGINÁVEL

Meio século após as descobertas de Edwin Hubble, o telescópio espacial nomeado em sua homenagem ajuda a construir nossas estimativas atuais para o número total de galáxias no universo. Esse número chegou a várias centenas de bilhões e pode chegar a um trilhão. E cada uma dessas galáxias contém cerca de cem bilhões de estrelas, em média. À medida que nossos telescópios nos levam cada vez mais fundo no universo, a escala de objetos e fenômenos rapidamente se torna inimaginável para nossas pobres mentes.

Para compreender a magnitude dessas descobertas, considere esta pergunta aparentemente simples:

Qual a diferença entre um bilhão e um trilhão?

Vamos contar segundos em vez de estrelas. As pessoas que têm 31 anos terão vivido um bilhão de segundos alguns meses antes de seu aniversário de 32 anos. Se você ainda não tem 31 anos, isso oferece uma boa desculpa para planejar uma festa — mas marque na sua agenda e prepare-se para tomar um gole super-rápido de champanhe antes que o momento passe. Se você já perdeu seu bilionésimo segundo, há sempre seu aniversário de 2 bilhões de segundos, por volta dos 63 anos. Alguns poucos sortudos até viverão para ver seus 3 bilhões de segundos, aos 95 anos.

Se você tivesse 100 bilhões de notas de um dólar em suas mãos e muito tempo, você poderia colocá-las uma ao lado da outra e dar a volta ao redor da Terra 200 vezes. Você poderia então empilhar verticalmente o dinheiro restante para chegar à Lua e voltar dez vezes. A pessoa mais rica do mundo hoje poderia fazer esse exercício duas vezes.

Se você tivesse **100 bilhões de notas de um dólar** em suas mãos e muito tempo, você poderia colocá-las uma ao lado da outra e dar a volta ao redor da **Terra** 200 vezes. Você poderia então empilhar verticalmente o dinheiro restante para **chegar à Lua** e voltar 10 vezes.

Um trilhão, por outro lado, é maior por um fator de mil. Há um trilhão de segundos, os últimos neandertais habitavam a Terra, e os moradores das cavernas pintavam bisões em suas paredes de pedra.

Agora vamos combinar centenas de bilhões com trilhões. Multiplique 100 bilhões de galáxias por 100 bilhões de estrelas por galáxia, e você terá um bilhão de trilhões de estrelas no universo observável. Isso é um milhão de vezes mais estrelas do que o número total de sons e palavras já proferidos por todos os humanos que já viveram.

Mas não terminamos.

Os astrofísicos agora pensam que pelo menos um planeta orbita cada estrela, em média. Bem-vindo ao exoplaneta: a próxima lição em humildade para nós, humanos, verificada por investigação

Um prisma dividindo a luz no espectro de cores.

científica em 1995. Naquele ano, dois astrônomos suíços, Michel Mayor e Didier Queloz, notaram algo estranho. Mudanças periódicas na velocidade e posição de uma estrela parecida com o Sol sugeriam que algo invisível, mas real, estava em órbita ao seu redor, alterando a posição do centro de gravidade do sistema o suficiente para fazer a estrela oscilar. Era um planeta — um exoplaneta —, o primeiro encontrado além do nosso sistema solar em torno de outra estrela parecida com o Sol. Em 1992, três exoplanetas foram encontrados orbitando o cadáver de uma estrela — a chamada estrela de nêutrons —, causando não uma oscilação, mas uma mudança em seu pulso. Antes das fórmulas convencionais de nomenclatura de hoje, esses exoplanetas receberam apelidos macabros que lembravam monstros fantásticos: Draugr, Poltergeist e Phobetor. Desde a descoberta de Mayor e Queloz, quase 4 mil sistemas estelares foram observados, contendo mais de 5 mil exoplanetas confirmados.

Quando Isaac Newton separou a luz branca nas cores constituintes do arco-íris, ele plantou as sementes da astrofísica moderna. Em meados de 1800, a nova ciência da espectroscopia permitiria aos astrofísicos conhecer temperatura, rotação, movimento, campo magnético e composição química das estrelas. Os caçadores de exoplanetas hoje dependem de espectroscopia e telescópios poderosos para detectar a presença de um planeta e, em alguns casos, a composição de sua atmosfera. Os avanços em telescópios e tecnologias auxiliares continuamente subvertem nossas suposições sobre o universo e nosso lugar dentro dele, mostrando-nos o universo pelo que ele é, em vez de como ele aparece aos nossos sentidos — e como nosso ego frágil acha que ele deveria ser.

AS MENSAGENS OCULTAS NOS ARCO-ÍRIS

No século XX, aprenderíamos que a luz das galáxias mais distantes contém a assinatura química de inúmeros objetos cósmicos invisíveis que ela encontra a caminho de nossos telescópios. Os novos meios de análise podem ser rastreados até 1802, quando o químico inglês William Wollaston aprimorou o prisma de Newton e dividiu ainda mais o espectro de cores do Sol, descobrindo faixas escuras invadindo o contínuo suave de cores.

Décadas de experimentos com a divisão da luz acabaram revelando que as faixas escuras se organizavam de acordo com a temperatura da fonte de luz, bem como os elementos químicos que interagiam com essa luz. Dessas observações surgiu um compêndio enciclopédico de padrões espectrais de "linhas", cada um representando a impressão digital única de um elemento.

Em 1868, dois cientistas, trabalhando separadamente, notaram uma faixa suspeita no espectro do Sol, diferente de qualquer elemento conhecido. O astrônomo francês Pierre Janssen e o astrônomo inglês Joseph Lockyer haviam descoberto um elemento no espaço para o qual não havia equivalente terrestre conhecido. Lockyer deu-lhe o nome de hélio — em homenagem a Hélio, o deus grego do Sol. Embora hoje você possa encontrar recipientes flutuantes coloridos desse elemento em qualquer festa de aniversário infantil, os cientistas não o isolaram na Terra até trinta anos após sua descoberta no Sol. Agora entendemos que é o segundo elemento mais abundante do universo, depois do hidrogênio, fundamental para a formação de todos os elementos mais pesados que compõem tudo o que você conhece e ama, bem como tudo o que você não conhece e odeia.

Embora a espectroscopia revelasse com precisão e consistência elementos conhecidos e desconhecidos, ninguém sabia o porquê. Por fim, experimentos espectroscópicos levaram Maxwell a formular as equações das quais Einstein derivou sua teoria da relatividade especial. Mas foi somente em 1913 que o físico dinamarquês Niels Bohr forneceu uma compreensão satisfatória de como e por que os átomos geram linhas espectrais. Ele propôs que os elétrons de cada átomo respondem à luz saltando de um nível de energia para o próximo dentro do átomo, causando a ausência (ou presença) de linhas em um espectro contínuo de luz. O modelo atômico de Bohr ajudou a preparar o terreno para a era moderna da física quântica.

Avancemos rapidamente para a década de 1990, quando nossos caçadores de exoplanetas, Mayor e Queloz, desenvolveram um novo tipo de espectroscopia. Seu método poderia medir com precisão os sutis deslocamentos Doppler das estrelas, causados não por sua movimentação de um lugar para outro no espaço, mas por seu tremor sempre tão leve em resposta à gravidade de outro objeto em órbita ao seu redor. Esses tremores sutis revelaram o primeiro exoplaneta do mundo circulando uma estrela parecida com o Sol, 51 Pegasi, na constelação de Pégaso.

Para explicar o tremor da estrela, o objeto em órbita — 51 Pegasi b — tinha que ser enorme, metade do tamanho de Júpiter. Mas essa não foi a parte mais estranha da descoberta: um ano naquele gigantesco mundo gasoso — uma órbita completa ao

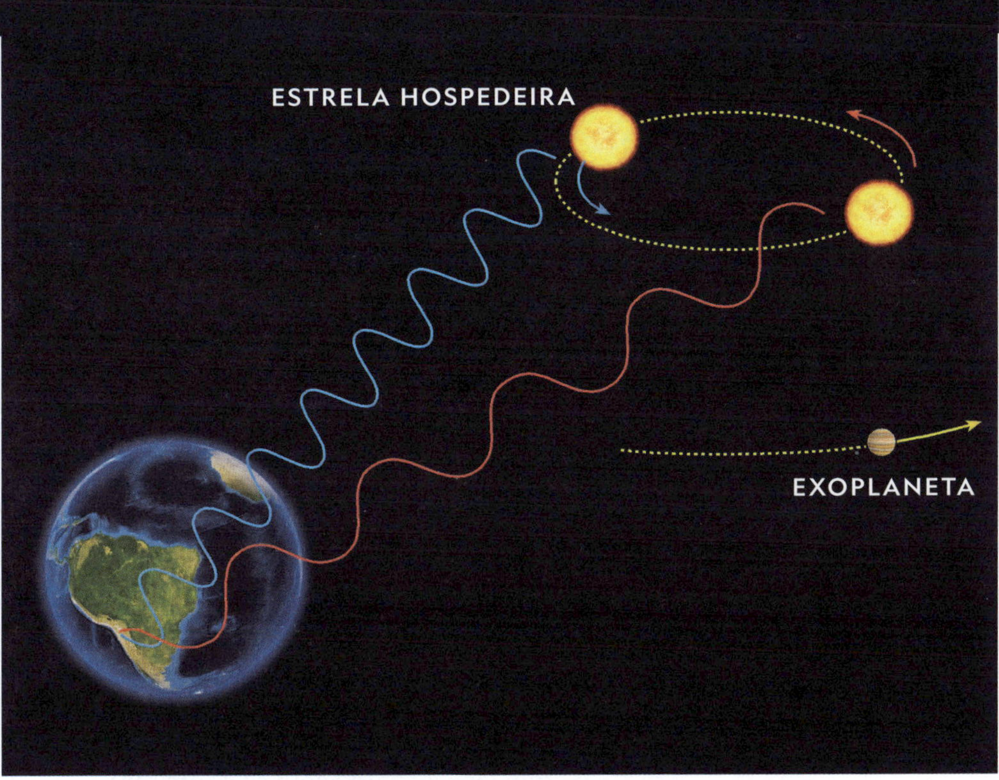

Uma ilustração da espectroscopia Doppler: quando uma estrela se move em direção a um observador, seu espectro é deslocado para o azul; quando se afasta do observador, é desviado para o vermelho.

redor de sua estrela hospedeira, em outras palavras — é de apenas quatro dias. Compare isso com o planeta mais próximo e menor do nosso Sol, Mercúrio, que é menor do que a maior lua de Júpiter e cujo ano dura 88 dias.

A descoberta de Mayor e Queloz contradisse tudo o que pensávamos saber sobre a formação de sistemas estelares. Embora várias observações confirmassem sua descoberta, muitos pesquisadores, presos à ideia de que nosso sistema solar deve ser representativo de todos os outros sistemas, refutaram a hipótese do planeta e ofereceram explicações alternativas para o estranho comportamento orbital da estrela. Embora vários outros exoplanetas de tamanho e período orbital semelhantes tenham sido descobertos usando o mesmo método, o ceticismo continuou, em parte porque as descobertas não derivaram de observações diretas dos planetas. Sua existência foi inferida inteiramente a partir do comportamento da estrela hospedeira.

Então, em 1999, um desses planetas inferidos, Osíris, foi finalmente observado diretamente através do método de trânsito — o mesmo que Jeremiah Horrocks usou para medir a distância entre a Terra e o Sol durante o trânsito de Vênus em 1639 e, assim, estimar o tamanho de todo o sistema solar. Os astrofísicos previram quando Osíris passaria na frente de sua estrela hospedeira, vista da Terra, e se prepararam. Como esperado, o brilho da estrela caiu um pouco durante o trânsito do planeta e voltou ao normal, tudo no momento previsto.

> As portas para a **busca por exoplanetas** se abriram. Um exercício outrora recebido com escárnio rapidamente se tornou um **campo de estudo** dinâmico e em rápido crescimento... Mais uma vez, nosso universo havia se expandido perante nossos olhos.

As portas para a busca por exoplanetas se abriram. Um exercício outrora recebido com escárnio rapidamente se tornou um campo de estudo dinâmico e em rápido crescimento. O Sol foi rebaixado de seu papel como o centro do único sistema estelar conhecido para apenas um entre outros incontáveis. Mais uma vez, nosso universo havia se expandido perante nossos olhos.

A CAÇA ÀS EXOTERRAS

A espectroscopia cósmica feita de dentro da atmosfera da Terra é limitada a observações apenas dos comprimentos de onda de luz que penetram com sucesso no mar de moléculas atmosféricas acima de nós — principalmente luz visível e ondas de rádio de comprimento de onda mais longo. A camada de ozônio bloqueia a entrada de luz ultravioleta (UV) e raios X,, enquanto as moléculas de água atmosféricas distorcem e absorvem infravermelho e micro-ondas. O que torna a água um poderoso gás de efeito estufa também é o que complica a astronomia baseada na Terra.

DILEMA CÓSMICO

FM ALIENÍGENA

Se os humanos não querem que alienígenas curiosos saibam o que estamos fazendo por aqui, devemos nos comunicar apenas via rádio AM.

A ionosfera da Terra é a camada atmosférica inundada de elétrons flutuantes arrancados de seus átomos pela radiação ultravioleta, pelos raios X e pelos raios gama de alta frequência originários no nosso Sol. Quando as ondas de rádio AM mais longas e de baixa frequência interagem com esses elétrons, parte dessa energia — ou toda ela — é enviada de volta para a superfície da Terra, permitindo a comunicação muito além das linhas de visão do horizonte, especialmente à noite. Sob certas condições, esse vaivém pode continuar através dos continentes, permitindo que os humanos "ouçam" uns aos outros de grandes distâncias, da mesma forma que o oceano propaga o canto das baleias.

Se você já ouviu rádio em uma longa viagem, já sabe que pode sintonizar uma emissora AM a uns três estados de distância, enquanto uma estação FM perderá a sintonia rapidamente até mesmo do outro lado da mesma cidade. As frequências muito mais altas usadas por estações de rádio FM, bem como televisão por satélite, não se beneficiam de um ricochete ionosférico, então as frequências FM só podem alcançar o horizonte e não conseguem acompanhar a superfície curva da Terra. Mas isso não impede que esses sinais escapem para o espaço. Quase todas as frequências de FM e TV transmitidas pela humanidade — seja transmitindo reprises de *I Love Lucy* ou comerciais multimilionários do intervalo do Super Bowl — são suscetíveis à interceptação por qualquer alienígena com um receptor de rádio sensível.

Se quisermos observar objetos celestes que emitem essas faixas de luz bloqueadas, devemos fazê-lo de cima das nuvens. Para isso temos o Hubble e outros telescópios espaciais. Com a ajuda deles, centenas de exoplanetas foram descobertos entre 1999 e 2009. Mas aumentar significativamente a taxa de descoberta dessas manchas minúsculas, escuras e móveis exi-

Uma seleção das descobertas planetárias feitas até hoje pelo telescópio espacial Kepler.

giu novos tipos de telescópios, projetados especificamente para esse fim.

A missão Kepler, de 2009, da NASA, foi lançada com uma única diretriz: caçar planetas semelhantes à Terra dentro da zona habitável de uma estrela parecida com o Sol, também chamada de "zona de Cachinhos Dourados". Esta é a região orbital em torno de uma estrela onde um planeta se encontrará na temperatura certa — não muito frio, não muito quente — para sustentar água líquida em sua superfície, um pré-requisito para a vida exatamente como a conhecemos. Ao redor de estrelas altamente luminosas, a zona habitável é mais ampla; ao redor de estrelas frias e pouco luminosas, a zona habitável é estreita, abraçando seu hospedeiro com mais força em busca do calor necessário.

Para o deleite (e, talvez em alguns casos, angústia) dos terráqueos, a missão Kepler detectou muitos exoplanetas.

Entre os milhares de novos mundos detectados pela Kepler, centenas eram mais ou menos do tamanho da Terra, com uma composição rochosa semelhante. Várias dessas exoterras orbitam dentro da zona habitável da estrela hospedeira. A análise estatística dos dados da missão mostrou que não apenas os planetas superam as estrelas em nossa galáxia, mas também que a Via Láctea pode abrigar cerca de 300 milhões de mundos semelhantes à Terra dentro de uma zona habitável. Os astrobiólogos pensam que pelo menos uma dessas exoterras pode muito bem residir a apenas 20 anos-luz de nós, aguardando detecção.

Desde o primeiro momento em que alguém olhou para o céu, as estrelas que nos guiaram e cativaram foram mais do que estrelas o tempo todo. Ao longo dos séculos, tornou-se cada vez mais claro que o espaço não é apenas um dossel de estrelas, nem é um volume passivo no qual objetos cósmicos vivem e funcionam. É um lugar vibrante e cheio de energia que exige que entendamos sua influência em nossas observações antes de podermos reivindicar o conhecimento completo de qualquer coisa no universo. Talvez, enquanto você lê isso, algumas formas de vida ainda não descobertas estejam coçando suas cabeças alienígenas carecas, perguntando-se quanto de sua versão da tapeçaria cósmica realmente entendem.

Que próxima grande lição de humildade nos espera? Os astrobiólogos trabalham incansavelmente para buscar evidências que possam derrubar a posição da Terra como o único planeta amigo da vida. Com centenas de milhões de exoplanetas semelhantes à Terra previstos, ainda que não observados, apenas dentro de nossa própria galáxia, a vida como a conhecemos pode ser tão onipresente quanto os exoplanetas que até há pouco não sabíamos que existiam.

A espectroscopia permite que os astrobiólogos procurem não apenas planetas semelhantes à Terra, mas também sinais de vida, quimicamente inscritos na atmosfera de um planeta: bioassinaturas, pistas moleculares reveladoras de vida. Todos os seres vivos, até onde os entendemos, sofrem reações metabólicas para converter massa em energia dentro de um meio líquido.

continua na página 222

DILEMA CÓSMICO

PERFUME DE ESPAÇO SIDERAL

Você já deve ter ouvido falar que o espaço cheira a várias coisas: astronautas da ISS e quem já esteve na Lua juram que cheira a pólvora e bife carbonizado, com uma pitada de ovos podres. Mas tente cheirar algo fora do seu traje espacial, e você vai se asfixiar.

Talvez esses astronautas estejam detectando os aromas de sua própria boca. Acontece que diversas partículas fedorentas que aderem a seus trajes e equipamentos espaciais enquanto estão fora para uma caminhada espacial, talvez combinadas com o ozônio produzido na câmara de pressurização, resultam em um perfume de espaço sideral característico. Mas, além da órbita baixa da Terra e da superfície da Lua, apenas a espectroscopia pode oferecer pistas sobre o buquê do universo.

Em 2009, um grupo de astrônomos foi à procura de aminoácidos em uma nebulosa distante. Eles detectaram, entre muitas outras moléculas complexas, o metanoato de etila — conhecido na Terra por cheirar a rum, ter gosto de framboesas e ser usado como solvente e pesticida. Várias manchetes anunciaram que o espaço sideral cheira a framboesas.

Não é provável. Mesmo que pudéssemos colher moléculas das nebulosas variadas o suficiente para encher um frasco, trazê-lo para a Terra e cheirar, quase certamente não conseguiríamos detectar esse aroma. Também podemos nos envenenar com outras moléculas tóxicas na mistura. Além disso, se aplicarmos essa lógica à nossa própria nebulosa solar primitiva, podemos estar inclinados a afirmar que ela tem gosto de sangue, devido ao alto teor de ferro. (Embora possa ser uma manchete chamativa, é tão enganosa quanto as piadas sobre coquetéis com rum e framboesa nas profundezas do universo.)

Mas uma descoberta espectroscópica surpreendente ficou escondida nessa bobagem. As moléculas complexas encontradas dentro dessa nebulosa distante sugerem fortemente a possibilidade de aminoácidos — os blocos de construção das proteínas e da vida como a conhecemos.

O astronauta Bruce McCandless II flutua livremente ao lado do ônibus espacial *Challenger* durante a primeira caminhada espacial livre.

NASA

continuação da página 219

Os resíduos dessas reações são as provas cabais que buscamos. Um alienígena usando espectroscopia para procurar as bioassinaturas da Terra veria oxigênio abundante em nossa atmosfera inferior, emitido principalmente por vida fotossintética, bem como moléculas de ozônio na estratosfera. O metano, produzido principalmente por bactérias anaeróbias, é outra bioassinatura útil. Sem reposição constante, ambos diminuiriam. O oxigênio seria quimicamente reabsorvido de volta à superfície da Terra, e o metano se separaria e se transformaria em dióxido de carbono dentro de algumas décadas, levando seus átomos de hidrogênio constituintes ao espaço.

Por si só, no entanto, as bioassinaturas não confirmam a vida. A maioria desses gases pode ser explicada por outros motivos não biológicos, mas essas explicações são improváveis. Embora pudéssemos construir um bom argumento a favor da existência de exovida, com base na habitabilidade de um planeta e nas bioassinaturas detectadas, apenas uma viagem exploratória pode oferecer confirmação — ou negação.

PEREGRINOS DO ESPAÇO

Se encontrássemos uma nova Terra — um mundo parecido com a Terra com uma atmosfera respirável e água líquida superficial —, o desejo de explorá-la superaria até mesmo o desejo de colocar colônias em Marte. Se exoterras forem detectadas a cerca de dez anos-luz de distância, suas atmosferas poderiam ser analisadas espectroscopicamente em busca da presença de ingredientes necessários para hospedar a humanidade. Se assim for, podemos ter um planeta reserva real — um verdadeiro Planeta B, sem necessidade de terraformação. O Telescópio Espacial James Webb está primorosamente equipado para criar um catálogo desses candidatos.

Dez anos-luz podem não parecer tão longe assim. É uma viagem de meros dez anos para um fóton. Infelizmente (ou felizmente), os humanos não são fótons. O objeto feito pelo homem em movimento mais rápido, a sonda solar Parker, que orbita e

DILEMA CÓSMICO

TECNOASSINATURAS

Embora a vida na superfície de um exoplaneta provavelmente influencie a química atmosférica, presumimos que os subprodutos da civilização também a influenciarão. Antes da revolução industrial, os seres humanos na Terra não tinham nenhuma influência importante na atmosfera terrestre. Mas, durante um período chocantemente breve — na escala de décadas, não séculos —, aumentamos significativamente os gases de efeito estufa CO_2 (dióxido de carbono) e CH_4 (metano). Adicione a isso uma queda geral na qualidade do ar respirável por conta da fumaça expelida de chaminés de fábrica e exaustores, e você tem uma assinatura química no ar.

Mas espere, tem mais. Por um tempo, estávamos destruindo nosso ozônio estável através da liberação de clorofluorcarbonetos — produtos químicos comumente usados como resfriadores e o principal propelente em latas de aerossol contendo desodorante e spray de cabelo —, causando um buraco considerável. Podemos chamar esses sinais atmosféricos da civilização industrial de "tecnoassinaturas" espectroscópicas. Se os alienígenas observassem a Terra da maneira como vemos exoplanetas de longe e vissem essas perturbações abruptas em uma atmosfera estável de oxigênio-nitrogênio, certamente concluiriam que, embora as formas de vida devessem existir, não haveria sinal de vida *inteligente* na Terra.

ocasionalmente passa pelo Sol, poderia viajar de Londres a Nova York em cerca de meio minuto — ou ir à Lua e voltar em pouco mais de uma hora e meia. Mesmo em velocidades tão grandes, no entanto, essa sonda só alcança 0,064% (um décimo quinto de 1%) da velocidade da luz — irremediavelmente lenta para qualquer pretensão de sair do sistema solar. Se a espaçonave pudesse de alguma forma se desalojar do abraço gravitacional do Sol (o que não pode), ainda levaria seis mil anos para chegar a Alpha Centauri (a quatro anos-luz de distância, o sistema estelar mais próximo do Sol). Adicione alguns humanos, carga útil e o mínimo de combustível de foguete para fazer nossa espaçonave peregrina funcionar, e sua velocidade reduzirá rapidamente em ordens de magnitude. Se nossa nave viajar na mesma velocidade que a Estação Espacial Internacional — cerca de 8 quilômetros por segundo —, então uma viagem cobrindo a distância de 4 anos-luz levará cerca de 150 mil anos.

> Uma nave espacial geracional — ou seja, uma **arca espacial** capaz de manter sucessivas gerações de humanos vivas e em curso — apresenta a **única opção** para visitar fisicamente mundos distantes.

O que uma espécie que se aventura pelo espaço deve fazer?

Deixando de lado qualquer esperança de viagem no tempo ou buracos de minhoca, uma nave espacial geracional — ou seja, uma arca espacial capaz de manter sucessivas gerações de humanos vivas e em curso — apresenta a única opção para visitar fisicamente mundos distantes.

Poderíamos reduzir a duração da viagem melhorando nossa velocidade e reduzindo nossas ambições de dez anos-luz de distância para um. Mesmo assim, ainda estamos falando de navegar no oceano aberto do espaço por dezenas de milhares de anos. *Pioneer, Voyager* e *New Horizons* — as rolhas flutuantes que a humanidade arremessou nos mares interestelares — executaram várias manobras complicadas de assistência gravitacional para escapar das garras da gravidade incessante do Sol. Para lançar uma grande estação confortável o suficiente para suportar gerações de humanos em harmonia através do espaço interestelar, um combustível químico de foguete não vai ser suficiente.

Os primórdios da ficção científica imaginavam um mundo de carros voadores e *hoverboards* alimentados por uma fonte de energia ilimitada. Mas estavam errados. A energia continua a ser o fator limitante da maioria das nossas tecnologias imaginárias. Diante das imprevisíveis variações dos preços do gás, das quedas de energia e da devastação climática, continuamos dependentes de recursos não renováveis. Com tais restrições econômicas, ambientais e tecnológicas, até mesmo uma viagem a Marte pode parecer inatingível.

Autores modernos de ficção científica têm invocado a energia nuclear para alimentar a aventura interestelar de nossa espécie. Aproveitar o poder de dividir ou combinar núcleos atômicos poderia hipoteticamente reduzir a duração de uma viagem em ordens de magnitude. A fissão divide núcleos atômicos pesados, criando a energia devastadora encontrada nas bombas atômicas. A fusão, por outro lado, combina átomos com outros núcleos, ao invés de dividi-los.

O Sol sofre constantemente fusão em seu núcleo: sob extrema pressão, dois núcleos atômicos se fundem, produzindo elementos mais pesados e liberando enormes quantidades de energia como subproduto. A fusão é quatro vezes mais eficiente do que a fissão e quatro milhões de vezes mais eficiente do que a queima de combustíveis fósseis. Um foguete de vários estágios impulsionado por fusão nuclear (que pode um dia ser a base das nossas usinas nucleares também) pode levar os humanos a 10% da velocidade da luz ou até mais.

Sabemos que a tirania inflexível da equação do foguete, que decreta que você deve queimar mais combustível para carregar

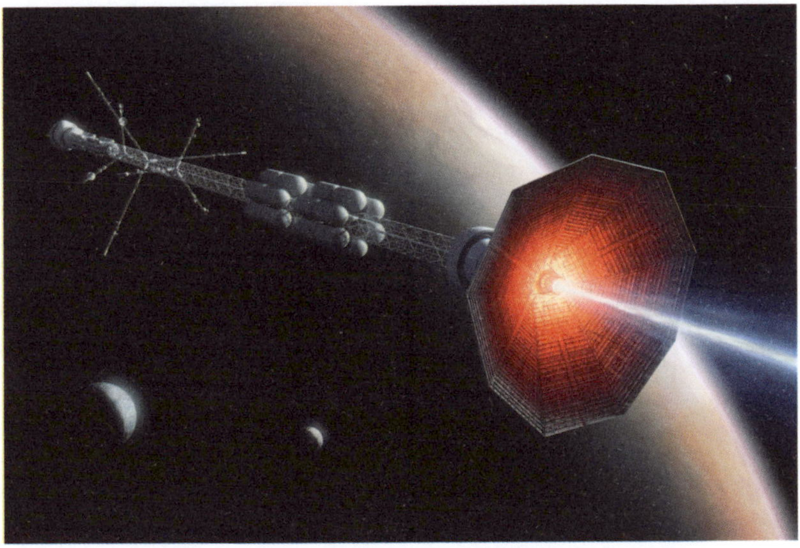

Um reator de fusão, ou propulsor de plasma de reconexão magnética, conceito desenvolvido pelo Laboratório de Física de Plasma de Princeton (PPPL) do Departamento de Energia dos EUA.

O conceito de uma nave geracional, equipada com tudo o que a humanidade precisaria para ir longe no cosmos.

o peso do combustível que ainda precisa queimar (veja páginas 72-76), apresenta o primeiro obstáculo para as viagens espaciais humanas, seja para a Lua, Marte ou além. Mas vamos fingir que pulamos esse obstáculo e inventamos uma nave grande o suficiente, com um motor capaz de transportar com conforto os humanos entre planetas e estrelas em jornadas multianuais e multigeracionais. Que obstáculos esses astronautas podem enfrentar?

Uma arca interestelar representa a conquista final de quase todas as dificuldades que os terráqueos enfrentam coletivamente hoje, que vão desde um sistema alimentar autossustentável e justo até o bem-estar psicológico. Mesmo uma colônia marciana teria dificuldades em se tornar autossuficiente de verdade. Cortar por completo os laços com a Terra seria um feito extraordinário. Todo o material deve vir de algum lugar, e as naves espaciais não podem garimpar novos recursos. Tudo teria de ser reutilizado ou reabastecido a partir de um único suprimento destinado a durar gerações. Os metais, plásticos e a fiação que mantivessem seu hábitat funcionando acabariam exigindo reparos. Sua roupa, por exemplo, duraria apenas alguns anos antes que os fios se esgarçassem. Os remédios e os alimentos que o sustentariam teriam vindo direta e indiretamente dos sistemas vivos da Terra.

Os desafios mais complexos, no entanto, seriam imateriais. Que sistema político garantiria a paz e a justiça entre todos os habitantes? Poderiam gerações inteiras de pessoas viver suas vidas apenas para morrer sem ver os frutos de seu trabalho — e sabendo que seus filhos também não os veriam? Bastaria a busca pelo Planeta B em prol da curiosidade de uma espécie ameaçada? E é mesmo ético planejar o nascimento de uma geração que viveria e morreria dentro de uma sociedade isolada de seu planeta natal, sem escolha a não ser aceitar isso?

Mas não são essas mesmas as questões que todos nós ponderamos aqui na Terra? Se pudéssemos resolver todos os problemas que a sociedade de uma nave espacial geracional poderia enfrentar, então não precisaríamos partir para um planeta B para começo de conversa. Até onde podemos dizer atualmente, a Terra é um mundo isolado, sozinho no universo, preso em órbita ao redor de nossa estrela por bilhões de anos, sem comida, remédio ou ar para reabastecer o que usamos ou destruímos. Se falharmos neste mundo, onde certamente sabemos que nosso fracasso pode significar extermínio, podemos razoavelmente esperar resultados diferentes lá fora, perdidos no mar do espaço?

Você deve estar se perguntando por que não enviamos apenas uma armada de robôs para explorar outros mundos em nosso lugar. Afinal, eles podem viajar livres de necessidades ou emoções mortais, sem o transporte de suprimentos necessários para atender a essas exigências. A resposta é que, pelo menos por enquanto, os humanos são melhores na ciência. Mesmo que a IA consiga nos dominar, o trabalho de cientista (e talvez o de comediante) pode ser um dos últimos ainda ocupados por humanos.

Mesmo após décadas de exploração da superfície marciana por cinco *rovers* e um helicóptero, cada um equipado com vários experimentos e ferramentas para pesquisar seus arredores, ainda não podemos descartar a possibilidade de que a vida alienígena esteja escondida em algum lugar do planeta vermelho.

continua na página 230

CIÊNCIA DE HOLLYWOOD

MORTE POR VÁCUO

O que realmente aconteceria se um humano pisasse no espaço sideral sem um traje espacial? No filme *Missão: Marte* (2000), o comandante Woody Blake e sua tripulação são forçados a evacuar sua espaçonave. Na comoção, o comandante Woody é ejetado da nave em uma trajetória sem esperança rumo ao desconhecido sombrio. Para evitar que sua esposa arrisque a própria vida para recuperá-lo, ele tira o capacete, expondo seu rosto, cabeça e corpo ao vácuo implacável do espaço. Segundos depois, vemos um Woody inegavelmente morto, com o rosto e os olhos congelados. É uma cena heroica, igualmente horrível e devastadora. Na realidade, ele realmente morreria — mas não por congelamento relâmpago. Vamos analisar o resultado realista de uma morte por vácuo:

1. Pulmões estourados e asfixia

Se Woody tivesse segurado a respiração antes de remover o capacete, a primeira coisa que sentiria seria seus pulmões estourando e se rompendo, porque todo o gás em seu corpo, inclusive em suas entranhas, procuraria imediatamente a região de menor densidade ao seu redor.

Mas digamos que nosso comandante tenha expirado completamente antes de remover seu capacete. Como nosso cérebro é reabastecido pelo sangue oxigenado de nossos pulmões, após 15 segundos, o corpo de Woody teria esgotado todo o oxigênio restante armazenado em seu sangue, e o sangue desoxigenado que se dirigia para seu cérebro o deixaria inconsciente. Mas ele ainda não estaria morto e, definitivamente, ainda não estaria congelado.

2. Sangue borbulhante

Ambientes de baixa pressão produzem temperaturas de ebulição muito mais baixas, como vimos com o experimento mental do ponto triplo de água em Marte (veja página 130). No vácuo do espaço, os gases em nosso sangue começarão a ferver, fazendo com que nosso corpo inche — embora não a ponto de nossos olhos saírem das órbitas, como visto em *O vingador do futuro*. A saliva, portanto, ferveria diretamente na língua do comandante Woody, e seus capilares oculares começariam a se romper. Depois de alguns minutos, ele provavelmente morreria por falta de oxigênio.

3. Queimaduras solares

Sem o capacete, o rosto de Woody não estaria protegido da luz solar. A menos que ele se encontre em uma região fortemente sombreada, como atrás de uma nave ou planeta, sua pele queimaria, não pelo calor, mas por altas doses dos raios ultravioleta biologicamente hostis vindos do Sol.

4. Congelamento

A última coisa que aconteceria com o cadáver de Woody seria congelar, mas apenas se ele não estivesse muito perto de uma fonte de energia térmica, como uma estrela. Durante um ou dois dias, o corpo do comandante ficaria rígido pelo congelamento. O corpo agora perfeitamente preservado, queimado pelo sol, com os olhos injetados de sangue e inchado permaneceria no espaço, rendendo-se lentamente à força gravitacional de qualquer objeto que estivesse mais próximo quando ele decidiu remover seu capacete.

Um dos filmes de ficção científica mais icônicos de todos os tempos é *2001: Uma odisseia no espaço,* de Stanley Kubrick, lançado em 1968 e baseado em histórias anteriores de Arthur C. Clarke. *2001,* em comparação com *Missão a Marte,* retratou uma realidade muito mais precisa do que poderia acontecer com um corpo humano desprotegido no espaço. O vilão é um programa de inteligência artificial (IA) chamado HAL 9000 (computador algorítmico heuristicamente programado), que tenta manter o protagonista fora da nave espacial, o que o obriga a ir para uma câmara de compressão não pressurizada sem capacete e acionar a alavanca de pressão do ar, tudo isso enquanto exposto ao vácuo do espaço. A cena dura exatamente 14 segundos (em total silêncio, o que é minuciosamente preciso). Esse é o tempo suficiente para nosso protagonista escapar da inconsciência e se salvar.

Claro, ele talvez precisasse de mais tempo do que o filme permitiu para se recuperar, mas ele sobreviveu e não congelou, explodiu ou vaporizou imediatamente.

continuação da página 227

Os humanos, por outro lado, poderiam realizar em segundos ou minutos o que um *rover* realiza em dias, semanas ou simplesmente não realiza. Podemos resolver problemas criativamente, através de um nível de destreza mental com o qual os robôs só podem sonhar. E eles provavelmente não sonham.

Mas, mesmo que possamos avançar na robótica para criar o androide perfeito — algo que possa replicar as habilidades humanas e imitar o pensamento criativo —, o desejo de explorar permanece firmemente arraigado, como sempre esteve, na psique humana. Se a exploração robótica poderia satisfazer esse impulso, então por que estamos determinados a estabelecer colônias na Lua e em Marte? Por que continuamos a despejar bilhões de dólares em telescópios mais modernos e poderosos que podem nos ajudar a ver um pouco mais longe do que antes? Por que somos levados a expandir o perímetro de nossa ignorância humana para a borda do universo e além?

Edwin Hubble capturou o sentimento em seu livro de 1936, *The Realm of the Nebulae* [O reino das nebulosas]:

> As explorações do espaço terminam com uma nota de incerteza. E é preciso que seja assim... Conhece-

Um mar cósmico de gás e poeira dentro da Grande Nuvem de Magalhães, uma das galáxias satélites da Via Láctea, visto pelo Telescópio Espacial Hubble.

mos a nossa vizinhança imediata de forma bastante íntima. Com o aumento da distância, nosso conhecimento desaparece cada vez mais rapidamente. Por fim, alcançamos a fronteira desconhecida — os limites máximos de nossos telescópios. Lá medimos sombras e buscamos, entre erros espectrais de medição, marcos que são pouco mais substanciais.

Uma consequência necessária da exploração e da descoberta é, de fato, o perímetro cada vez maior da ignorância que separa o que sabemos do que ainda está por ser descoberto. Atualmente, estamos mergulhados em nosso universo — seu conteúdo variado e o espaço não tão vazio por toda parte —, mas o que está do lado de fora da porta da frente é um oeste selvagem de maravilhas que inclui, entre outras esquisitices, indagações sobre se habitamos um universo simulado e se nosso universo é apenas um entre um número infinito de outros em um multiverso. Os enigmas continuam a multiplicar-se e a fronteira não conhece limites.

A jornada cósmica continua.

PARTE 4

AO INFINITO E ALÉM

"Nunca em toda a história da ciência houve um período em que novas teorias e hipóteses surgiram, floresceram e foram abandonadas em tão rápida sucessão como nos últimos quinze ou vinte anos."
—Willem de Sitter, 1932

As descobertas cósmicas ao longo dos três séculos que se seguiram às observações seminais de Galileu desmantelaram continuamente as visões de mundo egocêntricas da humanidade. No século XX, quando Einstein introduziu suas novas teorias do universo, nossa realidade se expandiu ainda mais, através de outra dimensão: o tempo. O universo tornou-se um mar espumante de novas possibilidades, perguntas e enigmas incontáveis. Novas realidades, novas dimensões e talvez até novos universos surgiram diante de nós. Aperte o cinto, porque aqui, no segmento final desta jornada de descoberta cósmica, mergulhamos nos redemoinhos dos buracos negros, onde o espaço e o tempo se deformam até não os reconhecermos mais. Viajamos para o passado e para o futuro; movemo-nos a velocidades mais rápidas do que a luz; e reconhecemos, até onde nossa consciência humana pode nos levar, o que significa viajar para o infinito e além.

Da relatividade surgiu um cosmos que se torce, dobra-se e ondula como um tecido, onde a gravidade e a velocidade alteram o fluxo do tempo. Mas a relatividade também sugeria um cosmos em constante movimento — com um começo claro, mas sem um fim evidente. Essas implicações não foram imediatamente apa-

A formação de estrelas jovens nos deslumbrantes Pilares da Criação, como visto através da luz infravermelha próxima do Telescópio Espacial James Webb.

PÁGINAS ANTERIORES: Um momento de criação brilhante: o Big Bang, em arte-conceito carregada de tons vermelhos e dourados marcantes.

rentes, nem aceitas, especialmente pelo próprio Einstein. Parecia tão óbvio que o universo era algo constante, imutável, eterno que, mesmo diante de sugestões matemáticas em contrário, Einstein inventou um termo em suas equações que permitia que elas concordassem com o universo cuja natureza ele já havia presumido.

Ele o chamou de a constante cosmológica. Poderíamos vê-lo como uma forma de viés de confirmação. Mas ficou conhecido como o maior erro de Einstein.

Muito antes de Edwin Hubble e Georges Lemaître mostrarem que o universo está se expandindo — o que implicava que ele tinha um começo, agora chamado de Big Bang —, muitas das culturas do mundo já abraçavam a ideia de que o universo passou por um momento de criação. Seus textos religiosos dizem isso. Quase toda fé oferece um mito de criação único. A Bíblia hebraica começa apropriadamente com as palavras "No princípio..." De acordo com os textos das três religiões abraâmicas (judaísmo, cristianismo e islamismo), o céu e a terra levaram seis dias para serem criados. Nas religiões budista e jainista, o universo passa por ciclos eternos de criação e destruição. O hinduísmo, que ensina que este mundo atual surgiu há cerca de 4 bilhões de anos, pode ser a única religião conhecida que concebe o universo em escalas de tempo compatíveis com a cosmologia moderna.

Talvez se Einstein fosse hindu, ele tivesse aceitado mais facilmente um universo não estático, que poderia começar e terminar, e mudar ao longo do caminho. Até onde os historiadores podem dizer, porém, o pensamento de Einstein não foi motivado ou restringido pelos princípios dos textos religiosos.

Durante o século XIX, enquanto biólogos, geólogos, astrônomos e teólogos ainda discordavam sobre a idade da Terra, esse debate estava dissociado de pensamentos de origens cósmicas. Mesmo que a Terra tivesse um aniversário específico, afirmava-se, nada poderia vir de nada. O universo deve ter estado sempre aqui — um lugar infinito e sem idade onde nascem humanos, estrelas, planetas e todas as coisas. Nenhuma evidência sugeria o contrário. Esse simples pensamento era considerado um sonho febril, uma fantasia descolada da razão sensata ou filosófica.

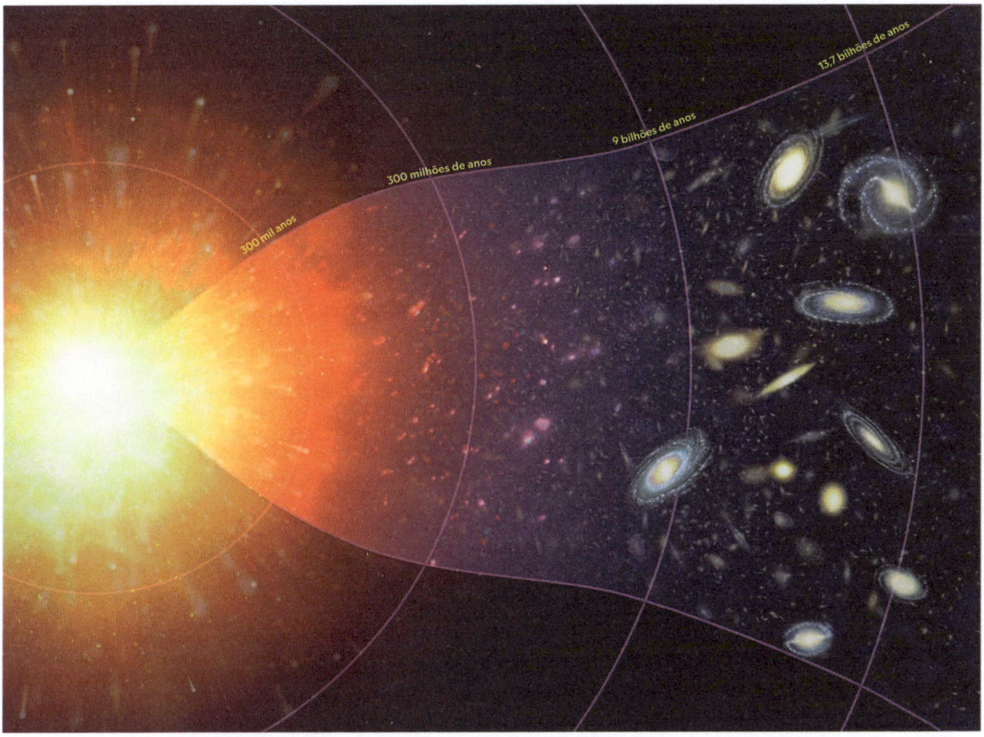

Cerca de 14 bilhões de anos se passaram desde que o Big Bang (na extrema esquerda) catapultou o universo conhecido para a existência, ilustrado aqui desde o início até os dias atuais.

Com a noção de um universo estático firmemente ancorada em seu substrato filosófico, Einstein desenvolveu sua teoria da relatividade geral. Ele então a aplicou ao universo como um todo. Seu artigo de 1917 "Cosmological Considerations in the General Theory of Relativity" [Considerações cosmológicas sobre a teoria da relatividade geral] incorpora sua suposição de um universo estagnado, embora suas próprias equações revelem a verdade inquietante de um universo instável. Como uma bola equilibrada no topo de uma colina, pronta para cair em uma direção ou outra, o universo inteiro estava se expandindo ou se contraindo. Qualquer uma das opções levaria à morte definitiva — um resultado completamente insustentável, considerando tudo o que os físicos

continua na página 240

HISTÓRIA DA CIÊNCIA

A IDADE DA TERRA

No século XVII, quando a revolução científica estava em sua infância, os livros sagrados ainda permaneciam como a fonte última da verdade para os devotos judeus e cristãos. O método preferido de seus teólogos para calcular a idade da Terra era contar os "gerous" – as genealogias antigas – registradas no Antigo Testamento. James Ussher, um clérigo irlandês do século XVII, tendo contabilizado todos os aniversários bíblicos e o tempo de vida, chegou a uma data de criação precisa de 23 de outubro de 4004 a.C. Outros colocaram-na mais ou menos um milênio antes. Seis ou sete mil anos devem ter parecido um tempo suficientemente longo para que toda a história oral tivesse ocorrido e todos os planetas no céu tivessem se formado. Naquela época, não ocorreu a nenhum pensador cristão se perguntar se o universo poderia ter milhões, muito menos bilhões, de anos.

Dois séculos depois, os campos emergentes da geologia e da biologia revelariam uma Terra e, portanto, um universo, exigindo uma escala de tempo muito mais longa do que se imaginava. A visão geológica popular, em oposição à religiosa, era que a Terra era infinitamente velha – que a Terra não teria, como concluiu o geólogo escocês do século XVIII James Hutton, "qualquer vestígio de um começo ou perspectiva de um fim".

No final da década de 1840, o físico britânico William Thomson, que se tornaria o renomado Lorde Kelvin cinco décadas depois, havia estabelecido leis básicas da termodinâmica, abordando o comportamento do calor e o movimento da energia de um lugar ou de um sistema para outro. Com base em seus próprios cálculos derivados da massa do Sol, temperatura da superfície e produção total de energia – e sem saber que havia um forno termonuclear em seu núcleo –, ele presumiu que nossa estrela central era uma bola de gás de resfriamento lento em contração, e fixou sua idade mínima em 20 milhões de anos. E como a Terra não poderia ser mais velha que o Sol, ela deveria ter a mesma idade ou ser mais jovem.

Esses milhões de anos representavam um período de tempo irritante: muito longo para agradar fundamentalistas religiosos, muito curto para se alinhar com dados geológicos. Para sacudir ainda mais as coisas, em 1859, Charles Darwin publicaria *A origem das espécies*, que defendia uma lenta progressão dos organismos por seleção natural. Essa ideia, aliada às observações geológicas, exigia agora uma Terra mais antiga. Debates entre físicos, geólogos e biólogos duraram décadas. Dado que a física é a mais arrogante das ciências e Lorde Kelvin era a estrela brilhante daquela época, sua opinião venceu. Até o autor estadunidense Mark Twain deu seu palpite. "Como Lorde Kelvin é a autoridade máxima da ciência viva hoje", disse ele, "acho que devemos ceder e aceitar seu ponto de vista".

No final do século XIX, a física e química francesa Marie Curie (abaixo, à direita, por volta de 1920) codescobriria a radioatividade, que deu origem à física nuclear e à prática de datação radioativa. A idade de certos elementos instáveis contidos em rochas e fósseis poderia ser determinada observando qual fração deles havia decaído para outro elemento. Isso aumentou drasticamente a datação geológica, produzindo uma idade para a Terra, e presumivelmente o Sol, de cerca de 4,5 bilhões de anos. Sabemos agora que, através da fusão termonuclear, o Sol "queima" há bilhões de anos e continuará queimando por outros bilhões. Então vamos agradecer a Marie Curie, a única pessoa que já ganhou um Prêmio Nobel em dois campos científicos diferentes, por alimentar e, finalmente, encerrar esse grande debate.

continuação da página 237
pensavam ativa ou passivamente naquela época. E assim Einstein inseriu um termo antigravidade em suas equações — uma trava cosmológica — para equilibrar as coisas. Eis um universo imutável e sem idade.

Cinco anos depois, em 1922, o matemático russo Aleksandr Friedmann propôs que Einstein considerasse um universo em movimento. Einstein inicialmente descartou a ideia. Mas Friedmann perseverou, escrevendo diretamente a Einstein: "Considerando que a possível existência de um mundo não estacionário tem um certo interesse, permita-me apresentar ao senhor os cálculos que fiz." Em poucos meses, na revista que havia publicado esses cálculos, Einstein cedeu um pouco. Ele admitiu que, embora os cálculos de Friedmann ainda permitissem o universo estático de Einstein, um universo dinâmico também poderia ser possível, escrevendo: "Considero que os resultados do Sr. Friedmann estão corretos e lançam uma nova luz."

Outros cinco anos se passaram e Lemaître, trabalhando independentemente de Friedmann, publicou suas próprias derivações para um universo em expansão. Einstein rejeitou, supostamente chamando sua física de "abominável". Em 1929, Edwin Hubble reuniu evidências observacionais existentes e concluiu que as galáxias estavam se afastando da Terra, e, quanto mais distantes estavam, mais rápido recuavam. Finalmente, em 1931, Einstein capitulou totalmente. "O desvio para o vermelho de nebulosas distantes quebrou minha antiga construção como um golpe de martelo", disse ele. É assim que um cientista altamente letrado admite estar errado.

Desse novo cosmos surgiram novas questões: se o universo está se expandindo, então ele era menor ontem do que é hoje. O universo pode ter começado como uma explosão singular? Em um lugar e em um momento? Se sim, quantos anos tem? Qual o seu tamanho?

A velocidade precisa com que as galáxias voam para longe umas das outras, medida pela primeira vez por Hubble e posteriormente ajustada por outros, é chamada de constante de Hubble (representada como H_0). Se assumirmos que o universo

HISTÓRIA DA CIÊNCIA

QUANDO O BIG BANG ERA UMA GRANDE PIADA

Duas coisas estavam claras para o astrofísico inglês Fred Hoyle na década de 1940: o universo estava se expandindo e o universo não pode ser mais jovem que a Terra. Um universo inteiro, raciocinava, não poderia ter sido criado do nada. Para conciliar todas essas presunções, ele defendeu uma ideia totalmente nova chamada modelo de estado estacionário, em que o universo em expansão é infinito, sem idade e sempre se parece com o que ele é hoje. Como algo pode se expandir perpetuamente, mas sempre parecer o mesmo?

Para resolver essa questão, Hoyle levantou a hipótese de que a matéria no universo em estado estacionário é criada espontânea, contínua e homogeneamente, e a energia dessa criação está afastando as galáxias. A matéria criada espontaneamente se aglutina bem devagar, formando novas estrelas e galáxias. É assim que, estatisticamente, seu estado estacionário é alcançado em todo o universo e através do tempo infinito. Embora Hoyle nunca tenha explicado o método pelo qual a matéria aparece, ele achou a ideia muito mais plausível do que, como ironicamente a descreveu em uma transmissão de rádio da BBC em 1949, "a hipótese de que toda a matéria do universo foi criada em uma grande explosão num determinado momento no passado remoto".

O apelido sarcástico de Hoyle para a teoria de seus oponentes pegou — e foi assim que o Big Bang recebeu seu nome.

sempre manteve a mesma velocidade de expansão, então podemos conceitualmente revertê-la e, com essa medição, prever aproximadamente há quanto tempo tudo deve ter estado espremido dentro de um pequeno lugar.

Para determinar a idade do nosso universo, tudo o que você precisa é o valor da constante de Hubble — se de fato é uma constante — e algumas distâncias conhecidas até as outras galáxias. Um pouco de matemática básica lhe dará a idade do universo. Com esses dados, Edwin Hubble refez os passos do universo até um único ponto há menos de 2 bilhões de anos.

Mas, naquela época, os geólogos exigiam que a Terra tivesse pelo menos 3 bilhões de anos para explicar o que encontraram nas rochas. Claramente, alguém estava errado. O universo de 2 bilhões de anos de Hubble recebeu o desprezo da comunidade geológica, trazendo memórias da disputa sobre a idade da Terra de décadas passadas. Os cientistas sabiam com maior precisão o que a crosta terrestre nos dizia, mas e o universo em expansão? O enigma desconcertante da idade do cosmos persistiu por mais algumas décadas, suscitando entretanto novas e interessantes questões e conjecturas.

Tudo o que você precisa é do valor da **constante de Hubble...** e algumas distâncias conhecidas até as outras galáxias. Um pouco de matemática básica lhe dará **a idade do universo.**

Em 1952, o astrônomo alemão Walter Baade, trabalhando nos Estados Unidos, ajudou a reduzir alguns atritos entre os campos “astro” e “geo” quando decifrou um enigma escondido em um certo tipo de estrela. A descoberta dobrou o tamanho do universo, junto com sua idade.

Hubble havia calculado as distâncias até galáxias próximas com um método chamado lei de Leavitt, uma régua cósmica que a astrofísica estadunidense Henrietta Leavitt inventara durante seu trabalho como computador humano em Harvard, no início da década de 1910. O trabalho de Leavitt era catalogar estrelas variáveis, um tipo de estrela cujo brilho varia ao longo do tempo. Entre as estrelas da constelação de Cefeu, ela encontrou uma categoria de estrela variável, agora conhecida como variáveis cefeidas, na qual o padrão de brilho e escurecimento estava diretamente relacionado à luminosidade (em outras palavras, seu brilho intrínseco ou magnitude absoluta). Essa descoberta permite inferir a luminosidade de estrelas variáveis ao cronometrar o seu ciclo. Depois de saber a luminosidade da coisa que você está olhando, você mede seu brilho aparente (em outras palavras, quão brilhante ela parece de onde você se senta), aplica uma equação algébrica simples e calcula a distância até o objeto. Com essa fórmula, Leavitt descobriu como estimar a distância da Terra até muitos objetos dentro da Via Láctea e até mesmo de outras galáxias.

Para Edwin Hubble, esse método simples e brilhante foi uma chave importante para desbloquear milhões de anos-luz e as galáxias distantes que eles continham. Mas depois de uma década de observações cuidadosas, Walter Baade estabeleceu a existência não apenas de um, mas de dois tipos de variáveis cefeidas, e o segundo tipo colocou as galáxias distantes duas vezes mais longe da Via Láctea do que se pensava anteriormente. Agora, com a duplicação das distâncias, a idade do universo também dobrou, para quase 4 bilhões de anos. O número atualizado apaziguaria geólogos e astrofísicos.

Mas ainda não tínhamos terminado de refinar os cálculos.

Alguns anos depois, o astrofísico estadunidense Allan Sandage, assistente de Hubble e aluno de Baade, aumentou a idade do universo para 5,5 bilhões de anos quando percebeu que algumas das galáxias mais brilhantes medidas não eram galáxias, mas sim nuvens de hidrogênio. Após a morte de Hubble, em 1953, Sandage continuou a refinar a constante de Hubble e a idade do universo para cerca de 10 bilhões — muito mais perto de nossa estimativa contemporânea, de 13,8 bilhões de anos.

Durante todo o tempo, Fred Hoyle nunca renunciou ao seu universo sem idade e em estado estacionário, um modelo incompatível com o Big Bang de Lemaître. Durante décadas, as duas visões permaneceram muito contestadas. Infelizmente, Lemaître morreu dois anos antes de uma descoberta fortuita cimentar sua teoria.

Em 1964, por acaso, os físicos estadunidenses Arno Penzias e Robert Wilson mediram a temperatura do cosmos. Enquanto trabalhavam nos Laboratórios Bell, em Nova Jersey, os dois foram encarregados de detectar e eliminar quaisquer emissões de micro-ondas que pudessem interferir com os incipientes satélites de comunicação. Seus equipamentos captavam um ruído tênue e intrigante que emanava de todas as direções do céu, a qualquer

hora do dia e da noite. Ao longo de meses, à medida que a Terra dava a volta ao Sol, o ruído persistia. Esse sinal, sabemos agora, é a coisa mais antiga que já detectamos em nosso universo — a primeira luz já emitida.

Quando nosso universo era apenas um bebê com um bilionésimo de seu volume atual, 380 mil anos após o Big Bang, a luz brotou de seu confinamento anterior dentro do plasma agitado de Tudo. A luz que escapava deixou para trás um padrão, inscrevendo todo o espaço com um artefato mensurável de seu brilho outrora fervilhante. À medida que o espaço se expandia, os comprimentos de onda dessa luz se estendiam — deslocados para o vermelho — na parte de micro-ondas do espectro, imbuindo todo o espaço com uma temperatura de cerca de 3 Kelvin (ou seja, três graus acima do zero absoluto na escala Kelvin), ou -270°C, detectável em todas as direções. Chamamos isso de radiação cósmica de fundo, ou *cosmic microwave background*, carinhosamente conhecida por sua sigla em inglês, CMB.

Quando nos referimos à temperatura do universo, estamos falando da temperatura da radiação cósmica de fundo. Se pudéssemos nos aventurar no lugar mais escuro, frio e vazio do cosmos e colocar um termômetro sensível na janela de nossa nave espacial, esse termômetro leria cerca de 3 Kelvins — três graus acima do limite inferior de temperatura da natureza. Assim como nunca encontraremos um canto do universo que seja verdadeiramente vazio, nunca encontraremos um canto que não sinta esses poucos graus de temperatura.

Quando a luz de uma estrela se expande para fora enquanto viaja pelo espaço, os raios se diluem rapidamente e se tornam indetectáveis a grandes distâncias. A CMB, por outro lado, permeia cada centímetro quadrado, e todo ele tem quase exatamente a mesma temperatura, dentro de uma fração de grau. Isso só pode significar uma coisa: o universo estava todo no mesmo lugar experimentando o mesmo evento ao mesmo tempo. Sim, o responsável por isso é o Big Bang.

O brilho da RS Puppis, uma estrela variável cefeida aqui fotografada pelo Telescópio Espacial Hubble, varia a cada quarenta dias, aproximadamente.

Quando a CMB escapou pela primeira vez há todos esses bilhões de anos, tinha cerca de 3 mil Kelvins e teria sido detectada (se alguém estivesse olhando) principalmente como luz visível e infravermelha. Mas o espaço por onde passava continuou a se estender. Agora mil vezes maiores em todas as direções, os comprimentos de onda se estenderam por um fator de mil — até as longas e frias, mas detectáveis, micro-ondas que Penzias e Wilson captaram em 1964. Muitos bilhões de anos no futuro, elas se transformarão ainda mais em ondas de rádio — uma marca de nascença cósmica desaparecendo à medida que se estende, mas nunca completamente contra a pele do espaço-tempo.

Penzias e Wilson foram encarregados simplesmente de melhorar a comunicação via satélite na Terra. No entanto, ao fazer isso, eles se depararam com a prova cabal do Big Bang: uma descoberta que lhes renderia um Prêmio Nobel. Foi o último prego no caixão do modelo estático e em estado estacionário do universo. Em seu lugar, o universo dinâmico imaginado por Friedmann, Hubble e Lemaître emergiu triunfante e inevitável.

Mas do brilho de cada descoberta cosmológica surgem novos enigmas.

ATÉ A BORDA DO UNIVERSO

Sabemos que o universo está se expandindo e que se expandiu a partir de um único ponto. Além disso, tudo no universo deve obedecer a um limite de velocidade. A razão ditaria que o universo deve, portanto, ter uma borda — a última barreira definidora entre o espaço e, bem, o não espaço. No entanto, por mais razoável que isso possa parecer, surge de uma premissa equivocada, impulsionada em parte pelo ego humano. Quando falamos da borda do universo, na verdade nos referimos à borda do universo observável — o horizonte além do qual a luz, limitada a uma velocidade finita, ainda não teve tempo de alcançar nossos telescópios. O espaço-tempo se expande como um bolinho com gotas de chocolate, como já mencionado. O espaço entre as gotas se expande, não as gotas em si.

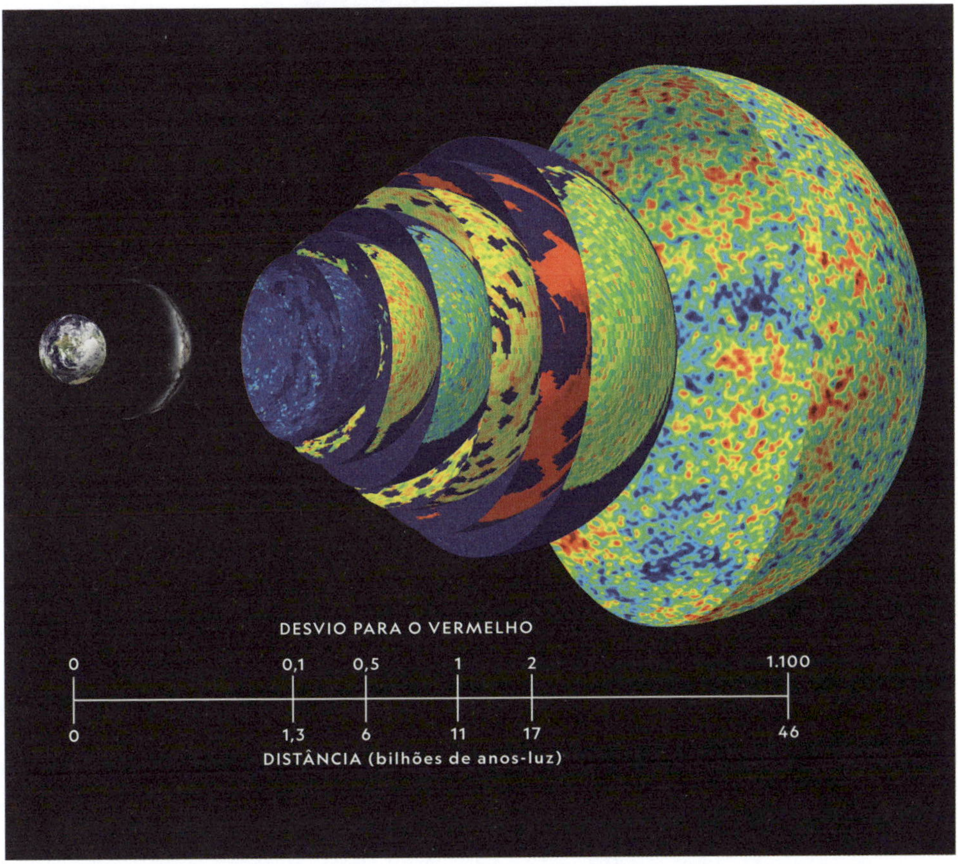

CMB (radiação cósmica de fundo) em diferentes desvios para o vermelho.

Tais comparações são problemáticas, no entanto, pois sabemos que os bolinhos com gotas de chocolate existem apenas em um espaço — em nossa mão, no forno ou em nosso estômago. Em vez disso, poderíamos pensar no bolinho como Tudo com T maiúsculo. Mas, se for assim, você pode perguntar, já que o espaço intersticial está se expandindo, por que ele não está se expandindo entre estrelas, planetas ou mesmo entre as moléculas na Terra? As constelações que vemos no céu noturno também não deveriam perder sua forma à medida que os espaços entre seus componentes incham?

Talvez encontrássemos isso no universo em estado estacionário de Hoyle. Mas em nosso universo, a gravidade — muitas

Nesta concepção logarítmica radial do universo observável, nosso sistema solar fica no centro. Expandindo-se para fora estão os planetas internos e externos, cinturão de Kuiper, nuvem de Oort, Alfa Centauri, Braço de Perseu, galáxia da Via Láctea, galáxia de Andrômeda, galáxias próximas, teia cósmica e radiação cósmica de fundo, com o Big Bang na borda externa.

vezes pensada como uma força fraca — não é tão fraca, afinal. A atração acumulada de matéria mantém cada galáxia — e cada planeta, estrela e molécula residindo nela — como uma única unidade arrumada. São as sementes de papoula. Fora dessas regiões fortemente delimitadas, o espaço sucumbe à força da expansão, crescendo e se esgarçando ao longo do caminho.

Se agora reformularmos a pergunta, talvez indaguemos o que está além da borda do universo observável. Em outras palavras, onde o Tudo termina? O espaço e o tempo começaram em todos os lugares ao mesmo tempo. Só que Tudo era menor.

Até onde podemos deduzir, o que está além da borda do universo observável é mais universo — não diferente do que o que já vemos e conhecemos. Mais galáxias, mais estrelas, mais planetas, mais buracos negros. O universo total pode ter trilhões de anos-luz de diâmetro ou talvez ser infinito.

E no limite disso? Além daquela borda de todas as bordas, daquele território desconhecido do nosso mapa cósmico, simplesmente não sabemos. Não podemos saber. Mesmo que pudéssemos viajar à velocidade da luz em busca das galáxias em fuga, nunca conseguiríamos alcançá-las. Nunca.

ESPAÇO/TEMPO

Podemos testemunhar o passado — não apenas através de fotografias e vídeos nostálgicos, mas cada vez que olhamos para as estrelas. Vemos o Sol não como é atualmente, mas como era há quinhentos segundos, porque esse é o tempo que leva para que a luz percorra a distância entre o Sol e a Terra. Se instantaneamente o Sol esfriasse e escurecesse com o apertar de um interruptor, só saberíamos disso quinhentos segundos depois. Se a mesma coisa acontecesse com a estrela mais brilhante do céu noturno, Sírius, só saberíamos quase nove anos depois.

Imagine uma espécie alienígena avançada em um planeta a algumas centenas de anos-luz de distância. Se eles focarem um telescópio poderoso na Terra, verão um planeta azul com água líquida e uma atmosfera de oxigênio e nitrogênio. Se essa espécie avançada se teletransportar instantaneamente para dar outra olhada, eles encontrarão um planeta algumas centenas de anos mais velho do que a versão que viram pela primeira vez. Esse planeta, eles agora percebem, é invadido por uma espécie que consome todos os seus recursos naturais a uma taxa suficiente para torná-lo inabitável em pouco tempo. E isso são apenas algumas centenas de anos-luz. Sem a ajuda de telescópios, podemos ver estrelas a milhares de anos-luz de distância. O que pode ter acontecido com elas desde que sua luz estelar chegou aos nossos olhos? Não podemos saber. Ainda não.

Se pudéssemos nos teletransportar para um planeta em uma galáxia a um bilhão de anos-luz de distância, poderíamos chegar no meio de uma estrela hospedeira explodindo, ou na vizinhança de um mero pedaço de um mundo há muito destruído por um asteroide que estava em rota de colisão. Observar o espaço profundo não é bem viagem no tempo ou magia, mas é a coisa mais próxima que temos de uma bola de cristal voltada para o passado.

Se ainda não está convencido de que o tempo e o espaço estão fundamentalmente interligados, então você claramente não é um planejador de eventos profissional.

Um convite de festa eficaz deve responder a certas perguntas:

1. Onde será a festa? Em outras palavras, quais são as coordenadas x e y na superfície da Terra?
2. Em que andar será a festa? Ou seja, qual é a coordenada na dimensão z?
3. Qual a data e hora? Ou qual é a coordenada da quarta dimensão?
4. Por fim, o DJ é bom?

Embora Einstein tenha postulado as equações que uniriam espaço e tempo, quem juntou esses dois conceitos independentes de fato foi um ex-professor dele. Três anos depois de Einstein publicar sua teoria da relatividade especial, o físico alemão Hermann Minkowski proclamou uma ideia, escondida à vista de todos, que os convidados da festa deduziram: "Doravante, o espaço por si só, e o tempo por si só, estão condenados a desaparecer em meras sombras, e apenas uma espécie de união dos dois preservará uma realidade independente."

Este gráfico representa a ideia de Minkowski de linhas de mundo no espaço-tempo. Você, o observador, está na junção entre os cones: o passado (abaixo) e o futuro (acima). O plano (azul) é a hipersuperfície do tempo presente.

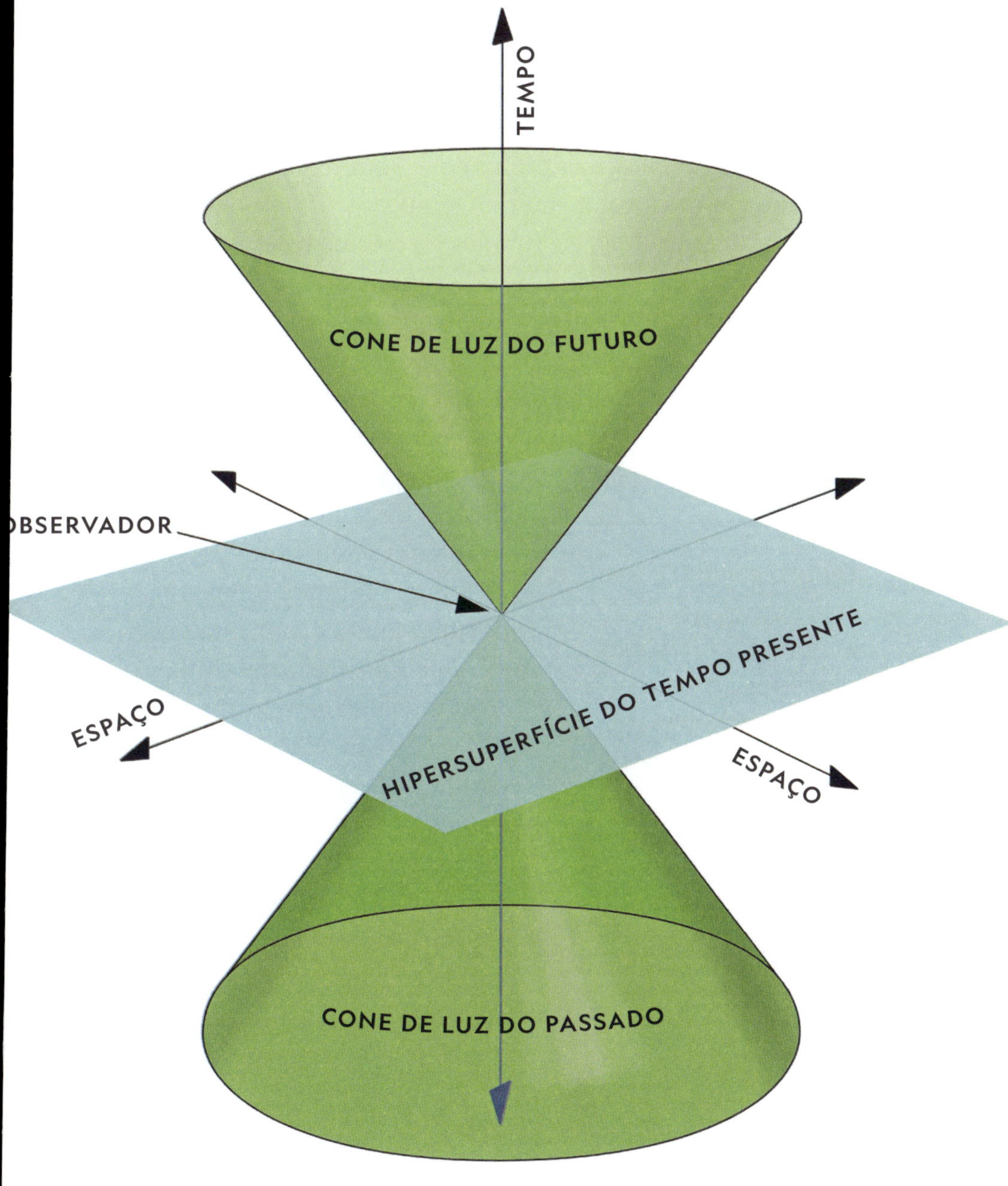
TEMPO
CONE DE LUZ DO FUTURO
OBSERVADOR
HIPERSUPERFÍCIE DO TEMPO PRESENTE
ESPAÇO
ESPAÇO
CONE DE LUZ DO PASSADO

Nesse mesmo discurso, Minkowski introduziu o termo "linhas de mundo". Uma linha de mundo é a trajetória mapeada, incluindo a coordenada temporal, de qualquer objeto, seja uma partícula ou uma pessoa. Uma festa acontece porque as linhas de mundo de todos os participantes se cruzam. O que isso significa — algo simples, mas profundo — é que todos conseguiram ocupar o mesmo lugar ao mesmo tempo.

Tempo e espaço são costurados no mesmo tecido e são plotados juntos em mapas de linhas de mundo. No entanto, eles não têm a mesma natureza nem são igualmente acessíveis ou igualmente inevitáveis. Podemos optar por virar à esquerda ou à direita, saltar para cima ou para baixo. Podemos voar através dos oceanos e viajar para a Lua. Mas quem carrega a dor e se arrepende do passado, quem se angustia com a ansiedade pelo futuro, quem tem dificuldade em vivenciar plenamente o momento presente — o que inclui quase todos nós — sabe que o tempo continua sendo uma dimensão intransponível.

Tempo e espaço são costurados no mesmo tecido e são plotados juntos em **mapas de linhas de mundo.** No entanto, eles não têm a mesma natureza nem são igualmente acessíveis ou igualmente inevitáveis.

Todos avançamos para o nosso próprio futuro exatamente um segundo por segundo — mas não podemos visitar os mortos ou encontrar nossos tataranetos ainda não nascidos. Cada segundo que passa é ao mesmo tempo uma porta fechada e uma porta aberta, pois o tempo nos leva do que foi para o que é e o que será, até o dia em que chegarmos ao nosso destino final no espaço-tempo.

Nossos arrependimentos e preocupações podem diminuir à medida que nossos corpos enfraquecem e envelhecem, mas nosso passado e futuro permanecem tão inacessíveis para nós quanto a estrela mais distante do céu — pelo menos por enquanto.

A maioria das linhas de mundo são simplesmente inalcançáveis, limitadas por nossa incapacidade de manobrar entre as quatro coordenadas. Certamente a borda do universo está eternamente além de nossa linha de mundo. É tão impossível visitar as galáxias mais distantes quanto ler esta frase novamente pela primeira vez.

As pistas para abrir nossas linhas de mundo — desbloqueando caminhos para o passado ou o futuro — não são ouvidas nos cânticos dos médiuns nem encontradas nas cartas dos adivinhos. Elas estão escritas em equações matemáticas. As teorias de Einstein preveem e descrevem o que o físico estadunidense Kip Thorne chama de "o lado distorcido do universo". Esse reino, ele explica, contém coisas e fenômenos formados a partir do espaço-tempo distorcido, e não da matéria regular.

Thorne talvez seja mais conhecido por seu trabalho vencedor do Prêmio Nobel com a equipe do Observatório de Ondas Gravitacionais por Interferômetro a Laser (LIGO, na sigla em inglês), que detectou ondas gravitacionais em 2015, poucos dias depois que os detectores avançados do observatório foram ligados — e exatamente cem anos depois que Einstein publicou as equações prevendo-as. A violenta colisão de dois objetos massivos, como buracos negros ou estrelas de nêutrons, envia pequenas ondulações através do espaço-tempo na velocidade da luz. O deslocamento causado por uma onda gravitacional, medido pelo LIGO, é 10 mil vezes menor que um próton.

Os cientistas do LIGO imaginam usar ondas gravitacionais para observar o universo da mesma forma que já usamos ondas eletromagnéticas para observar a matéria regular. O LIGO abriu uma nova janela para o universo, assim como o telescópio de Galileu quatro séculos antes. As ondas gravitacionais podem revelar aspectos do universo distorcido que apenas começamos a entender. E como elas não são feitas de luz, podemos ser capazes de detectar ondas gravitacionais que datam de um tempo remoto no universo, anterior à CMB.

VIAGEM NO TEMPO: RUMO AO FUTURO

Além das ondas gravitacionais, exemplos do universo distorcido de Thorne incluem o Big Bang, buracos negros, buracos de minhoca e viagens no tempo. Já vimos que o Big Bang é corroborado pela CMB. O LIGO já detectou ondas gravitacionais. Também obtivemos imagens de buracos negros supermassivos. Isso pode significar que buracos de minhoca e viagens no tempo são os próximos na fila para serem descobertos? Talvez não, mas também vale lembrar que quase todas as descobertas que subverteram o conhecimento comum foram prefaciadas por ou recebidas com ceticismo. Às vezes, aqueles que trabalham nas trincheiras da ciência são os céticos mais barulhentos. Buracos de minhoca e viagens no tempo são realmente complicados de

Esta simulação computacional mostra como seria vista a colisão de dois buracos negros há 1,3 bilhão de anos — detectada pela primeira vez pelo Observatório de Ondas Gravitacionais por Interferômetro a Laser (LIGO, na sigla em inglês) — se conseguíssemos uma visão de perto.

conciliar com as leis conhecidas da física, mas isso não impediu grandes mentes — sejam físicos, filósofos, escritores de ficção científica ou diretores de Hollywood — de pensar um universo compatível com essas possibilidades.

O fato de uma ideia ser louca não a torna verdadeira. As latas de lixo das hipóteses científicas transbordam de ideias erradas. Você nunca vai ler sobre elas porque são todas autenticamente loucas, então sinta-se à vontade para adotar um ceticismo saudável em relação a novas ideias.

continua na página 258

CIÊNCIA DE HOLLYWOOD

BURACOS NEGROS NO CINEMA

Kip Thorne esculpiu seu nome na cultura pop quando trabalhou com o diretor Christopher Nolan no *megahit* de ficção científica *Interestelar*. O filme mostra com impressionante precisão os fenômenos estranhos e distorcidos permitidos pela relatividade. Buracos de minhoca, buracos negros, dimensões extras e dilatação do tempo são pontos da trama na narrativa.

Uma das cenas mais marcantes retrata Gargântua, um enorme buraco negro que os protagonistas encontram em nossa galáxia. Thorne trabalhou em estreita colaboração com a equipe de efeitos visuais para produzir o que seria visto ao nos aproximarmos de um buraco negro real: um halo largo e radiante ao redor da sombra escura central, com uma fina faixa de luz atravessando aquela extensão escura — como um Saturno sinistro. O que vemos não é o buraco negro, mas a luz circundante capturada por sua gravidade. O anel em sua seção central é energia giratória, e a borda da esfera de sombra é a luz distorcida atrás do buraco negro, vista de frente.

Interestelar foi lançado em 2014, cinco anos antes de os astrofísicos publicarem a primeira imagem real de um buraco negro, à espreita no centro da galáxia gigante M87. Esse espécime supermassivo — mais de 6 bilhões de vezes a massa do Sol — está localizado a 53 milhões de anos-luz de distância.

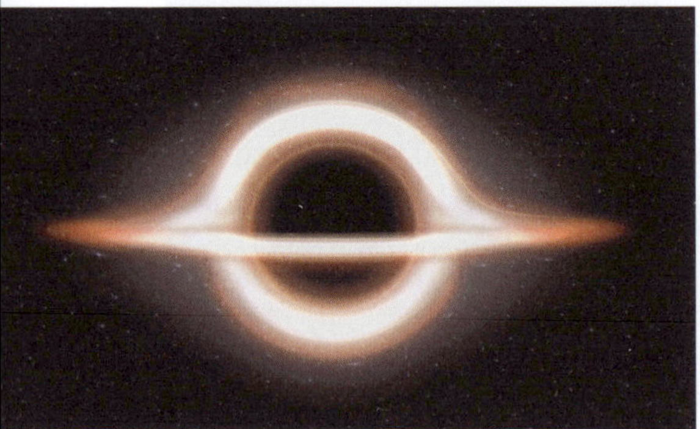

Uma ilustração do buraco negro retratado no filme *Interestelar*, de 2014.

Você notará algumas diferenças importantes entre esses dois retratos de um buraco negro. Claramente, a capacidade de resolução do Telescópio Horizonte de Eventos não pode competir com os efeitos visuais vencedores do Oscar. Ignorando isso, você notará que o anel da barra transversal está visivelmente ausente no M87. Isso não é um descuido, mas o resultado de um ponto de vista diferente. Imagine ver Saturno de cima para baixo ou de baixo para cima: os anéis apareceriam como um halo circular sem barra transversal à vista.

A primeira imagem de um buraco negro, capturada usando observações do Telescópio Horizonte de Eventos do centro da galáxia M87.

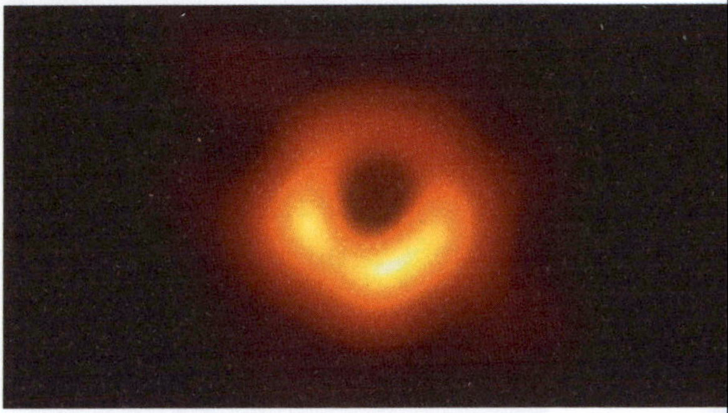

Você também verá que Gargantua é uniformemente brilhante, enquanto um lado do buraco negro de M87 é mais brilhante do que o outro. Esse é o efeito Doppler em ação. Um lado parece mais brilhante porque o conjunto de fótons está se deslocando para o azul, ou se movendo em direção ao espectador, enquanto aqueles no lado mais fraco estão se deslocando para o vermelho, ou recuando à medida que giram atrás do buraco negro. Thorne, bem ciente de que um buraco negro poderia parecer assim para um espectador, optou por sacrificar esse pedaço de ciência por Gargantua.

Este é um exemplo do "problema Tiffany" que surge nos filmes. Cunhada pela autora galesa Jo Walton, a expressão geralmente se refere a obras históricas de ficção, mas pode facilmente se aplicar à ficção científica. "Tiffany" provavelmente soa como um nome estadunidense moderno, popular no final do século XX, mas não muito antes disso, certo? Errado. Na verdade, o nome se originou na Europa no século XII. Assim, uma história sobre alguém chamada Tiffany, ambientada na França durante a Idade Média, seria uma escolha perfeitamente legítima. Mas essa escolha provocaria desconfiança por parte dos espectadores que acham que sabem sobre a legitimidade do nome no tempo e no lugar. Parece muito incongruente e efetivamente distrai o público da história principal.

Da mesma forma, se o Gargantua de *Interestelar* aparecesse visivelmente mais brilhante de um lado do que do outro, os espectadores questionariam o efeito. Seja na ficção científica ou em qualquer outro lugar, os autores das histórias mais bem contadas sabem quando e onde sacrificar a verdade se a precisão pela pura precisão pode distrair ou confundir. Como Mark Twain disse uma vez: "Primeiro, determine os fatos. Depois, você pode distorcê-los quanto quiser."

O clássico cult de H. G. Wells, *A máquina do tempo* (1895).

continuação da página 255

H. G. Wells popularizou a viagem no tempo como um enredo de ficção científica com seu livro *A máquina do tempo*, publicado em 1895. O protagonista da história, um cientista e inventor, cria um dispositivo que o transporta centenas de milhares de anos para o futuro. Embora a história em si seja lembrada por suas críticas sociais e políticas, ela também incorpora a concepção provocativa de Wells sobre o tempo.

Wells propõe uma questão filosófica: "Pode um cubo que não dura nenhum tempo ter uma existência real?", o viajante do tempo do romance pergunta a seus companheiros. "Obviamente", continua ele, "qualquer corpo real deve ter extensão em quatro direções: deve ter comprimento, largura, espessura e duração... Existem realmente quatro dimensões, três que chamamos de três planos do Espaço, e uma quarta, o Tempo".

Embora Wells tivesse uma instrução científica básica e estivesse atualizado sobre a física moderna, essa passagem mostra um pensamento notável, dado que equações para apoiá-la ainda não existiam — e não existiriam até a publicação dos artigos de Einstein.

A teoria da relatividade especial de Einstein de 1905 desvendou o primeiro segredo para a viagem no tempo: a velocidade constante da luz. Isaac Newton presumia um tempo universal — ou absoluto —, o que significa que tudo, em todos os lugares, experimenta e observa o tempo da mesma maneira. É claro que Newton não tinha a menor ideia de que outros sistemas solares, muito menos galáxias, aguardavam para serem descobertos. Mas, se tivesse, ele teria presumido que uma espécie extraterrestre em uma galáxia muito, muito distante poderia sincronizar um relógio com o nosso, e que, salvo quaisquer problemas técnicos com o relógio em si, ambos os relógios permaneceriam em sincronia, e todos nós concordaríamos alegremente sobre a hora e a data de qualquer evento no universo. No entanto, a teoria da relatividade especial de Einstein revela que a simultaneidade de qualquer tipo é uma mera ilusão, e que o próprio tempo varia de um observador para o outro.

Se uma Olimpíada Espacial Intergaláctica ocorresse no universo de Newton, e se espectadores alienígenas e humanos em uma miríade de planetas pudessem testemunhar os eventos de casa, todos concordariam com a duração dos 200 metros rasos. Mas, no universo de Einstein, cada região do espaço-tempo mediria um tempo diferente daquele aferido pelos cronômetros oficiais nas Olimpíadas. A corrida que pode levar 20 segundos do ponto de vista dos velocistas pode continuar por anos do ponto de vista de um mundo alienígena.

O espaço-tempo impõe um limite *de velocidade* ao qual tudo deve se acomodar. Mas o faz de maneiras assustadoras, aparentemente impossíveis. Bem-vindo à relatividade, onde o tempo é — você sabe — relativo.

O espaço-tempo impõe um **limite de velocidade** ao qual tudo deve se acomodar. Mas o faz de maneiras assustadoras, aparentemente impossíveis. **Bem-vindo à relatividade,** onde o tempo é — você sabe — relativo.

Para entender por que nosso mundo se comporta dessa maneira, podemos invocar alguns experimentos mentais simples. Digamos que um carro com faróis brilhantes se aproxima enquanto você fica imóvel. Se um passageiro desse carro jogar uma bola para você pela janela, a bola chegará na velocidade do arremesso mais a velocidade do carro. E os fótons dos faróis? A luz dos faróis também não deveria se mover em sua direção na velocidade da luz mais a velocidade do carro? Não, os fótons não viajam mais rápido do que a velocidade da luz, independentemente da velocidade com que o próprio carro possa estar se movendo.

continua na página 262

CIÊNCIA DE HOLLYWOOD

MORTE POR MÁQUINA DO TEMPO

"Onde estamos?", pergunta um viajante do tempo a outro enquanto emergem de sua máquina do tempo futurista. "Quer dizer *quando* estamos?", retruca previsivelmente o companheiro. Você verá com frequência essa piada em contos, filmes e programas de TV sobre viagens no tempo, mesmo que a frase exponha a incompreensão dos escritores sobre a natureza do espaço-tempo. Na verdade, quase todos os filmes de viagem no tempo que você já viu erram.

Aqui está uma representação mais precisa dessa cena clássica: dois viajantes do tempo emergem de sua máquina do tempo futurista e prontamente sufocam no vácuo do espaço. FIM.

A menos que você esteja viajando apenas horas no futuro, é melhor torcer para que sua máquina do tempo funcione como uma nave espacial. É provável que, quando você chegar à hora e data designadas, a Terra já tenha se afastado há muito tempo das coordenadas que você deixou enquanto continua ao longo de sua órbita ao redor do Sol a 108 mil quilômetros por hora. Seja qual for a hora e a data escolhidas, você também deve especificar um local para seu destino final. Mas pode ainda tentar resolver esse problema viajando exclusivamente em intervalos de ano inteiro, para garantir que a Terra possa ser encontrada no mesmo ponto em sua órbita ao redor do Sol de quando você partiu. O filme *De volta para o futuro*, de 1985, contornou esse problema ao optar por voltar trinta anos inteiros em vez de, digamos, trinta anos e uma semana.

Mas espere um pouco. Mesmo que a Terra estivesse na região esperada de sua órbita, você tem que levar em conta a rotação do planeta, incluindo o fato de que ela oscila em seu eixo. Em latitudes médias, a superfície da Terra gira a cerca de 1.300 quilômetros por hora. Você corre o risco de ressurgir no meio do Pacífico ou no sufocante deserto de Mojave. Então digamos que incorpore esse nível de precisão em seu cálculo de espaço-tempo também. Você ainda não está a salvo.

O próprio Sol, e de fato todo o sistema solar, orbita o centro da Via Láctea a mais de 800 mil quilômetros por hora, completando uma volta a cada 230 milhões de anos. Então você deve levar em conta isso também. Certamente agora você será capaz de pousar exatamente no mesmo ponto da Terra onde entrou em sua máquina do tempo.

Ainda não.

A Via Láctea também se move pelo espaço. Nós e a galáxia de Andrômeda estamos nos movendo uma em direção à outra a 400 mil quilômetros por hora, a uma distância de 2,5 milhões de anos-luz. Então, a menos que você possa considerar o movimento de Tudo ao longo do tempo — em outras palavras, a menos que sua máquina do tempo seja uma máquina do espaço-tempo —, sua viagem será um salto no tempo direto para sua própria morte.

Nesta *fan art*, a TARDIS da série *Doctor Who* salta pelo espaço.

continuação da página 259

Agora imagine algo mais rápido e mais longe de você, como um avião. Os passageiros dentro do avião podem pular para cima e para baixo, andar ou jogar uma bola de uma extremidade da aeronave para a outra, tudo no que eles considerariam velocidades regulares. O referencial deles está preso ao interior do avião. Enquanto ele permanecer em movimento constante, sem mudar de direção, acelerar ou desacelerar, é o mundo deles, relativamente falando. Na Terra, no entanto, a bola que eles estão jogando da parte de trás para a frente se move na velocidade do avião mais a velocidade do arremesso. Enquanto isso, os fótons emitidos pelas luzes de navegação da aeronave se movem à velocidade da luz, nunca mais, igual aos faróis do carro em alta velocidade.

Agora para a parte esquisita. Em uma de suas aulas de ciências você pode ter sido informado que

$$d = v \times t$$

***d* (distância) é igual a *v* (velocidade) multiplicada por *t* (tempo)**

Se a velocidade da luz *(v)* é constante em todos os lugares sempre, então *t* e *d* devem mudar para compensar. Em outras palavras, para duas distâncias diferentes na velocidade da luz, o próprio tempo varia. Esta é a nossa primeira e mais fundamental equação para a viagem no tempo. É a única que você precisa conhecer à medida que nos aprofundamos no espaço-tempo e além. Aqui reside a beleza e a simplicidade da matemática como linguagem do universo. Ideias bizarras como buracos de minhoca, viagens no tempo ou teletransporte são às vezes descritas como "matematicamente possíveis". A equação $d = v \times t$ é um exemplo do que isso significa.

Veja outro experimento mental. Imagine uma nave espacial voando com quase a velocidade da luz. Dentro dessa espaçonave, um astronauta fica no meio e segura duas armas de fótons, uma em cada braço estendido, apontadas para extremidades opostas da espaçonave. Se ele puxar os dois gatilhos ao mesmo tempo, então, da perspectiva dele, a parte da frente e a de trás da nave espacial se acendem no mesmo instante.

Do seu ponto de vista na Terra, no entanto, não é isso que acontece. Você vê a extremidade traseira da espaçonave se iluminar mais cedo do que a dianteira. Quem está correto? A resposta incompreensível é: ambos. Como pode ser isso?

No mesmo momento em que as armas de fótons liberam os feixes de luz, a própria nave é levada adiante. A extremidade traseira se move rapidamente em direção ao feixe de luz que se aproxima, vindo da arma de fótons apontada em sua direção, enquanto a extremidade dianteira recua rapidamente do feixe de luz apontado pela outra arma. Como resultado, embora a velocidade da luz permaneça constante, a distância percorrida pelos dois feixes de luz é diferente. A distância para a parte de trás da nave torna-se menor do que a distância para a parte da frente. Da perspectiva de um observador terrestre, a espaçonave também parece menor à medida que encolhe ao longo da direção de seu movimento. Na dianteira, a distância se torna maior, então a luz leva mais tempo para alcançá-la.

Agora digamos que nosso astronauta acenda a luz do banheiro para se olhar no espelho pendurado ao longo da parede lateral da nave. Do seu ponto de vista, os fótons viajam diretamente da lâmpada para seu rosto, para o espelho e de volta para seus olhos, no caminho mais curto possível. Mas, da perspectiva dos observadores na Terra, a luz toma um caminho mais longo e diagonal em direção ao espelho à medida que a nave espacial avança e se afasta dos feixes de luz. A luz, com sua velocidade finita, deve levar um pouco mais de tempo para chegar ao seu destino final.

Assim como com a arma de fótons, o observador terrestre vê os fótons dessa luz do banheiro viajando por um período de tempo maior do que o período observado pelo astronauta. Estão, mais uma vez, ambos corretos. Do ponto de vista dos observadores terrestres, tudo o que acontece naquela nave espacial realmente acontece mais lentamente. O relógio na parede demora mais para marcar segundos. Os batimentos cardíacos do astronauta diminuem. Ele pousa de volta à Terra um pouco mais jovem que os que ficaram na superfície, apenas por ter se movido

A radiação e as partículas de alta energia de uma estrela distante no espaço profundo interagem com a atmosfera ao redor da Terra, causando uma cascata de partículas subatômicas.

mais rápido pelo espaço. Aí está: viagem no tempo para o futuro. Na física, esse fenômeno é chamado de dilatação do tempo, e os astronautas fazem isso o tempo todo.

Se a espaçonave ficar voando a 95% da velocidade da luz por um ano, o atraso de tempo se acumula. Ao longo dessa jornada, o observador terrestre experimenta três anos para um ano do astronauta. Se a espaçonave parar, virar e voltar à Terra na mesma velocidade, levando mais um ano para fazê-lo, o observador terrestre agora será seis anos mais velho, enquanto o astronauta terá envelhecido apenas dois anos. Ambas as realidades individuais, por mais inconciliáveis que possam parecer às nossas fracas intuições, são precisas e verdadeiras. Isso não é uma ilusão. É física.

No entanto, se a matemática não conseguir convencê-lo dessa verdade simples, mas profunda, talvez a história do múon consiga.

A cada segundo de cada dia, chuvas de raios cósmicos — partículas subatômicas carregadas que atravessam o espaço sideral — atingem a atmosfera da Terra a 99,99% da velocidade da luz. Quando colidem com a nossa densa atmosfera, rapidamente provocam uma "chuva" de partículas menores ainda. Os estilhaços que se seguem consistem em muitas partículas instáveis, incluindo múons, que se assemelham a elétrons, mas carregam 200 vezes mais massa. Sabemos pelo comportamento dos múons em aceleradores de partículas que, deixados à própria sorte, decaem em cerca de dois milionésimos de segundo — cerca de 150 mil vezes mais rápido do que você pode piscar. A taxa média de decaimento é mensurável, precisa e, o mais importante, previsível. Apesar de sua curta vida útil, os múons se movem tão rápido que ainda podem viajar quase um quilômetro desde o nascimento até a decomposição.

No entanto, os múons nascem em chuvas de partículas muito mais altas na atmosfera do que um quilômetro, cerca de 15 quilômetros acima do nível do mar. Consequentemente, eles devem decair muito antes de chegarem aos nossos instrumentos. E, no entanto, apesar de sua vida curta e fugaz, os múons rotineiramente atingem a superfície da Terra. Como, então, eles podem atravessar todas as camadas da atmosfera terrestre e colidir com nossos detectores em terra firme se deveriam ter sido dizimados a muitos quilômetros de altura? A resposta é a relatividade especial.

Lembre-se de que nossa nave espacial parece encolher da perspectiva do observador terrestre que a vê passar. Mas, do ponto de vista do astronauta dentro da nave espacial, é a Terra que encolhe. Mais uma vez, ambos estão corretos. O múon sobrevive a vários quilômetros de atmosfera durante sua vida útil de

HISTÓRIA DA CIÊNCIA

A VISÃO DO HIPERESPAÇO

Agora podemos dizer que tanto o astronauta quanto o múon viajaram para o futuro em relação ao tempo da Terra, movendo-se a quase à velocidade da luz. Na verdade, todos nós viajamos para o futuro, exatamente um segundo por segundo, ou um mês por mês, ou um ano por ano. Movemo-nos para o futuro no mesmo ritmo em relação a nós mesmos, aos nossos próprios batimentos cardíacos, quer nos movamos ou não à velocidade da luz. É por isso que os astronautas não notarão seus relógios diminuindo a velocidade e os observadores terrestres não notarão seus próprios relógios acelerando. Ambos os relógios são precisos. Se traçarmos suas linhas de mundo lado a lado, veremos que os astronautas se moveram mais pelo eixo espacial do que pelo eixo do tempo, em comparação com quem ficou na Terra. Quando suas linhas de mundo se reconectarem, o observador terrestre terá vivido mais tempo no eixo do tempo e estará mais velho.

Dez anos depois de publicar seu primeiro trabalho sobre a relatividade especial, Einstein o estendeu para incorporar a gravidade também, unificando espaço e tempo. Esse trabalho posterior, apelidado de relatividade geral, declarou que, assim como o tempo e a distância se deformam em velocidades extremas, também eles se deformam em gravidade extrema. As novas equações de Einstein significavam que agora havia duas maneiras de viajar para o futuro: mover-se a velocidades mais altas ou experimentar gravidade extrema. De qualquer forma, seu tempo e sua distância se distorcem em relação a um observador, forçando seu relógio pessoal a funcionar mais lentamente.

A relatividade geral também introduziu um universo no qual um objeto com massa suficiente poderia deformar o espaço tão drasticamente que nada seria capaz de escapar. Os buracos negros forneciam o playground conceitual perfeito para refletir sobre a fluidez do tempo, mas até recentemente quase ninguém pensava que tal objeto pudesse existir na natureza.

O próprio Einstein era mais cético sobre encontrar um buraco negro do que sobre detectar ondas gravitacionais. No entanto, um buraco negro foi descoberto décadas antes da descoberta inovadora de ondas gravitacionais pelo LIGO — ondas causadas pela colisão de dois buracos negros.

um quilômetro porque, da perspectiva do múon, a relatividade especial encolhe a atmosfera da Terra para menos de um quilômetro. Isso permite que o múon atinja o solo com segurança antes de decair, estendendo sua breve vida útil. Tal como acontece com o tempo, o comprimento de qualquer objeto — a distância em que ele existe, que pensamos como seu tamanho — é relativo. Certamente isso é uma ilusão. Como uma coisa pode ser de dois tamanhos diferentes?

Invocar a ideia de ilusão implica a existência de uma única verdade derradeira que foi atrapalhada por nossos sentidos. Mas a falibilidade de nossos sentidos não tem lugar na relatividade especial. Só porque o tempo e o comprimento são relativos não significa que não sejam reais. Na verdade, a relatividade nos diz exatamente o contrário: não só eles são reais, como o são de

O tempo e a distância deformam-se a velocidades extremas e em gravidade extrema.

maneiras nunca imaginadas. De nossa perspectiva, o próprio múon encolhe ao longo do tempo em que está em movimento e, portanto, sua vida útil se prolonga.

Enfim, a detecção de múons na superfície da Terra é a melhor evidência que temos para a dilatação do tempo. É uma ocorrência natural, que se repete de forma contínua e é diretamente mensurável. E o tempo se dilata na quantidade exata prevista pela relatividade. Simplesmente não há outra explicação para a razão de esse pequeno pedaço de matéria sobreviver a uma descida à Terra.

Há uma maneira ainda mais precisa de testar a teoria da dilatação do tempo em nosso múon ou em qualquer outra partícula. Uma vez que sabemos a taxa de decaimento precisa da partícula, podemos enviá-la através de um acelerador de partículas, como o Grande Colisor de Hádrons. Essa partícula viverá mais tempo dentro do acelerador do que em repouso — mais uma vez, exatamente de acordo com as equações da relatividade.

BURACOS NEGROS

Combine a teoria da gravidade de Newton com sua ideia de que a luz é feita de corpúsculos. Agora adicione o conhecimento de que a velocidade da luz é finita. Misture tudo na mente de uma pessoa brilhante, e você encontrará motivos para pensar que uma estrela pode ser massiva o suficiente para que sua gravidade atraia tanto essas partículas de luz que elas não consigam escapar. No final do século XVIII, um astrônomo, clérigo e geólogo inglês chamado John Michell descreveu exatamente essa ideia. Ele chamou tais objetos de estrelas escuras. Por mais presciente que tenha sido seu experimento mental, seus escritos caíram na obscuridade por quase dois séculos.

Einstein ressuscitou a possibilidade do que veio a ser chamado de buraco negro quando descreveu um universo curvo moldado por matéria e energia. Se voltarmos à analogia do lençol de borracha e das bolas pesadas para imaginar o tecido do espaço, poderemos ver que, quanto mais maciça a bola, mais a borracha se deforma em resposta, formando um poço gravitacional. Essa deformação dita todas as trajetórias pelo espaço, incluindo as órbitas.

Agora imagine uma bola mais maciça do que todas as outras — uma tão maciça que cria um cânion no lençol. Outras bolas que caem nesse poço profundo não podem escapar, a menos que uma enorme quantidade de energia venha em seu socorro. Passado um certo ponto de sua queda, no entanto, nenhuma quantidade de energia as salvará da inevitável descida. Esse ponto é conhecido como horizonte de eventos, onde a gravidade vence a velocidade da luz. No limiar preciso do horizonte, um fóton tentando sair terá sido roubado de toda a sua energia. O abismo que se esconde dentro do horizonte de eventos é conhecido apenas por personagens fictícios que já ousaram se aventurar lá dentro.

Até 1971, os buracos negros não passavam de um *conceito intrigante.* As equações corroboravam sua existência, mas nenhuma evidência de tal deformação espacial misteriosa havia aparecido. É um trabalho difícil detectar algo feito apenas de gravidade. Um buraco negro isolado é, por definição, indetectável, embora qualquer matéria infeliz o suficiente para ter vagado muito perto revele sua presença.

Até 1971, **os buracos negros** não passavam de um **conceito intrigante.** As equações corroboravam sua existência, mas nenhuma evidência de tal **deformação espacial misteriosa** havia aparecido.

John Michell suspeitava que você poderia detectar uma de suas "estrelas escuras" observando outra estrela luminosa em órbita ao seu redor. De fato, uma estrela supergigante azul levou os astrofísicos pela primeira vez a um buraco negro a cerca de 6 mil anos-luz de distância entre as estrelas da constelação do Cisne. Astrofísicos avistaram a estrela emitindo algumas das mais intensas radiações de raios X já vistas da Terra. Mas a estrela não era a fonte. A fonte era algo próximo a ela — um companheiro miste-

Concepção artística de um buraco negro atraindo e comprimindo densamente toda a matéria circundante.

rioso. Décadas de observação confirmariam, sem sombra de dúvida, que a estranha contraparte da estrela era de fato um buraco negro, canibalizando a estrela supergigante azul, que havia se expandido um pouco demais para seu próprio bem, em órbita. Os raios X detectados eram os estertores de morte energética da matéria estelar giratória, fragmentando-se em seus componentes atômicos à medida que se superaquecia a milhões de graus, formando um disco de acreção luminoso — aquele halo brilhante ao redor da borda de um buraco negro. A estrela moribunda desmascarou um monstro cósmico, de outra forma disfarçado no nada, enquanto devorava sua refeição atômica.

Muitas pessoas tendem a visualizar buracos negros como um aspirador cósmico. Mas não, ao contrário da crença popular, os

EXPLORAÇÃO

GPS E ISS

Se você confia em seus aplicativos de smartphone para obter rotas, solicitar transporte, pedir comida ou encontrar um parceiro, você pode agradecer a Einstein.

Os satélites GPS em órbita média da Terra devem ser calibrados para corrigir a dilatação gravitacional do tempo. Em sua altitude orbital média de 20 mil quilômetros, eles não estão tão inseridos na gravidade da Terra quanto os habitantes da superfície do planeta. A relatividade geral prescreve que seus relógios corram um pouco mais rápido que os nossos. A hora local e suas coordenadas na Terra estão intrinsecamente ligadas entre si, portanto, se os operadores de satélite não corrigissem a ligeira dilatação de tempo acumulada pela diferença de gravidade, humanos e motoristas de Uber nunca se encontrariam, as entregas chegariam ao local errado, e só Deus sabe com quem o Tinder te daria um match.

Mas, espere, e o efeito da relatividade especial? Todos os satélites em órbita média da Terra devem manter uma velocidade de 11 mil quilômetros por hora para permanecer em queda livre. Então os relógios deles não deveriam rodar mais devagar, e não mais rápido, do que os nossos? Sim. Mas quando você faz as contas (os cálculos relativísticos), a alteração na passagem do tempo por conta de estar longe da superfície da Terra é maior do que a desaceleração do tempo causada por viajar rápido em órbita. A relatividade geral, nesse caso, ganha da relatividade especial. E olhem só... *é* ciência de foguetes.

E os astronautas a bordo da ISS, que está em órbita próxima da Terra? Eles se movem a oito quilômetros por segundo, completando uma órbita ao redor da Terra a cada noventa minutos. Em LEO, apenas algumas centenas de quilômetros acima da superfície, a relatividade especial vence. Assim, os astronautas da ISS envelhecem um pouco mais lentamente do que seus amigos na Terra. Quando o astronauta da NASA Scott Kelly pousou de volta à Terra após sua quarta e última estadia, uma maratona de 340 dias a bordo da ISS com um colega russo, ele havia viajado 5 milissegundos no futuro, em comparação com todos nós na Terra, incluindo seu irmão gêmeo, Mark.

Então aí está: os humanos precisarão viajar muito mais rápido por muito mais tempo para se aproximar de quaisquer consequências significativas da dilatação do tempo da relatividade especial.

buracos negros não são isso. Aquela supergigante azul não estava sendo sugada para o buraco negro; suas camadas externas em expansão estavam simplesmente caindo em direção a um poço de gravidade, como as bolas na folha de borracha. O disco de acreção em torno de um buraco negro é apenas a matéria que ainda não caiu.

Estimamos agora que pelo menos 100 milhões de buracos negros existam na Via Láctea — a maioria insignificante, alguns colossais, com a massa variando de algumas vezes a do Sol ao gigante em nosso centro galáctico, com 4 milhões de vezes a massa do Sol. Perto do horizonte de eventos de um buraco negro, um segundo pode equivaler a milhares ou até milhões de anos terrestres. Em seu livro de 2014 que acompanha o filme em que foi consultor, *A ciência de* Interstellar, Kip Thorne resume bem a dilatação gravitacional do tempo com uma frase: "Tudo gosta de viver onde envelhecerá mais lentamente, e a gravidade o puxa para lá."

VIAGEM NO TEMPO: VOLTANDO AO PASSADO

"Pessoas como nós, que acreditam na física, sabem que a distinção entre passado, presente e futuro é apenas uma ilusão teimosa e persistente." —Albert Einstein

Viajar no tempo para o futuro é fácil. Como vimos, os astronautas a bordo da Estação Espacial Internacional fazem isso o tempo todo. A viagem no tempo ao passado, no entanto, requer matemática e tecnologias quase impossíveis.

E, no entanto, as equações também dão conta disso.

Quanto mais rápido você viajar em relação a um observador, mais lento seu relógio irá marcar o tempo. Na velocidade da luz, seu relógio congelará. Se você pudesse viajar mais rápido do que a luz, seu relógio se inverteria. Pense da seguinte forma: se sua nave espacial enviar um feixe de luz enquanto ela está de alguma forma viajando mais rápido do que a luz, você e sua nave vencerão a corrida contra esse feixe de luz. Dê meia-volta e fique atrás dele, e você poderá se ver voando rumo ao vazio.

É divertido imaginar o que poderia acontecer se viajássemos mais rápido do que a luz. Infelizmente, as equações de Einstein proíbem isso. Mas isso quer dizer que viajar mais rápido do que a luz é impossível? Se não for, como então poderíamos viajar mais rápido do que a luz (FTL, sigla em inglês para *faster than light*)? Os cientistas inventaram algumas maneiras altamente criativas de vencer um raio de luz sem nunca exceder o limite universal de velocidade.

MÉTODO FTL #1: ATRAVÉS DE UM BURACO DE MINHOCA

Os físicos o chamam de ponte Einstein-Rosen, mas você talvez o conheça como buraco de minhoca.

Se o espaço pode se dobrar e se deformar, como Einstein descreveu e como buracos negros e ondas gravitacionais já nos mostraram, então talvez o espaço entre dois pontos distantes pudesse se dobrar de tal forma que esses dois pontos acabassem por se unir.

Pense assim: se duas formigas de cada lado de um longo pedaço de papel quisessem se encontrar, você poderia vê-las languidamente rastejando pela extensão em direção uma à outra. Ou você poderia simplesmente intervir na situação e dobrar o papel ao meio, trazendo uma para perto da outra. Da mesma forma, se você pudesse se dobrar para um planeta a 100 anos-luz de distância, você venceria qualquer raio de luz por um século inteiro, supondo que o raio não tomasse o mesmo atalho. Através do seu buraco de minhoca, você poderia injetar instantaneamente mensagens ou pessoas em uma linha de mundo de outra forma inalcançável.

O filme de 1997 *Contato* (baseado no romance de 1985 de Carl Sagan) estabeleceu um alto nível para a representação física precisa em filmes de ficção científica. A história segue as tentativas da pesquisadora do SETI (busca por inteligência extraterrestre, na sigla em inglês) Ellie Arroway de decodificar uma mensagem alienígena, em algum momento levando a sua jornada através de um buraco de minhoca para se encontrar com

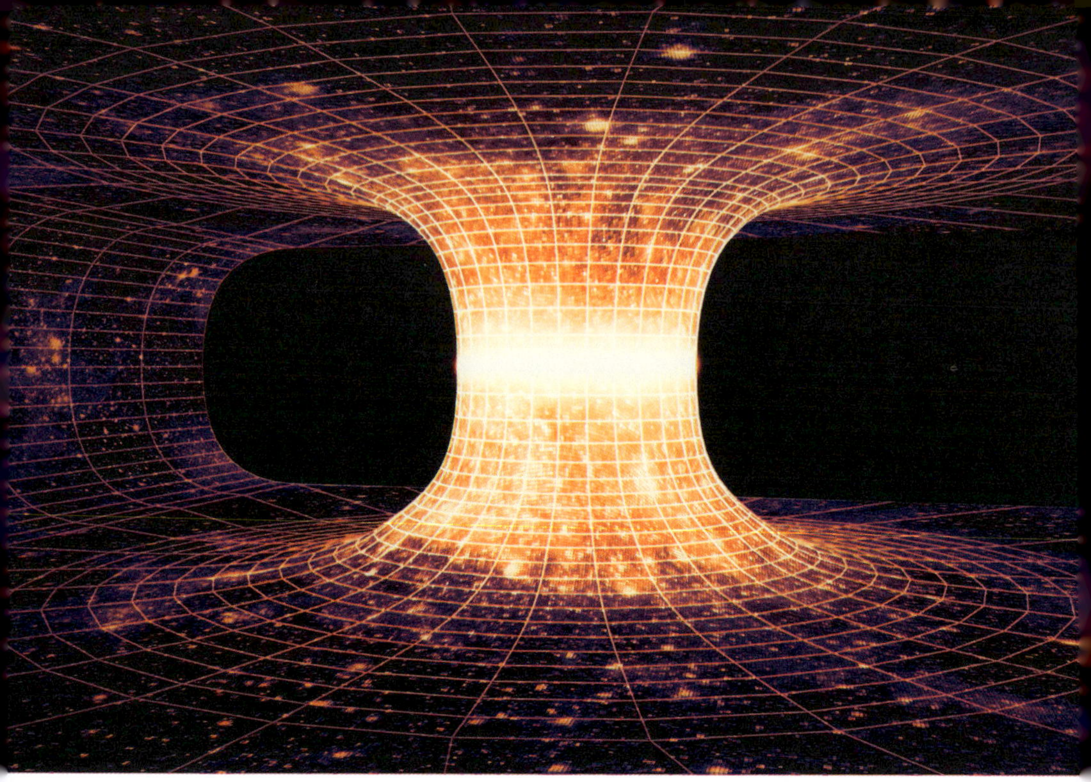

Como uma bola espelhada cósmica vista do avesso, os buracos de minhoca trazem uma série de possibilidades para a festa interestelar.

as espécies extraterrestres avançadas em seu planeta distante. Sagan consultou Kip Thorne, já uma das maiores autoridades em física relativística na época, sobre o melhor método para transportar Ellie de uma galáxia distante para outra em um piscar de olhos. Movidos pelo desejo de contar uma história emocionante, mas precisa, Sagan e Thorne ofereceram ao mundo novas ideias nunca antes entendidas como sendo compatíveis com um universo einsteiniano.

Muito antes de Sagan pedir ajuda para Thorne, outros teóricos haviam ponderado sobre buracos de minhoca. Enquanto ajudava Albert Einstein no Instituto de Estudos Avançados de Princeton, um físico estadunidense-israelense, Nathan Rosen, ajudou a prever essa possibilidade. Juntos eles publicaram um artigo em 1935 sobre a ideia, que inspirou o nome de ponte de Einstein-Rosen. Duas décadas depois, outro físico estadunidense, John Wheeler, cunhou o termo "buraco de minhoca" em um famoso artigo que também provaria que eles eram um paradoxo. Qualquer tentativa de atravessar o ponto entre as duas aberturas conectadas, ele percebeu, desencadearia seu colapso imediato. Um buraco de minhoca é, portanto, fundamentalmente (e letalmente) instável.

Questões e enigmas extraordinários surgem nas fronteiras da cosmologia. Um deles poderia ser: "Com que tipo de matéria exótica uma civilização infinitamente avançada poderia tapar um buraco de minhoca?"

Thorne sabia, tanto pela pesquisa de Wheeler quanto por seus próprios estudos, que um buraco de minhoca procura se fechar em si mesmo tão rapidamente que nenhum fóton pode passar — pelo menos, não intacto. Para mantê-lo aberto por tempo suficiente para que a Dra. Arroway cruze com segurança, evitando assim um fim abrupto e indesejável para a história, a civilização avançada deve cancelar a tendência do portal de entrar em colapso. Eles precisariam empregar algum tipo de matéria imbuída de energia repulsiva e negativa. Kip Thorne chamou-a de matéria exótica, pois ainda ninguém tinha observado nada com tais propriedades.

Observe que Thorne não a nomeou como matéria impossível ou matéria imaginária. Não. Em todos os campos, os melhores teóricos, filósofos e pensadores sabem manter uma porta aberta para o inédito e o improvável. Uma década depois, a cosmologia confirmaria a existência da energia escura, uma substância invisível com gravidade negativa: precisamente as propriedades repulsivas que John Wheeler e Kip Thorne haviam invocado.

A física quântica oferece uma variedade de candidatos intrigantes para a matéria exótica necessária para sustentar a estabilidade de um buraco de minhoca. Vamos supor que alienígenas avançados aproveitaram essa matéria, independente do que ela possa ser, e a usaram para montar um em nosso quintal. (Essa, aliás, é uma premissa de *Interestelar*. Usando um método bastante rebuscado, Thorne postulou como construir uma máquina de viagem no tempo via buraco de minhoca.)

Imagine um buraco de minhoca como uma mola maluca (o brinquedo) conectando dois pontos. Se essa mola maluca fosse estupendamente longa e elástica, uma das extremidades — uma "boca" — poderia dilatar o tempo em relação à outra extremidade. Digamos que uma amiga astronauta peça a você que fique

DILEMA CÓSMICO

UMA CONSTANTE COSMOLÓGICA

Até o final do século XX, a constante cosmológica de Einstein continuou a levantar questões. Destaque entre elas: mesmo que o universo esteja se expandindo, como observamos claramente, a gravidade pode puxar tudo de volta, como Einstein temia?

Em 1998, duas equipes independentes de astrofísicos, observando supernovas distantes através do Telescópio Espacial Hubble, perceberam que as explosões pareciam muito mais fracas do que deveriam se a expansão cósmica estivesse de fato desacelerando. Na verdade, sua análise provou o contrário: que a expansão está de fato acelerando, uma descoberta que lhes rendeu o Prêmio Nobel de Física de 2011. A melhor explicação - na verdade, a única explicação até hoje -, é que uma misteriosa entidade antigravitacional, constituindo cerca de 68% do universo, anula a atração gravitacional de toda a matéria.

Hoje nos referimos a essa entidade como energia escura. Não temos ideia do que é ou de onde veio, mas sabemos que ela existe, moldando o tecido do espaço e do tempo. Em vez de um batente de porta einsteiniano sustentando suavemente o universo e impedindo o seu colapso, a energia escura é mais como uma forte rajada de vento que o estica cada vez mais em um ritmo aterrorizante. De qualquer forma, a temida constante cosmológica de Einstein acabou sendo real, o que significa que foi um grande erro ter chamado sua introdução da constante cosmológica de seu maior erro. Em outras palavras, mesmo quando Einstein estava errado, ele estava certo.

A consequência a longo prazo dessa expansão é o esgarçamento do espaço-tempo até que mesmo a radiação cósmica de fundo se dilua em quase nada. Quando os átomos que constituem o cosmos não colidirem mais, o universo será reduzido ao silêncio frio e escuro.

de guarda em uma extremidade do buraco de minhoca enquanto ela transporta a outra extremidade em sua jornada pelo espaço quase à velocidade da luz. Se ela voltar um ano depois, um ano no relógio dela, encontrará você dez anos mais velho e a sua extremidade do buraco de minhoca também dez anos mais velha. Sua amiga e a outra ponta do buraco de minhoca, no entanto, envelheceram apenas um ano.

Agora, se você passar pela extremidade dela, encontrará seu eu mais jovem esperando pacientemente pelo retorno da amiga. Seu eu mais jovem, testemunhando seu eu dez anos mais velho emergir repentinamente, pode passar pela mesma extremidade do buraco de minhoca para chegar dez anos no futuro. Se você mantiver esse portal de buraco de minhoca aberto, então qualquer geração futura da humanidade poderia agora passar por ele até o momento em que o buraco de minhoca foi criado. Se mantivéssemos a tradição de formar um novo buraco de minhoca a cada ano, os futuros humanos teriam acesso a uma espécie de elevador espaço-temporal que se abre no ano que quiserem — desde que a matéria exótica, aproveitada para esse mesmo fim, mantivesse todos os buracos de minhoca abertos.

Diante de todas essas restrições, buracos de minhoca são possíveis? A principal referência científica hoje quando falamos de buracos de minhoca, Kip Thorne, acha que a resposta é: provavelmente não. Mas em uma palestra de 2019 na Universidade de Cardiff, ele disse ao público: "Ao especular além das fronteiras do conhecimento firme, muitas vezes descobri que estava errado — às vezes de maneiras espetaculares. Portanto, não leve meus pronunciamentos muito a sério." Nunca deixando de ser um teórico, Thorne mais uma vez deixa a porta da possibilidade cósmica ligeiramente entreaberta.

> Buracos de minhoca são possíveis? A principal referência científica hoje quando falamos de **buracos de minhoca,** Kip Thorne, acha que a resposta é: provavelmente não... Nunca deixando de ser um teórico, Thorne deixa a porta da **possibilidade cósmica** ligeiramente entreaberta.

MÉTODO FTL #2: ACIONE O MOTOR DE DOBRA

A série original de *Jornada nas estrelas* do final dos anos 1960 popularizou o dispositivo de ficção científica chamado motor de dobra (*warp drive*, no original), que permitia que naves estelares explorassem todo o universo, fazendo amizade com extraterrestres ou atacando-os. Na década de 1980, *Star Wars* introduziu o hiperpropulsor (*hyperdrive*), que também permitia viagens mais rápidas do que a luz. Esses divertidos artifícios de enredo empregavam termos extravagantes e combustíveis fictícios para descrever a tecnologia fantasiosa.

A velocidade de dobra permaneceu restrita aos roteiros de ficção científica até que o físico teórico mexicano Miguel Alcubierre escreveu o artigo de 1994 "The Warp Drive: Hyper-Fast Travel Within General Relativity" [O motor de dobra: viagens hipervelozes no contexto da relatividade geral]. Ali ele propôs um método que era perfeita embora intrigantemente admissível sob a relatividade especial e geral. Como Kip Thorne, Alcubierre recorreu à matéria exótica — nesse caso, para expandir o espaço atrás de uma nave espacial enquanto contrai o espaço à sua frente.

Sabemos que a relatividade proíbe a matéria de viajar mais rápido do que a luz dentro do tecido do espaço-tempo. Mas não proíbe o próprio espaço-tempo de se esticar à velocidade que lhe aprouver. Um motor de Alcubierre criaria uma bolha de espaço-tempo local em torno de uma nave espacial que poderia viajar a qualquer velocidade pelo espaço circundante. Assim como uma galáxia é carregada à medida que o espaço ao seu redor se expande, a nave espacial e sua tripulação não precisam se mover enquanto a bolha encapsulante carrega a nave como um surfista em uma onda. Com matéria exótica suficiente, manipulado por um motor de dobra, o espaço poderia se espremer na frente e se estender atrás de qualquer nave espacial, fazendo com que essa nave singrasse o espaço a velocidades impossíveis sem violar quaisquer leis da física.

Só porque algo poderia funcionar, ou é consistente com a física conhecida, isso não o torna uma possibilidade realista. A

Um motor de Alcubierre poderia teoricamente contrair o espaço na frente de uma espaçonave e expandir o espaço atrás dela, permitindo que a nave se deslocasse mais rápido do que a velocidade da luz sem violar nenhuma lei da física.

proposta original de Alcubierre exigia mais energia do que poderia ser adquirida de toda a massa do universo observável. Estudos mais recentes reduziram os requisitos a quantidades mais plausíveis, embora ainda improváveis, de energia negativa. E essa energia ainda não foi observada, muito menos aproveitada.

MÉTODO FTL #3: USAR OS TÁQUIONS

O físico Gerald Feinberg introduziu o termo "táquion", do grego *tachys* (rápido), em seu artigo de 1967 "Possibility of Faster-Than--Light Particles" [Possibilidade de partículas mais rápidas do que a luz]. Feinberg encontrou uma brecha nas equações de

continua na página 282

CIÊNCIA DE HOLLYWOOD

VISTAS DO HIPERESPAÇO

Um filme de *Star Wars* estaria incompleto sem a visão icônica de entrar no hiperespaço: "Aperte o cinto de segurança, eu vou dar o salto para a velocidade da luz!" Han Solo avisa seus companheiros na *Millennium Falcon* antes de ligar o hiperpropulsor. Em um piscar de olhos, cada estrela no campo de visão frontal da *Falcon* se inclina em direção à câmera em faixas de branco e azul. É um espetáculo deslumbrante de viagem FTL em *Star Wars*. O uso real de um motor de dobra seria igualmente impressionante, mas visualmente bem diferente.

À medida que o motor de dobra cientificamente preciso de sua nave se aproxima da velocidade da luz, os comprimentos de onda da radiação das estrelas se contraem tão drasticamente (por causa do efeito Doppler) que a luz das estrelas muda para azul, depois violeta, depois para ultravioleta invisível, e daí para outras frequências invisíveis e cada vez mais prejudiciais à saúde. Se sua nave estelar foi tão mal projetada que incluiu um enorme visor de vidro, você gostaria de se manter longe dele para proteger a si mesmo e à sua tripulação dos raios X e raios gama que se aproximam.

Mas se você ousasse dar uma espiada pela janela à frente, o espaço não pareceria escuro — pois, como já sabemos, a radiação cósmica de fundo permeia todo o espaço-tempo. Os comprimentos de onda longos e frios que são invisíveis aos nossos olhos nus também mudariam — encurtando tão consideravelmente que se aproximariam do espectro visível. Todo o céu então brilharia em azul, inundado com a primeira luz do Big Bang.

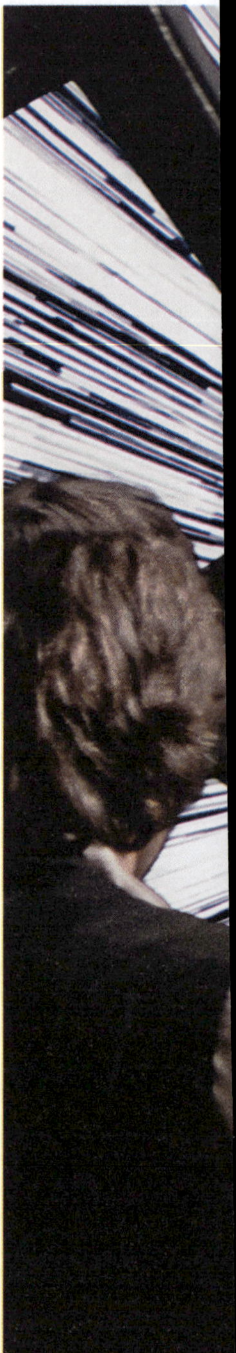

Star Wars: Episódio IV — Uma nova esperança (1977).

continuação da página 279

Einstein que permitiria que uma partícula viajasse mais rápido que a velocidade da luz, desde que o fizesse sempre e para sempre. Ele batizou essa partícula de táquion em oposição às nossas partículas regulares, cotidianas, mais lentas do que a luz, apelidadas de "tárdions".

Estritamente falando, a relatividade especial inibe uma partícula de acelerar além da velocidade da luz. Feinberg propôs que as leis não precisam se aplicar a nenhuma partícula que nasceu na velocidade FTL e continua para sempre na FTL. Sim, os táquions também devem obedecer a um limite de velocidade — um limite de velocidade inferior. Desde que eles nunca viajem mais devagar do que a luz — cruzando essa barreira de velocidade de cima para baixo —, nenhuma equação poderia impedi-los de viajar mais rápido.

Causa e efeito deixam de fazer sentido em um mundo onde os táquions são permitidos. Um aplicativo de mensagens taquiônicas entregaria mensagens de texto antes que um remetente as enviasse.

O táquion, uma partícula hipotética, move-se mais rápido do que a velocidade da luz e viaja para trás no tempo.

Imagine esta mensagem de texto aparecendo em seu telefone taquiônico: "Cuidado com essa casca de banana!" Quando você olhar para baixo, pode apostar, uma casca de banana será esmagada entre sua bota e o chão. A mensagem vem de seu amigo no corredor, o qual momentos antes testemunhou você escorregar e cair.

QUEBRANDO E CONSERTANDO A CAUSALIDADE

Para enviar uma mensagem, uma pessoa ou um único fóton para qualquer lugar com velocidades maiores do que a velocidade da luz exigirá a ajuda de uma civilização incompreensivelmente avançada, vastos estoques inimagináveis de matéria exótica, ou ambos. Mas esses obstáculos tecnológicos são meros contratempos diante do desafio verdadeiramente intransponível da causalidade.

Com um dispositivo de mensagem mais rápido do que a luz, o seguinte cenário pode ocorrer: você é o capitão de uma nave espacial viajando para longe da Terra a 99% da velocidade da luz quando recebe uma mensagem de texto taquiônica de um transmissor FTL baseado em Plutão. A mensagem diz: "A Estrela da Morte acabou de destruir a Terra."

Em sua linha de mundo, no entanto, a Terra ainda não foi atingida. Você poderia ligar seu criador de buracos de minhoca, colocar as coordenadas para a Estrela da Morte e salvar a humanidade em cima da hora.

Mas espere, se você salvar a humanidade, então quem enviou aquela mensagem? Além disso, você recebeu a mensagem antes mesmo de alguém enviá-la. A mensagem FTL quebrou o princípio de causa e efeito.

Isso é o que chamamos de paradoxo. Na física, paradoxos não acontecem e não podem acontecer, ponto final. Vamos traçar algumas linhas de mundo para entender por que essa mensagem chega antes que a Terra exploda.

O eixo de tempo *(y)* em nosso gráfico de linha de mundo bidimensional é vertical, e o eixo do espaço esquerda-direita *(x)* é horizontal. Um gráfico tridimensional da linha do mundo teria um terceiro eixo espacial *(z)* estendendo-se através da parte de trás deste livro e para a frente através do seu corpo — mas, como esse eixo não funciona de forma diferente do nosso eixo espacial *x*, vamos ignorá-lo por enquanto. Se permanecemos estacionários, não nos movemos ao longo do eixo espacial em nenhuma direção e simplesmente viajamos ao longo do eixo do tempo para cima em uma linha vertical reta (em direção ao futuro) a uma taxa de exatamente um segundo por segundo. Podemos traçar isso para uma Terra imóvel e um Plutão imóvel (em relação um ao outro).

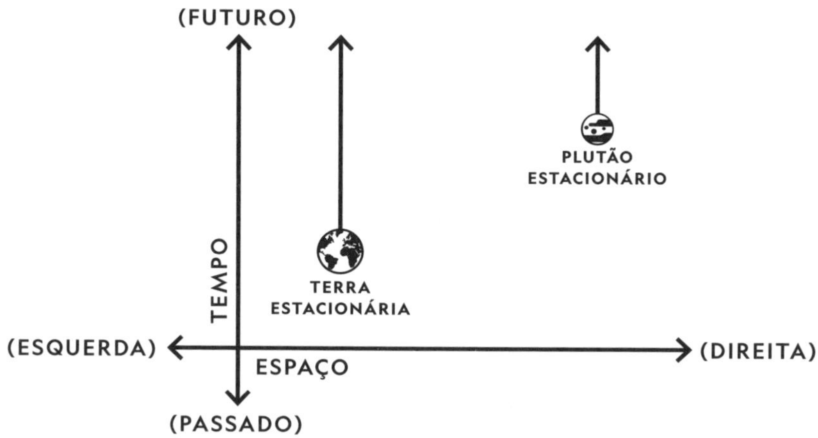

E quanto ao cenário oposto? Se um objeto se move ao longo do eixo espacial em uma linha perfeitamente horizontal, e não ao longo do eixo do tempo, isso significa que o objeto está se teletransportando — através de um buraco de minhoca, talvez.

Todos os objetos do universo que conhecemos, exceto em filmes de ficção científica ou experimentos mentais hipotéticos,

DILEMA CÓSMICO

SOPA QUÂNTICA DE BURACO DE MINHOCA

A maioria dos físicos acha improvável que tropecemos em um buraco de minhoca natural. Ao contrário dos buracos negros, bilhões dos quais vagam em nossa galáxia, os buracos de minhoca não podem existir por conta própria — pelo menos, não os grandes.

Lembre-se de que uma partícula virtual pode surgir e desaparecer da existência mesmo no canto mais escuro e vazio do espaço. Essas flutuações de energia espontâneas e imprevisíveis são a principal razão pela qual não podemos dizer com certeza que qualquer lugar está realmente vazio. John Wheeler, o físico que cunhou o termo "buraco de minhoca", também cunhou o nome para as perturbações espontâneas que podem permear o espaço: espuma quântica.

Wheeler propôs que uma sopa borbulhante de partículas virtuais, buracos de minhoca e outras distorções do espaço-tempo floresce na escala de Planck abaixo e dentro do universo macro aparentemente simples e previsível que habitamos. A escala de Planck é a menor medida que conhecemos. É tão pequena que palavras e analogias não funcionam. Para começar a entender o grau de sua pequenez, poderíamos tomar emprestada a analogia do físico estadunidense Brian Greene: se um único átomo crescesse até o tamanho de todo o universo observável, então a escala de Planck seria do tamanho de uma árvore média na Terra. "Tão grandes seriam as flutuações", propôs Wheeler em seu livro de memórias, *Geons, Black Holes e Quantum Foam* [Géons, buracos negros e espuma quântica], "que literalmente não haveria esquerda e direita, nem antes e depois. Ideias comuns de comprimento desapareceriam. As ideias ordinárias do tempo evaporariam".

só podem se deslocar no eixo espacial esquerda-direita na velocidade da luz ou mais devagar. Em vez de uma linha horizontal (teletransporte), a linha do mundo de um objeto é desenhada em um ângulo de 45 graus acima do eixo do tempo em todas as direções. Este é o nosso cone de luz, e qualquer coisa em nosso

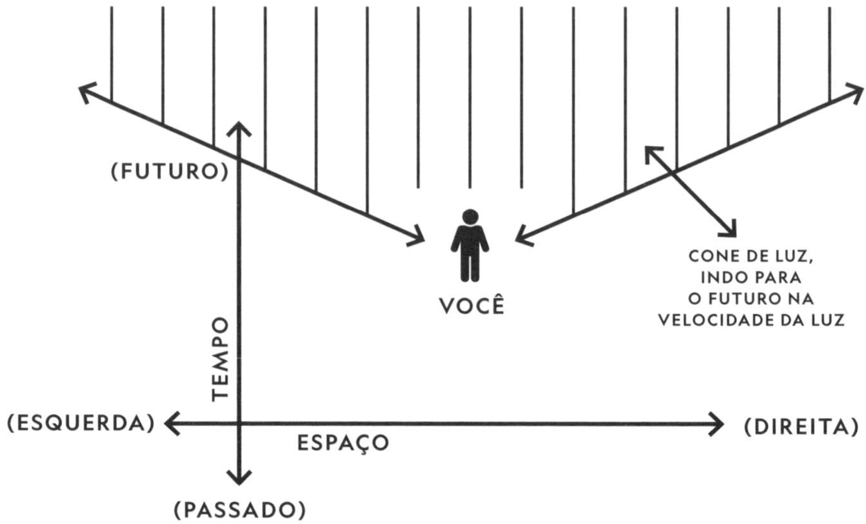

futuro ou presente repousa dentro desse cone de possibilidades. Também podemos desenhar um ângulo de 45 graus abaixo do objeto para representar todos os eventos que poderiam ter sido percebidos em seu passado.

Voltemos agora ao nosso cenário taquiônico. Aqui é onde fica complicado. Essa transmissão FTL não apenas se teletransporta de um ponto a outro no eixo espacial, mas também transcende os limites do cone de luz. Em outras palavras, ela pode chegar dentro de outro cone de luz onde a mensagem em si ainda não havia sido enviada. Quando a Terra explode, a radiação desse evento viajando na velocidade da luz acaba entrando no cone de luz de Plutão. Em seguida, fontes em Plutão disparam uma mensagem de texto taquiônica para sua nave espacial se movendo em relação à Terra e a Plutão. Em sua linha de mundo, você recebe essa mensagem de texto muito antes da luz da explosão chegar à sua nave. Ainda mais estranho do que isso, porém, você recebe a mensagem antes mesmo de Plutão enviá-la. Na verdade, você recebe a mensagem antes que a explosão em si tenha acontecido. A linha de mundo da sua nave espacial em relação à Terra, a Plutão e à explosão não é a mesma. Seus cones de luz de possibilidade são diferentes. Então perguntamos novamente: quem enviou essa mensagem de texto taquiônica se ela chegou antes de ser pensada e digitada?

Este é o paradoxo insuperável da causalidade, também conhecido como "paradoxo do avô". Se você pudesse de alguma forma viajar para o passado e impedir que seus avós se encontrassem, então eles nunca poderiam dar à luz à sua mãe, que nunca poderia dar à luz a você. E se você não nasceu, então você não poderia viajar para o passado em primeiro lugar. Se tudo o que já aconteceu já aconteceu, então não podemos mudar o passado.

Stephen Hawking propôs espirituosamente a necessidade de uma agência de proteção cronológica para manter o universo seguro para os historiadores. De fato, muitas histórias de viagem no tempo brincam com o conceito de policiamento de viajantes do tempo para evitar paradoxos. Nos quadrinhos e no Universo Cinematográfico da Marvel, a Autoridade de Variância Temporal supervisiona a Linha do Tempo Sagrada. A série *The Umbrella Academy*, da Netflix, tem a Comissão, que funciona como uma polícia do tempo. E, claro, os Senhores do Tempo da franquia de TV *Doctor Who* são encarregados de todas as coisas do "barato muito doido de espaço-tempo... coisado" dentro de seu universo.

Causa e efeito parecem governar o universo, reinando supremos sobre a borbulhante espuma quântica que impregna todo o espaço-tempo. Se algo é capaz de quebrar causa e efeito, então tudo o que entendemos sobre nosso universo se quebra com ele. Não há uma maneira simples de contornar o paradoxo da causalidade que surge com a viagem FTL e a viagem no tempo para o passado.

No entanto, há uma peculiaridade de linha de mundo que parece perfeitamente consistente com todas as leis conhecidas da física, mas evita o complicado problema da causalidade: o laço causal, ou paradoxo do suspensório. Um laço causal não requer uma agência de proteção cronológica para preservar nossa linha do tempo de ser prejudicada por viagens no tempo para trás, porque a linha do tempo do laço causal requer nosso retorno ao passado para participar dos eventos.

Lembre-se do exemplo da casca de banana e da mensagem de texto taquiônica. Você está andando pelo corredor quando recebe a mensagem "Cuidado com essa casca de banana!" Assustado, você

DILEMA CÓSMICO

CELEBRANDO SOZINHO

Em 28 de junho de 2009, Stephen Hawking, um dos cientistas mais famosos e amados da história moderna, deu uma festa extravagante. Ele anunciou o evento na televisão e na internet, convidando todas as pessoas do mundo a se juntarem a ele. Ele enviou os convites para todo lado, especificando data, hora e coordenadas geográficas precisas para o grande evento. E, no entanto, ninguém apareceu.

Como uma festa assim poderia se transformar em um fracasso desses? Hawking só enviou o convite depois do evento — de propósito. Era uma festa para viajantes do tempo, com balões, champanhe e uma placa de boas-vindas.

A festa de Hawking foi uma resposta à sua famosa pergunta: se podemos viajar no tempo para o passado, onde estão todos os viajantes do tempo? Se alguém já tivesse inventado uma máquina do tempo que pudesse levá-los a um tempo e lugar específicos no passado, certamente alguém teria chegado a essa festa para beber champanhe com o grande Stephen Hawking.

Se você é propenso a pensamentos conspiratórios, pode se perguntar se os viajantes do tempo mantêm todas as suas viagens em segredo. Talvez eles evitem ver alguém ou tocar em qualquer coisa no passado. Talvez haja uma Comissão que proibiu a presença no evento de Hawking, ou a Autoridade de Variância Temporal tenha podado quaisquer variantes presentes. Talvez um viajante do tempo estivesse escondido atrás das cortinas o tempo todo.

Improvável. Uma coisa que a história humana nos ensina repetidas vezes é que somos péssimos em guardar segredos. Os cientistas podem ser os piores de todos. Como Benjamin Franklin escreveu certa vez no *Almanaque do pobre Ricardo:* "Três podem guardar um segredo se dois deles estiverem mortos."

A icônica máquina do tempo no filme *A máquina do tempo*, de Simon Wells, de 2002.

para imediatamente. Se tivesse continuado andando normalmente, seu pé esquerdo teria passado por cima da casca escorregadia. Mas agora esse pé pousa diretamente em cima dela. Você escorrega e cai. O amigo que enviou a mensagem na tentativa de salvá-lo de seu destino tornou seu tropeço inevitável — uma profecia autorrealizável. Em um laço causal, você pode tentar mudar sua linha do tempo, mas não consegue ter sucesso, não importa o que faça. O futuro já está determinado, e você mesmo o moldou.

A versão cinematográfica de 2002 de *A máquina do tempo,* parcialmente baseada no romance de H. G. Wells e dirigida pelo bisneto do autor, invoca o paradoxo do suspensório com um resultado comovente. Após a morte brutal de sua noiva, o protagonista inventa uma máquina do tempo para voltar e salvar sua vida. No entanto, inevitável e devastadoramente, ele falha ao retornar ao passado para forçar um novo desfecho — mas,

continua na página 292

CIÊNCIA DE HOLLYWOOD

O PARADOXO DO ASSASSINATO DE HITLER

O filme *O exterminador do futuro*, de 1984, foi estrelado por Arnold Schwarzenegger como um ciborgue homicida artificialmente inteligente com uma única missão: matar a desavisada heroína Sarah Connor. O exterminador (página oposta) salta de um futuro pós-apocalíptico, dominado por uma organização de IA maligna chamada Skynet, que busca aniquilar todos os humanos. Sendo combatida por um exército dedicado de humanos liderados por uma pessoa chamada John Connor, a IA tenta impedir seu nascimento matando sua mãe, Sarah, antes que ele nasça.

O paradoxo do avô permitirá à Skynet exterminar a humanidade. Brigas sangrentas e mortes brutais povoam a trama enquanto o exterminador do futuro tenta completar sua missão. Mas se as IAs tivessem alguma compreensão da fisiologia humana, elas saberiam que muito tempo, energia e munição poderiam ter sido economizados simplesmente atrasando o momento da concepção. Se Sarah Connor tivesse concebido seu filho apenas algumas horas depois ou antes, um espermatozoide diferente quase certamente teria fertilizado o óvulo, e o John que lidera os humanos em batalha nunca teria existido. Alguém existiria, mas não o John.

Se fosse possível salvar o mundo de atrocidades indescritíveis viajando no tempo, muitos de nós escolheríamos assassinar Adolf Hitler e assim evitar os horrores que ele desencadeou. A ideia se repete tantas vezes como um artifício de roteiro que se tornou um tópico de debate público: "Ato de isenção de Hitler para viagem no tempo" ou "Paradoxo do assassinato de Hitler".

Mas se simplesmente matarmos Hitler, como podemos ter certeza de que os eventos que se seguem ao assassinato não serão piores do que o que já aconteceu? A Operação Foxley, um plano de assassinato meticulosamente desenvolvido pelo Serviço de Operações Especiais da Grã-Bretanha, encontrou oposição de alguns de seus funcionários por esse mesmo motivo. Em 1944, quando uma ou outra das opções da Foxley deveria ser executada, os erros de guerra de Hitler pareciam preferíveis às estratégias de seus generais mais astutos, que presumivelmente o substituiriam.

Em 1998, meio século após o fim da guerra, o governo britânico divulgou documentos anteriormente secretos sobre a Operação Foxley. Com esses planos detalhados em mãos, um viajante do tempo poderia facilmente voltar e realizar a missão. Quem lê estas palavras, no entanto, sabe que ainda ninguém o fez.

Mas pode haver outra maneira menos violenta de garantir que Hitler nunca assuma o poder. Em 1908, o jovem Hitler foi rejeitado duas vezes pela Academia de Belas-Artes de Viena após seu trabalho ter sido considerado insatisfatório. Um viajante do tempo pode ser mais sábio ao voltar no tempo e transformar essa carta de rejeição em uma carta de aceitação. Talvez o Hitler artisticamente bem-sucedido nunca tivesse encontrado tempo para a ambição política que mergulharia o mundo nas trevas e na guerra. Talvez o artista tivesse se deleitado com a criação e não com a destruição. Ou talvez tudo o que ele realmente precisava era de um abraço.

continuação da página 289

novamente, sua noiva é morta. Derrotado, ele percebe que ela não pode ser salva e que, se ela tivesse sido, ele nunca teria inventado a máquina do tempo que tentaria salvá-la. O futuro de ambos foi criado pelos eventos que o precederam.

Outra brecha para o problema de causalidade — semelhante ao paradoxo do suspensório — é oferecida pela partícula gênio (*jinnee*). Proposta pelo físico russo Igor Novikov e seu colega A. Lossev, a linha de mundo de uma partícula gênio, ou sua existência, é um ciclo fechado. Não tem começo nem fim no espaço-tempo. Batizada em homenagem aos seres poderosos que aparecem, desaparecem e se metamorfoseiam por magia da cultura islâmica, uma partícula gênio pode ser um objeto, uma pessoa ou até mesmo uma informação.

Imagine-se viajando de volta para as ruas de paralelepípedos da Viena de 1804. Ao passear, você cantarola sua música favorita — a *Quinta Sinfonia* de Beethoven. Sem que você saiba, o grande compositor, embora atormentado pela surdez crescente, está andando por perto e ouve seu cantarolar. Movido pelas notas poderosas, ele vai para casa e escreve um dos temas sinfônicos mais famosos da história. Se ele não tivesse escrito as notas, você não poderia tê-las cantarolado. Se você não as tivesse cantarolado, ele não as teria escrito. Neste exemplo, a *Quinta Sinfonia* é uma partícula gênio, sem origem clara. Sempre foi e sempre será, presa no ciclo de sua própria linha do tempo.

MUITOS, MUITOS E MUITOS MUNDOS

O conceito filosófico conhecido como navalha de Occam nos diz que a solução mais simples é quase sempre a solução correta. A solução mais simples para o nosso problema de causalidade é que a viagem no tempo é simplesmente impossível — que as leis da física a proíbem. A segunda solução mais simples é que a viagem no tempo para trás é de fato possível, mas apenas sob a supervisão de uma agência de proteção de cronologia que cuida de cada detalhe, e impede qualquer alteração na linha do tempo

No famoso experimento de fenda dupla, uma fonte de luz brilha em direção a uma placa contendo duas fendas estreitas e cria uma imagem em uma tela atrás da placa, demonstrando que os fótons se comportam tanto como ondas quanto como partículas.

pré-escrita. Mas não se desesperem, entusiastas de viagens no tempo. Os cosmólogos são justamente reconhecidos por sua tenacidade, especialmente quando se trata de brechas nas equações de Einstein que podem render uma boa história.

Outra saída para a causalidade passa pela espuma quântica: o caldo borbulhante de flutuações quânticas de partículas e talvez até buracos de minhoca que floresce na escala de Planck. No mundo quântico, onde impera o princípio da incerteza de Heisenberg, tudo é ao mesmo tempo uma onda e uma partícula. Particulondas existem em um estado de probabilidade; todas as opções são possíveis. Mas no momento que você a mede, no momento que você identifica onde ela está, a particulonda se cristaliza em uma partícula em um único local, constituindo uma única possibilidade. O que os físicos agora chamam de interpretação de muitos mundos (MWI, na sigla em inglês) faz uma pergunta: e se todas essas possibilidades quânticas forem tão reais quanto a única que foi medida? Se todas as opções estiverem disponíveis e forem reais, essa multiplicidade se manifestaria como muitos universos.

Sabemos agora que um fóton é ao mesmo tempo uma partícula, como Isaac Newton disse, e uma onda, como Christiaan Huygens afirmou. Ambos estavam certos. Em escalas macro, não podemos ver essa dualidade onda/partícula, essa oscilação, mas em escalas subatômicas podemos testá-la e observá-la. O famoso experimento de dupla fenda de Thomas Young em física, que remonta a 1801, mostra quanto o mundo físico se comporta de modo estranho quando o observamos na menor escala possível — e ainda mais quando não o observamos.

Sabemos agora que um **fóton** é ao mesmo tempo uma **partícula,** como Isaac Newton disse, e uma **onda,** como Christiaan Huygens afirmou. Ambos estavam certos.

Digamos que você tenha uma arma especial que disparará fótons individuais, um de cada vez, em um anteparo com duas fendas extremamente estreitas. As fendas são pequenas o suficiente para permitir que cada fóton entre em apenas uma fenda ou em nenhuma, mas não em ambas. Cada vez que você disparar a arma, o fóton vai, com certeza, escolher uma fenda ou nenhuma, exatamente como você esperaria.

Faça o mesmo experimento várias vezes e, no fim, seus dados apontarão firmemente para cada fenda recebendo a metade dos fótons visitantes. Se cada fóton deixasse para trás uma marca indicando aonde eles chegaram, você poderia olhar por trás do anteparo com as fendas, para encontrar duas linhas bem evidentes, uma atrás de cada fenda. Se você cobrir uma fenda, observará uma única linha de fótons. Isso tudo é perfeitamente normal. Traduz o comportamento racional de qualquer partícula. Se você disparasse pequenas bolas de paintball em vez de fótons em um tipo semelhante de barreira, veria os mesmos resultados: duas linhas limpas atrás do anteparo com as fendas onde cada bolinha de tinta chegou.

Mas é aqui que o experimento fica inexplicavelmente estranho. Agora digamos que você saia para almoçar e deixe o teste continuar de forma autônoma. Você configura a arma para disparar continuamente um fóton de cada vez na barreira. Ao retornar, você espera ver o mesmo padrão de duas linhas limpas na parede atrás da barreira, assim como antes. Em vez disso, o que você vê é um enigma cósmico ainda não resolvido.

Onde antes você via duas linhas evidentes, agora você vê muitas. O padrão de linhas que decora a parede dos fundos é o mesmo que você pode ver na superfície de um lago onde duas ondulações se encontram. O padrão implica que dois fótons, deslocando-se em um movimento ondulatório, colidiram um com o outro várias vezes enquanto você estava almoçando. Sua arma de fótons falhou e começou a disparar dois fótons ao mesmo tempo?

Não. O que aconteceu foi que, enquanto você não estava olhando, o único fóton escolheu as duas fendas ao mesmo tempo e interferiu em *si mesmo*. Em vez de se comportar como uma partícula seguindo um padrão previsível, o fóton se comportou como uma onda. Mas isso não é tudo. Não só o fóton escolheu as duas fendas ao mesmo tempo; ele escolheu todas as opções

A Linha do Tempo Sagrada vista em *Loki*, dos Estúdios Marvel (1ª temporada, episódio 6).

de uma só vez. Passou pela fenda esquerda, pela fenda direita e por nenhuma das fendas.

Esse não é um experimento mental. Inúmeros experimentos de dupla fenda foram realizados por cientistas meticulosos durante o século passado. Todas as vezes, os resultados mostram que o próprio ato de observação faz com que os fótons se comportem como partículas e tomem uma decisão entre as fendas. Quando desviamos o olhar ou desocupamos o laboratório, elas se derretem em ondas que optam por todas as possibilidades. Uma vez que as particulondas são observadas ou medidas, elas existem como partículas com uma única localização no espaço-tempo — a observação obriga um fóton a apenas uma opção ou realidade. Mais um exemplo de um fenômeno quântico assustador.

O físico estadunidense Hugh Everett III, quando era doutorando sob a orientação de John Wheeler, escreveu uma tese desconcertante oferecendo uma nova interpretação dos resultados demonstrados pela dupla fenda. Sua ideia foi ridicularizada e rejeitada e não foi seriamente considerada até os últimos anos de sua vida. Everett propôs que todas as probabilidades da particulonda não medidas são tão reais quanto os resultados medidos. A cada instante da decisão de cada partícula quântica, o universo se ramifica em um universo separado e paralelo no qual a opção não escolhida foi escolhida. Ele audaciosamente sugeriu que a explicação mais simples para a tendência de uma partícula de escolher todas as opções de uma só vez — sua superposição — é que ela escolhe todas as opções de uma só vez em todos os momentos, quer a observemos ou não.

O observador vê o fóton escolher uma fenda e uma cópia desse observador vê o fóton escolher a outra, mas nenhum observador ocupa o mesmo universo, e nem são a mesma pessoa. As implicações da explicação de "muitos mundos" de Everett, como agora é chamada, estabelecem uma visão de mundo que é uma lição de humildade maior e mais surpreendente do que a heliocentricidade, o universo em expansão e até mesmo a possível descoberta de extraterrestres inteligentes. O que Everett propôs é que

Interpretação artística das emissões de fótons.

o nosso não é o único universo, mas apenas um de um número infinito de universos. Nosso planeta é apenas um de infinitas Terras, e você é uma das infinitas versões daquele que executa o experimento.

Toda vez que um físico quântico observa um fóton entrando na fenda direita, pelo menos mais dois universos se ramificam do seu: um em que o fóton entra na fenda da esquerda e outro em que escolhe as duas fendas. Se cada partícula do universo se comporta assim, então, de acordo com a hipótese de muitos mundos, um número incompreensivelmente grande de mundos aparece a cada micromomento que passa. Tudo o que poderia acontecer, acontece. Mas só sabemos, e só podemos saber, um resultado.

Essa ideia não deve ser confundida com a teoria do multiverso, que prevê, entre outras coisas, que todo o nosso universo é uma única bolha em meio a infinitas outras bolhas do universo, todas coexistindo no espaço-tempo; poderíamos sonhar em um dia abrir um buraco de minhoca para um desses outros universos. Uma interpretação de muitos mundos do universo, por outro lado, diz que nunca poderíamos interagir com nenhum dos mundos paralelos. Não é uma questão de eles existirem fora do alcance de nossos telescópios. É que eles existem além do alcance de tudo o que constitui o nosso cosmos.

E assim, se a interpretação de muitos mundos for verdadeira, então um viajante do tempo atrasado não pode violar a causalidade porque outro mundo, onde a causalidade é preservada, automaticamente surge. A solução de muitos mundos pode não ser simples, mas é a explicação mais simples para as esquisitices em escalas quânticas.

E QUANTO AO LIVRE-ARBÍTRIO?

Reflita sobre isto: você volta no tempo em velocidade FTL, seja por buraco de minhoca ou motor de dobra, até o momento antes de partir. Para testar a hipótese dos muitos mundos, você decide disparar sua arma de plasma e explodir sua própria nave antes que ela saia. Se a hipótese for verdadeira, então você superará o paradoxo causal. No momento que você viaja no tempo, seu universo se ramifica em um universo totalmente diferente. Você volta no tempo e explode uma nave espacial, mas nunca foi sua nave espacial. Você está escrevendo uma nova linha do tempo.

Dentro dos termos dessa hipótese, um viajante do tempo que ruma ao passado é também um viajante de um universo paralelo. Todo ato que, de outra forma, alteraria uma linha do tempo já estabelecida em um universo, aconteceria em um universo diferente, preservando a linha do tempo anterior. O antigo "você" que teria voltado no tempo desaparece da linha do tempo que, de outra forma, teria sido violada.

Mas e o "você" do passado que o futuro "você" deixou? Aquele antigo você ainda escolheria partir na velocidade da luz para voltar no tempo para explodir sua própria nave, novamente causando uma divisão do universo? Em outras palavras, mesmo que o universo original sofra uma cisão no momento da violação de causalidade, nada mudou nesse universo para impedir o resultado original. Cada neurônio em funcionamento, cada pensamento, memória e sentimento que culminaram em sua decisão ainda culminariam nessa mesma decisão.

Essa decisão foi predeterminada por todos os eventos que a precederam, incluindo sua composição genética, seus traumas de infância e sua própria consciência?

Agora estamos diante de uma questão central: o livre-arbítrio. Ela une todas as ciências e filosofias. O nosso futuro já está escrito pelos acontecimentos do nosso passado? Uma série rígida e inevitável de eventos foi desencadeada pelo Big Bang, ou podemos alterar nossa linha do tempo?

Mesmo as mudanças mais sutis de um viajante do tempo em sua própria linha do tempo podem render uma realidade inteiramente nova. Os estatísticos chamam esse fenômeno de efeito borboleta, e os cientistas que trabalham na teoria do caos sabem que nunca devem subestimar a magnitude dos eventos em cascata que se desenrolam a partir de um único evento, aparentemente inócuo.

Imagine-se voltando muitos anos antes de embarcar na aventura espacial onde você pretende testar a hipótese de muitos mundos. Como um pequeno ângulo que se abre cada vez mais em distâncias cada vez mais longas, qualquer pequena mudança em seu passado de longa data pode alterar descontro-

"Para onde vamos, não precisamos de estradas."
— Dr. Emmett Brown, *De volta para o futuro* (1985).

ladamente seu futuro. Talvez um adorável cachorrinho vira-lata apareça no caminho do você do passado, e assim, em vez de ir à livraria, como você estava planejando fazer naquela manhã, você mude de rumo e leve o filhote para casa.

Se você não tivesse encontrado o filhote, teria continuado caminhando até a livraria, onde conheceria um novo melhor amigo que despertaria seu interesse pela poesia. E assim, como você nunca o conheceu, você nunca foi ao recital de poesia no qual outro momento crucial aconteceu.

A linha do tempo muda, a tal ponto que você nunca se aventura no espaço e, portanto, nunca viaja no tempo para encontrar o filhote em seu caminho. Você é uma pessoa completamente diferente, imbuída de memórias diferentes, assaltada por medos diferentes, movida por esperanças diferentes, todas transmitidas à sua consciência através de neurônios conectados de forma diferente em seu cérebro.

A JORNADA CONTINUA

Que bela jornada tem sido essa busca humana interminável para ter acesso aos céus.

Viajamos para longe de nossa localização terrestre e de nossas noções egocêntricas do lugar que ocupamos no cosmos. Passamos a entender a natureza da atmosfera — esse manto único de gases que nos envolve, protege-nos e permite que a vida floresça neste planeta. Vislumbramos nosso Sol, nossa Lua e nossos planetas vizinhos, primeiro estando na Terra, telescópios a postos, e depois enviando espaçonaves para cima e para fora de nossa pequena concha, com cada geração descobrindo mais e mais mistérios cada vez mais distantes.

Evoluímos da contagem de planetas no sistema solar para a contagem de universos no multiverso, de questionar se a Lua e o Sol orbitam nosso mundo para questionar a causalidade no contínuo espaço-temporal.

Quanto mais podemos nos impressionar? Quanto mais há para observar, conceituar e entender? O que mais o cosmos nos ensinará? No limite da curiosidade, onde a descoberta encontra o mistério, deparamos com um desfile interminável de enigmas que nunca poderíamos imaginar décadas antes — o delicioso resultado de explorações no espaço ilimitado e no tempo infinito.

O pensamento científico sempre deixa a porta aberta para o aparentemente impossível. Então talvez exageremos — mas apenas um pouco — quando declaramos que o infinito é apenas uma pausa momentânea no caminho para destinos ilimitados que nos aguardam. Por tudo o que sabemos, nossa jornada cósmica apenas começou.

A Câmera de Infravermelho Próximo do Telescópio Espacial James Webb capturou esta impressionante imagem em mosaico da região de formação estelar da Nebulosa de Tarântula; seu tamanho é estimado em cerca de 340 anos-luz de largura.

AGRADECIMENTOS

Obrigado a Avis Lang por suas edições incansáveis e heroicas de nosso manuscrito inicial, mais uma vez garantindo que dizemos o que queremos dizer e que queremos dizer o que dizemos.

Também agradecemos à editora-executiva Hilary Black e à editora sênior Susan Tyler Hitchcock, da *National Geographic*, cujas intuições criativas e cuja sabedoria editorial serviram como guias ao longo de nossa própria odisseia cósmica que se tornou este livro.

O resto da equipe de publicação e design da *National Geographic* fez o que faz de melhor: transformar páginas de palavras em banquetes para os olhos. A equipe inclui a gerente de projeto editorial Ashley Leath, a diretora criativa Elisa Gibson, a designer Nicole Roberts, o diretor de fotografia Adrian Coakley, a editora de fotos Katie Dance e o editor de produção Michael O'Connor.

Finalmente, agradecemos à nossa amiga e colega Janna Levin por nos emprestar seu conhecimento e conselho como cosmóloga, e também como uma brilhante escritora e comunicadora.

Lindsey Nyx Walker também agradece a Adrian Solgaard o inabalável apoio em meio às tristezas e alegrias que os escritores enfrentam; a Helen Matsos, por sua orientação, amizade e sábia mentoria; ao professor Ralph Engelman, ao professor Curtis Stephen e ao professor Donald Bird, que provocaram e encorajaram sua busca incessante por encontrar e propagar a verdade. E por último, mas não menos importante, a Sue Ann Walker e Wallace Walker, por tudo o que são, e por incutir nela o amor pelas palavras e pela investigação.

SUGESTÃO DE LEITURA

Algumas partes deste livro são baseadas em três dos ensaios de Neil publicados na revista *Natural History*, que sofreram profunda revisão:

Tyson, Neil deGrasse. "The Coriolis Force." *Natural History*, março/1995.

———. "Tides and Time." *Natural History*, novembro/1995.

———. "Shocking Truths: If You Break the Sound Barrier, You Can Make Quite a Stir." *Natural History*, setembro/2006.

PARTE UM

Galilei, Galileu. *Sidereus nuncius*. 1610.

———. *Dialogus de systemate mundi*. 1641.

Glaisher, James. *Travels in the Air*. R. Bentley, 1871.

Newton, Isaac. *Philosophiae naturalis principia mathematica*. 1687.

Tyson, Neil deGrasse e Lang, Avis. *Accessory to War: The Unspoken Alliance Between Astrophysics and the Military*. W. W. Norton & Co., 2018.

Weir, Andy. *Perdido em Marte*. Editora Arqueiro, 2014.

PARTE DOIS

Gates, Jr., S. James e Pelletier, Cathie. *Proving Einstein Right: The Daring Expeditions That Changed How We Look at the Universe*. PublicAffairs, ed. ilustr., 2019.

Hamacher, Duane. *The First Astronomers: How Indigenous Elders Read the Stars*. Allen and Unwin, 2022.

Kepler, Johannes. *Somnium*. 1608.

Starkey, Natalie. *Catching Stardust: Comets, Asteroids and the Birth of the Solar System*. Bloomsbury Sigma, 2018.

Zubrin, Robert e McKay, Christopher. "Technological Requirements for Terraforming Mars." American Institute of Aeronautics and Astronautics, 2012.

PARTE TRÊS

Doyle, Arthur Conan. "The Horror of the Heights." *Strand Magazine* 46, nº 275 (1913).

Huygens, Christiaan. *Cosmotheoros: Or, Conjectures Concerning the Inhabitants of the Planets*. 1698.

———. *Treatise on Light*. 1690.

Maxwell, James Clerk. "A Dynamical Theory of the Electromagnetic Field." *Philosophical Transactions of the Royal Society*, 1865.

Swenson Jr., Loyd S. *Ethereal Aether: A History of the Michelson-Morley-Miller Aether-Drift Experiments, 1880–1930*. University of Texas Press Austin, 1972.

PARTE QUATRO

Gott, J. Richard. *Time Travel in Einstein's Universe*. Houghton Mifflin, 2001.

Greene, Brian. *Light Falls: Space, Time, and an Obsession of Einstein* (audiolivro). Audible Studios, 2016.

Hawking, Stephen. "Chronology Protection Conjecture." *Physical Review D* 46, nº 603 (1992).

Levin, Janna. *Black Hole Survival Guide*. Knopf, 2020.

———. *How the Universe Got Its Spots*. Princeton University Press, 2002.

Lossev, A. e Novikov, I. D. "The Jinn of the Time Machine: Nontrivial Self-Consistent Solutions." *Classical and Quantum Gravity* 9, nº 10 (1992).

Thorne, Kip S. *A ciência de* Interestelar*: uma viagem ilustrada pelas teorias por trás do premiado filme de Cristopher Nolan*. Belas Letras, 2024.

———. *Black Holes and Time Warps: Einstein's Outrageous Legacy*. W. W. Norton & Co., 1994.

Wheeler, John Archibald. *Geons, Black Holes, and Quantum Foam*. W. W. Norton & Co., 1998.

CRÉDITOS DAS IMAGENS

Capa, Nick Liefhebber; 3, A. Ghizzi Panizza/ESO; 6, NASA/JSC; 8, Corey Ford/Stocktrek Images/Science Source; 12–3, NASA, ESA, CSA, STScI; 14, NASA/Goddard Space Flight Center/Reto Stöckli; 16, Miguel Claro/ Science Source; 20, Sergio Anelli/Electa/Mondadori Portfolio/ Getty Images; 25, NASA/JSC; 27, Steven Kazlowski/Nature Picture Library/ Alamy Stock Photo; 32, Science & Society Picture Library/Getty Images; 35, krunja/Adobe Stock; 36, Photo © GraphicaArtis/Bridgeman Images; 38, Jay Nemeth/Red Bull Stratos; 41, Carlos Clarivan/Science Source; 44–5, NASA/JPL-Caltech; 50, Hans Strand/Folio Images/ Alamy Stock Photo; 55, NASA; 60, Michael Seeley; 62, NASA/MSFC; 64–5, NASA/ Bob Nye; 66, Mark Thiessen/National Geographic Image Collection; 70, Mikkel Juul Jensen/Science Source; 75, Glenn Clovis; 78–9, Fotoilustração de Marc Ward, com elementos da NASA/ Shutterstock; 81, NASA/JPL-Caltech; 82, Dr. J. Durst/Science Source; 84, Science Source; 89, NASA/SDO; 90, Science & Society Picture Library/Getty Images; 94–5, NASA/Johns Hopkins University Applied Physics Laboratory/ Carnegie Institution of Washington; 99, Everett Collection; 104, Eckhard Slawik/Science Source; 111, Christian Jegou/ Science Source; 114, Lynette Cook/Science Source; 119, Mark Garlick/ Science Source; 123, New York Public Library/Science Source; 126, Mark Garlick/ Science Source; 129, Lowell Observatory Archives; 132–3, Fotoilustração de Stockbym, com elementos da NASA/Shutterstock; 138, NASA/ JPL-Caltech; 141, NASA/Johns Hopkins APL; 144, Imagem tratada por Gerald Eichstädt e Seán Doran (CC BY-NC-SA) com base em imagens da NASA/JPL-Caltech/SwRI/MSSS; 150, NASA/JPL/Space Science Institute; 154, Ron Miller/Science Source; 158, NASA/Erich Karkoschka (Univ. Arizona); 161, NASA/Johns Hopkins University Applied Physics Laboratory/Southwest Research Institute; 164, ESA/Hubble & NASA,

R. Sahai; 166, Everett Collection; 169, Mark Garlick/Science Source; 172, Equinox Graphics/Science Source; 175, © 2019-2022 CERN; 176, © Giancarlo Costa/Bridgeman Images; 181, © Fabrizio Carbone/EPFL; 183, George Karbus Photography/ Cultura Creative RF/Alamy Stock Photo; 184, U.S. Naval History and Heritage Command, quadro por Cliff Young; 189, Mark Garlick/ Science Source; 193, NASA/Science Source; 194, Jose Antonio Peñas/ Science Source; 198, NASA, ESA, CSA, STScI; 200–1, NASA, ESA, J. Hester e A. Loll (Arizona State University); 205, © Universal/cortesia de Everett Collection; 206, Mark Garlick/Science Source; 212, artpartner-images/Getty Images; 215, ESO; 218, NASA/W. Stenzel; 220–1, NASA; 225, Design e arte por Steve Burg; 226, Arte por Sinelab; 230–1, ESA/Hubble & NASA; 232, Henning Dalhoff/Science Source; 234, Science: NASA, ESA, CSA, STScI. Processamento da imagem: Joseph DePasquale (STScI), Anton M. Koekemoer (STScI), Alyssa Pagan (STScI); 237, Mark Garlick/Science Source; 239, Christie's via Wikimedia Commons; 244, NASA, ESA, e o Hubble Heritage Team (STScI/AURA)—Hubble/Europe Collaboration. Agradecimento: H. Bond (STScI and Penn State University); 247, Composição por Tommaso Giannantonio. Créditos: Terra: NASA/BlueEarth; Via Láctea: ESO/S. Brunier; Radiação cósmica de fundo: NASA/WMAP; 248, Pablo Carlos Budassi; 251, SPL/Science Source; 254–5, Projeto SXS (Simulating eXtreme Spacetimes); 256, Rendix Alextian/Adobe Stock; 257, Colaboração Telescópio Horizonte de Eventos; 258, CBW/Alamy Stock Photo; 261, Autumn Blaze Creations; 264, Mark Garlick/Science Source; 267, Fotoilustração de andrey_l, com elementos da NASA/Shutterstock; 270, Henning Dalhoff/Science Source; 274, KTSDESIGN/Science Source; 279, Gregoire Cirade/Science Source; 280–1, Cortesia de Lucasfilm Ltd. — *STAR WARS: A New Hope*© & ™ Lucasfilm Ltd.; 282, Yuichiro Chino/ Getty Images; 288, Convite aos viajantes do tempo de Stephen Hawking — © Peter Dean; 289, Album/Alamy Stock Photo; 291, © Orion/cortesia de Everett Collection; 293, Victor de Schwanberg/ Science Source; 295, Cortesia dos Estúdios Marvel © 2023 MARVEL; 297, GIROSCIENCE/ Science Source; 300, Mary Evans/Ronald Grant/ Everett Collection (10300793); 302–3, Equipe de produção NASA, ESA, CSA, STScI, Webb ERO.

ÍNDICE

F

Grande Vazio 174–175

V

W

X

Y

Z

SOBRE OS AUTORES

NEIL deGRASSE TYSON é astrofísico e diretor do Centro Frederick P. Rose do Planetário Hayden do Museu de História Natural de Nova York. É autor de mais de uma dezena de livros, muitos deles best-sellers internacionais, e inúmeros artigos, tanto acadêmicos quanto para o público em geral. Ele é apresentador do podcast *StarTalk* e de duas temporadas de *Cosmos: uma odisseia no espaço-tempo,* exibida pela Fox e pela National Geographic. Ele recebeu 21 doutorados honorários, bem como a Medalha de Distinção em Serviço Público da NASA. Ele e a esposa moram em Nova York.

LINDSEY NYX WALKER é a produtora sênior e roteirista-chefe do *StarTalk,* popular podcast de ciência e programa de televisão quatro vezes indicado ao Emmy na National Geographic. Ela participou do *Cosmic Queries,* o segundo livro da colaboração editorial entre o *StarTalk* e a National Geographic. Em reuniões sociais, ela será aquela pessoa perguntando sobre seus interesses mais nerds e suas crenças mais profundas sobre a vida alienígena. Walker mora com seu parceiro em Nova York. Acesse seu perfil no TikTok: @spacetok.

Este livro foi impresso em papel offset 90g/m²
na Bartira gráfica.